电气控制与 S7 – 200 PLC 应用技术

主　编　田粒卜

副主编　赵翠俭

参　编　袁莉　郭鹏　杨梅

北京理工大学出版社
BEIJING INSTITUTE OF TECHNOLOGY PRESS

内 容 简 介

本书共 5 章，内容包括工业自动化项目简介、继电 – 接触器控制电路、PLC 基本指令的应用、PLC 特殊功能指令的应用和 PLC 控制系统设计案例，通过 27 个设计案例，系统介绍了传统继电 – 接触器控制系统和 PLC 控制系统的设计方法，以及网络通信技术和人机界面监控技术。书中通过实际工程项目的调研、设计和实施来培养学生系统思维、工程意识、质量与标准意识，以及创新意识。

本书作为工程类专业基础教材之一，综合介绍了继电 – 接触器控制系统和 PLC 控制系统的分析及设计方法和步骤，采用项目式教学方式，以工业自动化控制系统中的典型任务为驱动，系统地介绍了西门子 S7 – 200 PLC 的工作原理、具体编程方法，以及在综合案例中的典型应用。本书突出针对性、实用性和先进性，力求做到结构清晰、主次分明、深入浅出，体现该课程的应用技术型特点。

本书可作为高等院校自动化类、电气类、机械类的专业教材，也可作为从事电气控制的工程技术人员自学或培训的教材。

图书在版编目（CIP）数据

电气控制与 S7 – 200 PLC 应用技术/田粒卜主编 . —北京：北京理工大学出版社，2020.7（2023.6 重印）

ISBN 978 – 7 – 5682 – 8767 – 8

Ⅰ . ①电… Ⅱ . ①田… Ⅲ . ①电气控制 – 教材②PLC 技术 – 教材 Ⅳ . ①TM571. 2 ②TM571. 61

中国版本图书馆 CIP 数据核字（2020）第 133041 号

出版发行／北京理工大学出版社有限责任公司

社　　址／北京市海淀区中关村南大街 5 号

邮　　编／100081

电　　话／（010）68914775（总编室）
　　　　　（010）82562903（教材售后服务热线）
　　　　　（010）68944723（其他图书服务热线）

网　　址／http://www.bitpress.com.cn

经　　销／全国各地新华书店

印　　刷／河北盛世彩捷印刷有限公司

开　　本／787 毫米 × 1092 毫米　1/16

印　　张／17

字　　数／399 千字

版　　次／2020 年 7 月第 1 版　2023 年 6 月第 2 次印刷

定　　价／49.00 元

责任编辑／陆世立

文案编辑／赵　轩

责任校对／刘亚男

责任印制／李志强

前言 Preface

　　19 世纪末到 20 世纪上半叶的第二次工业革命，标志着人类进入了电气化时代。近几十年来，电气控制技术逐渐应用于国民经济的各行各业，其综合了计算机技术、自动控制技术、电子技术和通信技术等许多先进的科学技术成果，尤其是可编程序控制器（PLC）的应用，使得电气控制系统的可靠性更高、维护更方便。会使用 PLC 是从事自动控制及机电一体化专业工作的技术人员不可缺少的一项重要技能。

　　党的二十大报告强调"教育是国之大计、党之大计。培养什么人、怎样培养人、为谁培养人是教育的根本问题"，要"统筹职业教育、高等教育、继续教育协同创新，推进职普融通、产教融合、科教融汇，优化职业教育类型定位"。鉴于电气控制技术和 PLC 应用的工程性特点，在本书的编写过程中，我们以习近平新时代中国特色社会主义思想为指导，理论结合实际，注重产教融合、协同创新，采用项目式编写方式，以工控系统中常用的典型系统作为案例进行设计分析，调动学生学习兴趣，强化学生对工程设计的概念，突出学生工程应用能力的训练。通过项目范例的学习，培养学生的系统思维和工程意识，并且有利于帮助学生掌握知识、形成技能、提高能力。在本书内容的安排上，力求讲述深入浅出，将知识与能力紧密结合，注重培养学生的工程应用能力和系统观，同时兼顾课堂授课的基本规律，知识覆盖面宽，内容讲解透彻，易于理解。

　　传统继电–接触器控制系统虽然有些已经被淘汰，但是其最基础的部分对任何先进的控制系统来说仍然必不可少。因此，本书内容包括工业自动化项目设计和实施中的电气控制部分及 PLC 控制部分，详细介绍了工业自动化项目设计流程及实现过程，设计流程包括 PLC 控制系统总体设计、硬件设计、软件设计、人机界面设计和网络通信设计等方面的内容，选用占市场份额较大的德国西门子 S7 – 200 PLC 为样机进行系统设计和讲解。同时，将一个简化的自动灌装生产线项目贯穿书中，突出实践，与时俱进。

　　本书主要面向高等院校理工科自动化及其相近专业，也可作为相关工程技术人员或教育机构的培训教材。建议授课课时为 48 至 64 学时，不同专业可以根据自身特点需要，进行课时安排。

全书共5章，第1章为工业自动化项目设计流程介绍，引出自动灌装生产线项目，由田粒卜老师编写；第2章重点介绍了由常用低压电气设备组成的继电 – 接触器控制系统的控制电路结构及工作原理，并在常用电气控制电路的基础上完成了自动灌装生产线项目的电气控制部分设计，由赵翠俭老师编写；第3章主要内容是PLC 基础知识和 PLC 基本指令的应用，实现了自动灌装生产线项目控制系统的软硬件设计，完成了自动灌装生产线项目手动控制、自动顺序控制、计数统计和合格检验等功能，由田粒卜老师编写；第4章介绍了 PLC 功能指令的应用，由袁莉老师编写；第5章介绍了变频器应用、监控组态系统的设计等，由郭鹏老师编写。全书统稿及最后的审核工作由田粒卜老师和杨梅老师完成。

由于编者水平有限，书中疏漏及错误之处在所难免，在此敬请使用本书的广大师生、读者批评指正，提出宝贵意见。

编　者

目录 Contents

第 1 章
工业自动化项目简介

本章首先对工业自动化进行概述，然后以自动灌装生产线项目为例来阐述工业自动化项目的设计要求及设计流程，最后给出了贯穿本书的工程项目的整体任务列表。

学习目标

1）了解工业自动化的概念。
2）了解自动灌装生产线。
3）掌握工业自动化项目的设计流程。

1.1 工业自动化概念

工业自动化是指机器设备或生产过程在不需要人工直接干预的情况下，按预期的目标实现测量、操纵等信息处理和过程控制的统称。自动化技术就是探索和研究实现自动化过程的方法和技术。它是一门涉及机械、微电子、计算机和机器视觉等技术领域的综合性技术。自动化技术水平的高低，将直接影响产品的质量、产量、成本、劳动生产率、预期生产和盈利目标能否完成。因此，自动化技术越来越受到人们的重视，它是先进制造技术的重要组成部分。采用自动化技术不仅可以把人从繁重的体力劳动、部分脑力劳动以及恶劣危险的工作环境中解放出来，还能扩展人的器官功能，极大地提高劳动生产率，增强人类认识世界和改造世界的能力。因此，自动化是工业、农业、国防和科学技术现代化的重要条件和显著标志。工业革命是自动化技术的助产士。正是由于工业革命的需要，自动化技术才冲破了卵壳，得到了蓬勃的发展。同时，自动化技术也促进了工业的进步，如今自动化技术已经被广泛地应用于机械制造、电力、建筑、交通运输和信息技术等领域，成为提高劳动生产率的主要手段。

电气控制与 PLC 技术跨越电气时代和信息时代，伴随计算机信息技术和网络技术的发展而发展，在人类工业控制领域发挥了不可替代的作用。以智能制造为主导的第四次工业革命旨在通过充分利用信息通信技术和网络空间虚拟系统——信息物理系统（Cyber - Physical

System) 相结合的手段，促进工业智能化转型。而工业自动化也必将顺应潮流在此过程中发展出新的硬件设备与软件，并发挥重要的作用。

1.2　工业自动化项目的设计流程

工业自动化项目依托一定的工业生产背景，根据设计目标提出相应的要求。自动化技术应用范围涉及生产、生活的方方面面，农业、林业、矿业、地质、电力、新能源和制造等行业都离不开自动化技术。面对国际化的竞争和自动化技术的持续发展，企业需要随之进行生产系统的升级改造或研发新的生产系统，这个过程就成为自动化工程项目。

1. 确定任务及设计要求

了解机械运动与电气执行元件之间的关系，仔细分析被控对象的控制过程和控制要求，熟悉工艺流程及设备性能，明确各项任务的要求、约束条件及控制方式。对于较复杂的控制系统，还可将控制任务分成几个独立的部分，这样可以化繁为简，有利于编程和调试。

2. 制定电气控制方案

根据生产工艺和机械运动的控制要求，确定控制系统的工作方式，如全自动、半自动、手动、单机运行或多机联线运行等。还要确定控制系统应有的其他功能，如故障诊断与显示报警、紧急情况的处理、管理功能和网络通信等。对于执行电器的控制，还需要绘制标准的电气控制原理图，包括主电路和控制电路。

3. 控制系统硬件设计

根据被控对象对控制系统的功能要求，分析控制对象，明确控制对象的输入/输出（I/O）信号类型及数值范围，然后进行硬件选型与配置，并进行 I/O 地址分配。

硬件选型与配置的主要依据如下：

（1）已经确定的 I/O 信号类型、信号数值范围及 I/O 点数；

（2）特殊功能需求，如现场有高速计数或高速脉冲输出要求、位置控制要求等；

（3）控制系统要求的信号传输方式所需要的网络接口形式，如现场总线网络、工业以太网络或点对点通信等。

考虑到生产规模的扩大、生产工艺的改进、控制任务的增加，以及维护重接线的需要，在选择硬件模块时要留有适当的余量。例如，选择 I/O 信号模块时，预留 10% ~ 15% 的容量。

通过对 I/O 设备的分析、分类和整理，进行相应的 I/O 地址分配，应尽量将相同类型的信号、相同电压等级的信号地址安排在一起，以便施工和布线，并绘制 I/O 接线图。

4. 软件程序设计

按照控制系统的要求进行 PLC 程序设计是工业自动化项目设计的核心。程序设计时应将控制任务进行分解，编写完成不同功能的程序块，包括循环扫描主程序、急停处理子程序、手动运行子程序、自动运行子程序，以及故障报警子程序等。

编写的程序要进行模拟运行与调试，检查逻辑及语法错误，观察在各种可能的情况下各个输入量、输出量之间的变化关系是否符合设计要求，若发现问题及时修改设计。

5. 组态软件的上位机监控

通过在计算机组态软件的上位机监控系统，可以对控制系统的运行情况进行实时监视，还可以对某些数据进行修改设置，对某些功能进行上位控制。最关键的是，通过计算机组态软件上位机监控系统，可以对关键数据进行趋势显示和数据归档，对故障报警信息和状态进行实时显示和归档，实际工业自动化项目中非常需要这些功能。

6. 联机调试

在工业现场所有的设备都安装到位且所有的硬件都连接调试好后，要进行程序的现场运行与调试。在调试过程中，不仅要进行正常控制过程的调试，还要进行故障情况的测试，应当尽量将可能出现的情况全部加以测试，避免程序存在缺陷，确保控制程序的可靠性。只有经过现场运行的检验，才能证明设计是否成功。

7. 项目归档

在设计任务完成后，要编制工业自动化项目的技术文件。技术文件包括总体说明、电气原理图、电器布置图、硬件组态参数、符号表、软件程序清单及使用说明等，它是用户使用、操作和维护的依据，也是控制系统档案保存的重要材料。

1.3 工业自动化项目实例：自动灌装生产线

自动灌装生产线的工作流程包括原料进入灌装设备和加工、输送、灌装、检验等生产活动，以及贴标、喷码、打包等操作。自动灌装生产线结构独特而又浑然一体，拆卸、组装十分方便，采用人机界面按键控制，启动后可保证各个部件有序工作；设有自动报警装置，任何部件出现问题都能自动报警，实现具有针对性的维修。自动灌装生产线具有较大的灵活性，能适应多品种生产的需要，可以实现食品、医药和日化企业的高量生产，帮助生产企业实现高速生产的目的。自动灌装生产线的效率体现了加工企业生产系统的综合管理能力，能帮助企业节约成本的同时获得尽可能大的产量。

1. 自动灌装生产线的发展

我国的灌装行业起步较晚，是在引进外来设备的基础上进行学习和生产，再进行国产化和再创新。在20世纪80年代，灌装行业进行了一次翻天覆地的改革。当时我国从德国、意大利、日本、美国等国家引进了500多条灌装生产线。广东轻机厂、南京轻机厂、合肥轻机厂和廊坊包装制造总公司引进了当时较为先进的灌装生产线，主要用于啤酒的灌装和生产，当时已经能够达到6 000~8 000瓶/h。到了"八五"期间，我国又从美国和德国引进了15条生产线，主要用于易拉罐的灌装，当时易拉罐的灌装速率已经能够达到500罐/min。20世纪末，我国拥有了具有自主知识产权的灌装生产线。

目前，灌装生产线摆脱了单一的生产模式，同条灌装生产线已经能够实现不同种类、不同类型和不同形式的灌装。一般灌装生产线的灌装阀在50~100头，能够实现同时灌装，快速灌装技术的灌装速度达到2 000瓶/min。总之，灌装生产线正朝着高速、精准、可视化、远程化和多样化的方向发展。

2. 自动灌装生产线的工作流程

常用自动灌装生产线的工作流程为：空瓶由传送带送到洗瓶机消毒和清洗，经瓶子检验机检验合格后被传送带送到灌装位置进行灌装，经称重检验灌装合格后由封盖机加盖并传送到贴标机贴标装箱。

自动灌装生产线的核心工作流程为空瓶传送、灌装和灌装检测。其状态包括初始状态和运行状态，控制方式包括远程控制和就地控制，工作模式包括手动控制和自动控制，控制功能包含模式选择、自动运行、手动运行、急停和复位等功能。

3. 自动灌装生产线的设计

自动灌装生产线控制系统设计涵盖 PLC 控制技术、网络通信技术和人机接口（Human Machine Interface，HMI）监控技术。为了使读者能够从理论到实践融会贯通地掌握工业自动化技术，本书以一个简化的自动灌装生产线项目为主线，进行分析设计。项目是开放式的，读者可在此基础上对项目进行完善。

自动灌装生产线由传送部分和灌装部分组成，如图 1 - 3 - 1 所示。传送部分包含传送带、空瓶、满瓶光电开关和称重传感器；灌装部分包含灌装光电开关、灌装漏斗和灌装罐。传送带由电动机驱动，3 个光电开关安装于检测位置，灌装罐布置在灌装光电开关上方，称重传感器用于检测重量。

自动灌装生产线的控制工艺一般要求实现手动调试和自动运行功能，工作过程中可以设置故障报警、急停和复位等功

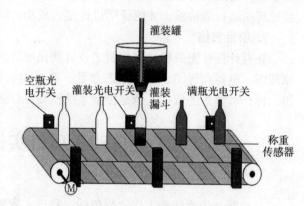

图 1 - 3 - 1　自动灌装生产线

能。手动模式为调试功能，自动运行完成自动灌装、产量统计和产品合格检验等功能。有些要求实现就地和远程控制功能的系统，远程控制需要上位机监控系统实现，采用控制面板进行现场运行情况的监视与控制。

本书对自动灌装生产线电气控制部分进行系统分析和设计，主要包含电气控制部分设计、PLC 控制系统设计以及多个程序模块设计，包括：手动运行、自动运行、计数、统计、合格检验和顺序控制。

第 2 章

继电－接触器控制电路

电气控制技术应用在国民经济的各行各业中。现代化生产的水平、产品的质量和经济效益等各项指标，在很大程度上取决于生产设备的先进性和电气自动化程度。工业生产过程中的电气控制技术，主要对象包括以各类电动机为动力的传动装置与系统，以实现生产过程自动化为目的。电气控制系统是其中的主干部分。

电气控制技术随科技的发展而不断创新，特别是计算机技术的应用和新型控制策略的出现，不断改变着电气控制技术的面貌。在控制方法上，从手动控制发展到自动控制；在控制功能上，从简单控制发展到智能化控制；在控制原理上，从单一的有触点硬接线继电器逻辑控制系统发展到以微处理器或微计算机为中心的网络化自动控制系统。

继电－接触器控制系统具有控制简单、方便实用、价格低廉、易于维护、抗干扰能力强等优点，是许多机械设备广泛采用的基本电气控制形式，也是学习更先进的电气控制系统的基础。但它接线方式固定，灵活性差，难以适应复杂和程序可变的控制对象的需要，且工作频率低，触点易损坏，可靠性差。

2.1 常用的低压电器

 学习目标

1）掌握常用低压电器的结构、分类、工作原理及图文符号。
2）了解常用低压电器的选用原则。
3）熟悉常用低压电器的技术参数。

2.1.1 项目任务

低压电器工作在交流额定电压 1 200 V、直流额定电压 1 500 V 以下的电路中，根据外界施加的信号，通过手动或自动方式，断续或连续的改变电路参数，实现对电路或非电对象的切换、控制、检测、保护、变换和调节。

　　低压电器的品种、规格有很多，作用、构造及工作原理各不相同，因而有多种分类方法。按其用途和控制对象不同可分为配电电器和控制电器，按工作原理不同可分为非电量控制电器和电磁式电器，按执行机理可分为有触点和无触点电器。电气控制系统中应用最普遍的是有触点的电磁式电器。

　　本项目的主要任务是了解和掌握常用低压电器的基本理论知识和实践操作技能。

2.1.2　准备知识

　　常用低压电器种类繁多，结构各异，主要分为主令电器、开关电器、继电器、接触器和熔断器等。

　　低压电器一般包括检测部分和执行部分。检测部分感受外界信号，通过转换、放大与判断做出有规律的反应，使执行部分动作，输出相应的指令，实现控制目的。

1. 有触点的电磁式电器结构

　　对于有触点的电磁式电器，检测部分是电磁机构，执行部分是触点系统。

　　（1）电磁机构

　　常用的电磁机构由衔铁、铁芯和线圈构成，按衔铁的运动方式分为直动式和拍合式。图 2 – 1 – 1（a）为衔铁沿棱角转动的拍合式铁芯，铁芯材料为电工软铁，主要用于直流电器中；图 2 – 1 – 1（b）为衔铁沿轴转动的拍合式铁芯，主要用于触点容量大的交流电器中；图 2 – 1 – 1（c）为衔铁直线运动的双 E 型直动式铁芯，多用于中、小容量的交流电器中。

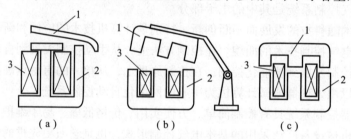

図 2 – 1 – 1　常用的电磁机构
1—衔铁；2—铁芯；3—线圈

　　线圈是电磁机构的心脏，按接入线圈电源的种类可分为直流线圈和交流线圈。按励磁的需要分为串联（电流）线圈和并联（电压）线圈。前者串联在电路中，流过的电流大，为减少对电路的影响，线圈的导线粗、匝数少、阻抗小；后者并联在电路中，为减少分流作用，降低对电路的影响，需要较大的阻抗，线圈的导线细、匝数多。从结构上看，线圈可分为有骨架和无骨架两种。交流线圈多为有骨架的，主要用来散发铁芯中的磁滞和涡流损耗产生的热量，直流线圈多为无骨架的。

　　电磁机构的工作原理是当通入电源时，线圈将电能转换为磁能，产生磁通，衔铁在电磁吸力作用下产生机械位移与铁芯吸合，由其连接的机构带动相应的触点动作。

　　（2）触点系统。触点用来接通或断开电路，是有触点的电磁式电器的执行部分。其结构形式有多种。

　　按接触形式触点可分为点接触、线接触和面接触，如图 2 – 1 – 2 所示。其中点接触形式的触点允许通过的电流较小，常用于继电器电路或辅助触点；面接触和线接触形式的触点允许通过的电流较大，常用于大电流的场合，如刀开关、接触器的主触点等。

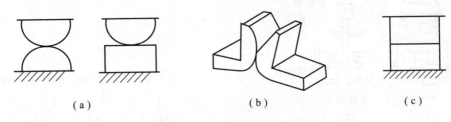

图 2 – 1 – 2　触点的接触形式

(a) 点接触；(b) 线接触；(c) 面接触

　　按控制的电路，触点可分为主触点和辅助触点。主触点用于接通或断开主电路，允许通过较大的电流；辅助触点用于接通或断开控制电路，只允许通过较小的电流。

　　按原始状态和工作状态，触点可分为常开（动合）触点和常闭（动断）触点。原始状态（线圈未得电状态下）动、静触点是分开的称为常开触点，闭合的称为常闭触点。

　　(3) 灭弧装置。动、静触点分开瞬间，由于电场的存在，触点表面的自由电子大量溢出而产生电弧。电弧的存在会损坏触点金属表面，降低电器使用寿命，延长电路的分断时间。

　　欲使电弧熄灭，应设法降低电弧的温度和电场强度。常用的灭弧方法有增大电弧长度，冷却弧柱，把电弧分成若干短弧等。灭弧装置就是根据这些原理设计的。常用的灭弧装置有磁吹灭弧装置、灭弧栅、灭弧罩等。

　　2. 主令电器

　　主令电器用于发送控制命令，改变控制系统工作状态；按其作用可分为按钮、行程开关、万能转换开关、限位开关及各类传感器开关。

　　1) 按钮

　　按钮是一种人工控制的主令电器，具有自动复位功能，用来发布操作命令，接通或断开接触器、继电器等线圈回路，触点允许通过的电流一般不超过 5 A。

　　按钮按其结构形式可分为点按式、旋钮式、指示灯式、钥匙式和蘑菇帽紧急式等，如图 2 – 1 – 3 所示。按钮由按钮帽、复位弹簧、常开触点、常闭触点等组成，如图 2 – 1 – 4 所示。

(a)　　　　(b)　　　　(c)　　　　(d)　　　　(e)

图 2 – 1 – 3　按钮

(a) 点按式；(b) 旋钮式；(c) 指示灯式；(d) 钥匙式；(e) 蘑菇帽紧急式

　　按钮的工作原理简单，应用广泛，如启动、停止、紧急制动、组合键盘、点动复位等。其电气图文符号如图 2 – 1 – 5 所示。

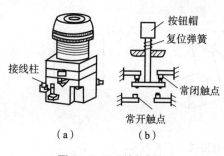

图 2 – 1 – 4　按钮结构

(a) 外部；(b) 内部

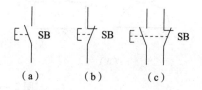

图 2 – 1 – 5　按钮的电气符号

(a) 常开触点；(b) 常闭触点；(c) 复合触点

为了标明各个按钮的作用，避免误操作，通常将按钮帽做成不同的颜色，以示区别，其颜色有红、绿、黑、黄、蓝、白等，颜色的一般选用规则为：红色表示停止和急停；绿色表示启动；黑色表示点动；蓝色表示复位。

按钮的选用原则为：根据适用场合和具体用途选用按钮的种类；根据工作状态指示和工作情况要求选择按钮的颜色；根据控制回路的需要选择按钮触点数量，如单联按钮、双联按钮、三联按钮等。

(2) 行程开关

行程开关又称限位开关、位置开关等，是一种根据运动部件的行程位置而切换电路的电器。其作用原理与按钮类似，动作时碰撞行程开关的顶杆。其外形如图 2 – 1 – 6 所示。

图 2 – 1 – 6　常用行程开关外形

行程开关按其结构可分为直动式、滚轮式和微动式 3 种，如图 2 – 1 – 7 所示。

行程开关是瞬动型电器，其工作原理是：当运动部件碰压顶杆时，顶杆下移，压缩弹簧储存一定的能量，当顶杆移动到一定位置时，弹簧的弹力方向发生改变，释放储存的能量，完成跳跃式快速换接动作。行程开关动作后，复位方式有自动复位和非自动复位两种，自动复位方式是当运动部件离开顶杆时，顶杆在弹簧的作用下上移，上移到一定位置，接触桥（动触点所在的那条杆）瞬时进行快速换接，触点迅速恢复到原状态。3 种行程开关均属于自动复位型行程开关。非自动复位方式只有运动部件反向移动，从相反方向碰压另一滚轮时，触点才能复位，如双轮旋转式行程开关。

行程开关的电气符号如图 2 – 1 – 8 所示。

生产实际中，还有一种无机械触点开关叫接近开关，它是一种理想的电子开关量传感器，具有行程开关的功能，可以实现无接触检测。当物体接近到开关的一定距离时就发出动作信号，不需要施加机械外力。由于接近开关具有体积小、可靠性高、使用寿命长、动作速

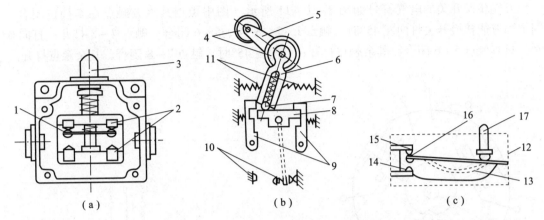

1、14、16—动触点；2、15—静触点；3、17—推杆；4—滚轮；5—上转臂；6—套架；7—滚珠；8—横板；
9—压板；10—触点；11—弹簧；12—壳体；13—弓簧片。

图 2－1－7　行程开关结构

(a) 直动式；(b) 滚轮式；(c) 微动式

度快，以及无机械碰撞、无电气磨损等优点，因此在产品计数、测速、液位控制、金属检测等自动控制系统中得到了广泛应用。

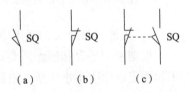

(a)　　　　(b)　　　　(c)

图 2－1－8　行程开关的电气符号

(a) 常开触点；(b) 常闭触点；

(c) 复合触点

行程开关的选用原则为：根据使用场合、具体用途、安装电器产品手册，选择不同品牌、不同型号和规格的行程开关；根据控制系统的设计方案对工作状态和工作情况的要求，合理选择行程开关的数量。

(3) 万能转换开关

万能转换开关简称为转换开关，主要用于控制小容量电动机的启动、制动、反转、调速，各种控制电路的转换，电气测量仪表的换相，以及配电装置电源隔离、远距离控制等。其外形如图 2－1－9 所示。

图 2－1－9　万能转换开关的外形

万能转换开关按其结构分为普通型、开启型和组合型；按其用途分为主令控制和电动机控制。

万能转换开关主要由操作机构、定位装置和触点装置 3 部分组成，如图 2－1－10 所示。操作机构的手柄可正反方向旋转，由各自的凸轮控制其触点通断。定位装置采取棘轮棘爪式结构，不同的棘轮和凸轮可组成不同的定位模式，使手柄在不同的转换角度时，改变触点的通断状态。

万能转换开关的手柄操作位置是以角度表示的。由于其触点的分合状态与操作手柄的位置有关，所以，在电路图中除画出触点外，还应画出操作手柄与触点分合状态的关系。

万能转换开关的电气符号如图 2 – 1 – 11 所示 (图中黑点其上方触点在本挡位闭合)。图中当万能转换开关打向左 45°时，触点 1 – 2、3 – 4、5 – 6 闭合，触点 7 – 8 打开；打向 0°时，只有触点 5 – 6 闭合，其余触点打开；打向右 45°时，触点 7 – 8 闭合，其余触点打开。

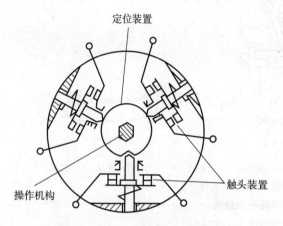

图 2 – 1 – 10　万能转换开关的结构

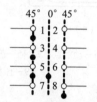

图 2 – 1 – 11　万能转换开关的电气符号

4) 万能转换开关的选用原则

根据使用场合和操作需要选择万能转换开关的类型和触点数量；万能转换开关的额定电压和额定电流应不小于所在电路的电压和电流等级；用于电动机电路时，万能转换开关的额定电流应是电动机额定电流的 1.5 ~ 2.5 倍；万能转换开关的通断能力较差，控制电动机正反转时，必须在电动机完全停止转动后，才能反向接通；因万能转换开关本身不带任何保护，故应与其原保护电器配合使用。

3. 开关电器

开关电器是用来分合电路，开失电流的。常用的开关电器有低压断路器、刀开关、低压控制电器等。

1) 低压断路器

低压断路器属于配电电器，又称自动空气开关或自动空气断路器，简称空开，主要用于低压动力电路中，是一种控制负载电流的开闭，在过负载及短路事故时，自动切断电路的器件。它可用来分配电能，不频繁地启动异步电动机，以及保护电动机、电源等，是一种既有手动开关作用又能自动进行欠压、失压、过载和短路保护的电器，相当于刀开关、熔断器、热继电器和欠压继电器的组合，可分为带漏电型和不带漏电型，可以手动直接操作和电动操作，也可以远程遥控操作。常用低压断路器外形如图 2 – 1 – 12 所示。

低压断路器主要由触点系统 (动、静触点)、操作机构和保护元件 3 部分组成。由耐弧合金制成，采用灭弧栅片灭弧；操作

图 2 – 1 – 12　常用低压断路器外形

机构较复杂，其通断可用操作手柄操作，也可用电磁机构操作 (铁芯、衔铁)，在发生故障时自动脱扣 (脱扣器为保护元件)，触点通断瞬时动作与手柄操作速度无关。其结构和工作原理如图 2 – 1 – 13 所示。

使用时，低压断路器的三对主触点串联在被控制的三相主电路中，按下接通按钮接通电

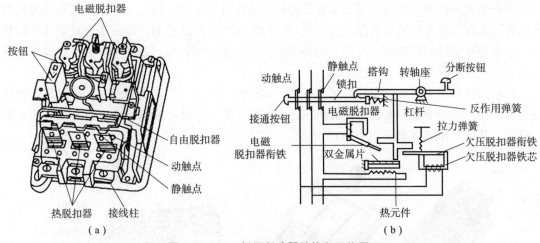

图 2－1－13　低压断路器结构和工作原理
（a）低压断路器结构；（b）低压断路器工作原理

路时，外力使锁扣克服反作用弹簧所施加的力，将固定在锁扣上面的动触点与静触点闭合，并由锁扣锁住搭钩，使动、静触点保持闭合，低压断路器处于接通状态。

当电路发生过载时，过载电流流过热元件产生一定的热量，使双金属片受热向上弯曲，通过杠杆推动搭钩与锁扣脱开，在反作用弹簧的推动下，动、静触点分开，从而切断电路，使用电设备不致因过载而烧毁。

当电路发生短路故障时，短路电流超过电磁脱扣器的瞬时脱扣整定电流，电磁脱扣器产生足够大的吸力将电磁脱扣器衔铁吸合，通过杠杆推动搭钩与锁扣分开，从而切断电路，实现短路保护。低压断路器出厂时，电磁脱扣器的瞬时脱扣整定电流一般整定为 $10I_N$（I_N 为断路器的额定电流）。

欠压脱扣器的动作过程与电磁脱扣器恰好相反。需手动切断电路时，按下分断按钮即可。

低压断路器的主要技术参数有：

（1）额定工作电压是指与分断能力及使用类别相关的电压值，在多相电路中是指相间的电压值；

（2）额定电流就是额定持续电流，也就是脱扣器能长期通过的电流，在带可调式脱扣器的断路器中是指可长期通过的最大电流；

（3）分断能力是指断路器在规定的电压、频率，以及规定的电路参数（交流电路为功率因数，直流电路为时间常数）下，能够分断的最大短路电流值；

（4）分断时间是指断路器切断故障电流所需的时间，包括固有的断开时间和燃弧时间。

低压断路器的电气符号如图 2－1－14 所示。

低压断路器的选用原则：低压断路器的额定电流和额定电压应大于或等于电路、设备的正常工作电压和工作电流；低压断路器的极限分断能力应大于或等于电路最大短路电流。

欠压脱扣器的额定电压等于电路的额定电压；电磁脱扣器的额定电流大于或等于电路的最大负载电流。

2）刀开关

图 2－1－14　低压断路器的电气符号

　　刀开关是一种手动配电电器，主要作为隔离电源开关使用，用在不频繁接通和分失电路的场合，常作为机床电路的电源开关，或用于局部照明电路的控制，以及小容量电动机的启动、停止和正反转的控制等。刀开关的种类很多，外形结构各异，通常可分为开启式负荷开关和封闭式负荷开关。

　　开启式负荷开关又称瓷底胶盖闸刀开关，简称闸刀开关。它是由刀开关和熔丝组合而成的一种电器，生产中常用的是 HK 系列开启式负荷开关，适用于照明和小容量电动机的控制电路中，其外形和结构如图 2 - 1 - 15 所示。

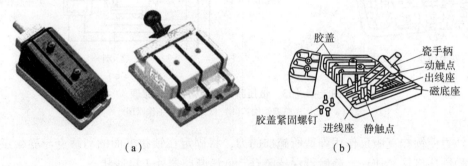

图 2 - 1 - 15　开启式负荷开关外形和结构

(a) 外形；(b) 结构

　　开启式负荷开关的电气符号如图 2 - 1 - 16 所示。

　　封闭式负荷开关又称铁壳开关，由触刀、熔断器、速断弹簧等组成，装在金属壳内。封闭式负荷开关采用侧面手柄操作，并设有机械连锁装置，使箱盖打开时不能合闸，触刀合闸时，箱盖不能打开，保证了用电安全。封闭式负荷开关能工作于灰尘飞扬场所，其外形和结构如图 2 - 1 - 17 所示。

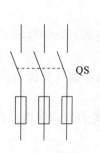

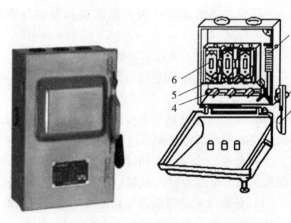

1—速断弹簧；2—转轴；3—操作手柄；4—触刀；
5—静插座；6—熔断器。

图 2 - 1 - 16　开启式负荷
开关的电气符号

图 2 - 1 - 17　封闭式负荷开关外形和结构

　　封闭式负荷开关的电气符号如图 2 - 1 - 18 所示。

　　刀开关的主要技术参数有：

　　(1) 分断能力是指在规定条件下，能在额定电压下接通和分断的电流值；

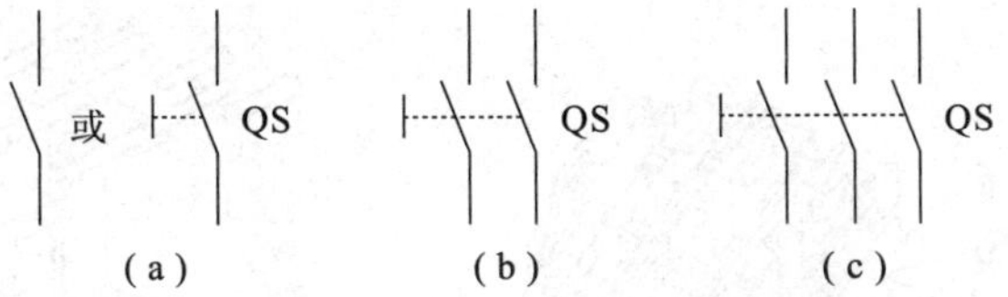

图 2 – 1 – 18　封闭式负荷开关的电气符号

(a) 单极；(b) 双极；(c) 三极

（2）动稳定电流定义：电路发生短路故障时，刀开关并不因短路电流产生的电动力作用而发生变形、损坏或触刀自动弹出之类现象的情况下所对应的短路电流（峰值）；

（3）热稳定电流定义：电路发生短路故障时，刀开关在一定时间内（通常为 1 s）会通过一定短路电流，可能因温度急剧升高而发生熔焊现象。不使该现象发生的最大短路电流称为刀开关的热稳定电流。

刀开关选用原则为：根据使用场合，选择刀开关的类型、极数及操作方式；刀开关额定电压应大于或等于电路电压；对于电动机负载，开启式负荷开关额定电流可取电动机额定电流的 3 倍；封闭式负荷开关额定电流可取电动机额定电流的 1.5 倍。

3）接触器

接触器用于控制电路和控制系统。此类电器要求有较强的分断能力，并且由于接触器操作频率较高，所以要求具有较长的电气和机械寿命。此类电器主要有接触器、继电器等。

接触器是一种适用于远距离频繁接通和分断交直流电路和控制电路的自动控制电器，其控制对象通常为电动机，也可用于控制其它电气负载，如电热器、电焊机、电容器组等。在工业电气中，接触器的型号很多，电流在 5～1 000 A 不等，其用处相当广泛。接触器可分为交流接触器和直流接触器两种，其工作原理基本相同。常用的接触器有空气电磁式交流接触器、机械连锁交流接触器、切换电容接触器、真空交流接触器、直流接触器和智能化接触器等。图 2 – 1 – 19 所示为常用的接触器外形。

图 2 – 1 – 19　常用的接触器外形

接触器通常由电磁系统（衔铁、铁芯、线圈）、触点系统（常开触点和常闭触点）和灭弧装置组成。它利用主触点来开闭主电路，利用辅助触点来开闭控制回路。主触点一般是常开触点，而辅助触点常有两对常开触点和两对常闭触点。交流接触器的触点由银钨合金制成，具有良好的导电性和耐高温烧蚀性。小型的接触器经常作为中间继电器配合主电路使用。图 2 – 1 – 20 为 CJ10 – 20 型交流接触器结构原理。

当电磁线圈得电后，交流接触器会产生很强的磁场，使铁芯产生电磁吸力吸引衔铁，并

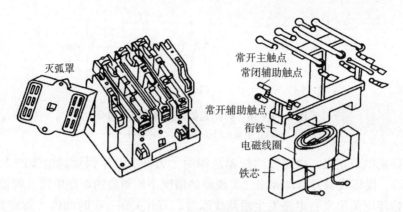

图 2 - 1 - 20　CJ10 - 20 型交流接触器结构原理

带动触点动作，常闭辅助触点断开，常开辅助触点闭合，两者是联动的。当线圈失电时，电磁吸力消失，衔铁在释放弹簧的作用下释放，使触点复原，常闭辅助触点闭合，常开辅助触点断开。

接触器的电气符号如图 2 - 1 - 21 所示。

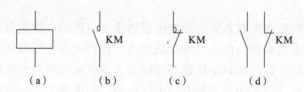

图 2 - 1 - 21　接触器的电气符号

(a) 线圈；(b) 常开主触点；(c) 常闭主触点；(d) 常开、常闭辅助触点

接触器的主要技术参数如下。

（1）额定电压。接触器铭牌上标注的额定电压是指主触点的额定电压。交流接触器常用的额定电压等级为：110 V、220 V、380 V、500 V、660 V；直流接触器常用的额定电压等级为：110 V、220 V、440 V、660 V。

（2）额定电流。接触器铭牌上标注的额定电流是指主触点的额定电流，其值是接触器安装在敞开式控制屏上，触点工作不超过额定温升，负荷为间断 - 长期工作制时的电流值。交流接触器常用的额定电流等级为：10 A、20 A、40 A、60 A、100 A、150 A、250 A、400 A、600 A；直流接触器常用的额定电流等级为：40 A、80 A、100 A、150 A、250 A、400 A、600A。

（3）线圈的额定电压是指接触器线圈正常工作的电压值。常用的交流接触器的线圈额定电压等级为：12 V、24 V、36 V、127 V、220 V、380 V；直流接触器的线圈额定电压等级为：12 V、24 V、48 V、110 V、220 V、440 V。

（4）分断能力是指主触点在规定条件下能可靠地接通和分断的电流值。在此电流值下，接通时主触点不会发生熔焊；分断时主触点不会发生长时间燃弧。若超出此电流值，其分断则是熔断器、自动空气开关等保护电器的任务。

（5）额定操作频率指每小时的操作次数。交流接触器最高为 600 次/h，而直流接触器最高为 1 200 次/h。操作频率直接影响到接触器的电寿命和灭弧罩的工作条件，对于交流接触器还影响到线圈的温升。

（6）机械寿命和电气寿命。机械寿命是指接触器在需要修理或更换机械零件前所能承受的负载操作循环次数；电气寿命是在规定的正常工作条件下，接触器不需修理或更换零件的负载操作循环次数。

接触器选用原则为根据接触器所控制的负载性质，选择直流接触器或交流接触器；接触器的额定电压应大于或等于所控制电路的电压；接触器的额定电流应大于或等于所控制电路的额定电流。对于电动机负载可按以下经验公式计算：

$$I_C = \frac{P_N}{(1 \sim 1.4)U_N}$$

式中，I_C 为接触器主触点电流（A），P_N 为电动机额定功率（kW），U_N 为电动机额定电压（V）。

当控制电路简单并且使用电器较少时，应根据电源等级选用380 V 或220 V 的电压。当电路复杂时，从人身和设备安全角度考虑，可以选择36 V 或110 V 电压的线图，并且控制回路要增加相应变压器予以降压隔离。

根据被控制对象的要求，合理选择接触器类型及触点数量。

4）继电器

继电器是根据一定的信号（如电流、电压、时间、速度等物理量）变化来接通或分断小电流电路的制动控制电器，具有控制系统（又称输入回路）和被控制系统（又称输出回路）之间的互动关系。它实际上是用小电流去控制大电流运作的一种"自动开关"，故在电路中起着自动调节、安全保护、转换电路等作用。

继电器种类繁多，按用途可分为控制和保护继电器；按动作原理可分为电磁式、感应式、电动式、电子式和机械式继电器；按输入量可分为电流、电压、时间、速度和压力继电器。

继电器与接触器的结构及工作原理类似，主要区别为继电器用于控制电讯线路、仪线线路、自控装置等小电流电路及控制电路，其触点额定电流不大于 5 A；接触器用于控制电动机等大功率、大电流电路及主电路。继电器的输入信号可以是各种物理量，如电压、电流、时间、压力、速度等，而接触器的输入量只有电压。

（1）电磁式继电器。电磁式继电器是应用最早也是应用最多的一种继电器。常见的电磁式继电器外形如图 2-1-22 所示。

图 2-1-22 常见电磁式继电器外形

电磁式继电器一般由铁芯、线圈、衔铁等组成。其原理如图 2-1-23 所示。

只要在线圈两端加上一定的电压，线圈中就会流过一定的电流，从而产生电磁效应，衔

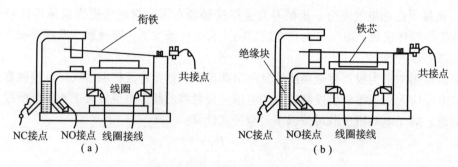

图 2 - 1 - 23　电磁式继电器原理
(a) 线圈未得电状态；(b) 线圈得电状态

铁就会在电磁力吸引的作用下克服返回弹簧的拉力吸向铁芯，从而带动衔铁的动触点与静触点（常开触点）吸合。当线圈失电后，电磁的吸力也随之消失，衔铁就会在弹簧的反作用力返回原来的位置，使动触点与原来的静触点（常闭触点）吸合。这样吸合、释放，从而达到了在电路中的导通、切断的目的。对于继电器的常开、常闭触点，可以这样来区分：继电器线圈未得电时处于断开状态的静触点，称为常开触点；处于接通状态的静触点称为常闭触点。

①电磁式继电器可分为电压继电器和电流继电器。

电压继电器触点的动作与线圈所加电压大小有关，使用时和负载并联。电压继电器的线圈匝数多、导线细、阻抗大。

电压继电器又分为过电压继电器、欠电压继电器、中间继电器。过电压继电器在额定电压值时，衔铁不产生吸合动作，只有电压为额定电压的 105% ~ 115% 时才产生吸合动作；欠电压继电器在额定电压下时，衔铁处于吸合状态，当电路出现电压处在额定电压的 5% ~ 25% 时，其衔铁打开，触点复位；中间继电器实质也是一种电压继电器，它的触点对数较多，容量较大，动作灵敏，主要起到扩展控制范围或传递信号的中间转换作用。电流继电器触点的动作与线圈通过的电流大小有关，使用时和负载串联。电流继电器的线圈匝数少、导线粗、阻抗小。

电流继电器又分为过电流继电器、欠电流继电器。过电流继电器正常工作时，其衔铁处于断开状态，若电路发生过载或短路故障，衔铁吸合，触点动作；欠电流继电器正常工作时衔铁处于吸合状态，若电路中负载电流为额定电流的 10% ~ 20% 时，其衔铁打开。

电磁式继电器的电气符号如图 2 - 1 - 24 所示。

②电磁式继电器主要技术参数如下。

a. 额定工作电压是指继电器正常工作时线圈所需要的电压。根据继电器的型号不同，额定工作电压可以是交流电压，也可以是直流电压。

b. 吸合电流是指继电器能够产生吸合动

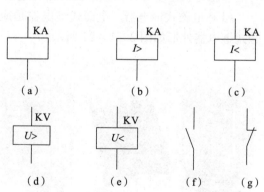

图 2 - 1 - 24　电磁式继电器的电气符号
(a) 中间继电器的线圈；(b) 过电流继电器的线圈；
(c) 欠电流继电器的线圈；(d) 过电压继电器的线圈；
(e) 欠电压失电器的线圈；(f) 常开触点；
(g) 常闭触点

作的最小电流。在正常使用时，给定的电流必须略大于吸合电流，这样继电器才能稳定地工作。而对于线圈所加的工作电压，一般不要超过额定工作电压的 1.5 倍，否则会产生较大的电流而把线圈烧毁。

c. 释放电流是指继电器产生释放动作的最大电流。当继电器吸合状态的电流减小到一定程度时，继电器就会恢复到未得电的释放状态。这时的电流大小远远小于吸合电流。

d. 触点切换电压和电流是指继电器允许加载的电压和电流。它决定了继电器能控制电压和电流的大小，使用时不能超过此值，否则很容易损坏继电器的触点。

③电磁式继电器选用原则如下。

a. 继电器线圈使用电源的选择。选用电磁式继电器时，首先应选择继电器线圈电源电压是交流电压还是直流电压。一般情况下，在电路设计时大都采用直流电磁式继电器，也可以根据控制电路的特点来考虑继电器使用电源的种类。

b. 继电器功率的选择。如果供给继电器线圈的功率较大，而且有足够的地方安装，又对继电器的重量没有什么特殊要求，则可选用小型继电器；如果设计中供给继电器线圈的功率较小，且所用设备是便携式的，则可选用超小型继电器；对于微型电子装置来说，则选用微型继电器。

c. 额定工作电压的选择。继电器工作电压为电路中工作电源电压的 80% ~ 100%，千万不能使电路中的电源电压大于继电器的额定工作电压，否则容易损坏继电器线圈。

d. 额定工作电流的选择。用晶体管或集成电路驱动的直流电磁式继电器，其线圈额定工作电流（一般为吸合电流的两倍）应在驱动电路的输出电流范围之内。

e. 触点类型及触点负荷的选择。同一种型号的继电器通常有多种触点的形式可供选用（单组触点、双组触点、多组触点及常开式触点、常闭式触点等），应选用适合应用电路的触点类型。所选继电器的触点负荷应高于其触点所控制电路的最高电压和最大电流，否则会烧毁继电器触点。

f. 确定继电器的动作时间及释放时间。应根据实际电路对被控对象动作的时间要求，选择继电器的动作时间和释放时间。也可以在继电器电路中附加电子元件来加速或延缓继电器的动作及释放时间，以满足不同的要求。

g. 工作环境条件。选用继电器时还应考虑环境的温度与湿度、继电器需要工作的寿命、继电器在非固定设备上使用时的加速度大小和运动方向，以及振动时的频率和幅度的大小。

（2）时间继电器。时间继电器是一种得到信号后不立即动作，而是需要顺延一段时间再动作并输出控制信号的自动电器。

时间继电器的分类。按工作原理时间继电器可分为直流电磁式、空气阻尼式（气囊式）、晶体管式、电动式等时间继电器；按延时方式可分为得电延时继电器和失电延时继电器。

得电延时继电器：在接受输入信号后延迟一定的时间，输出信号才发生变化；在输入信号消失后，输出瞬时复原。

失电延时继电器：在接受输入信号时，瞬时产生相应的输出信号；在输入信号消失后，延迟一定的时间，输出才复原。

空气阻尼式时间继电器：利用空气阻尼原理获得延时，其结构由电磁机构、延时机构和触点系统 3 部分组成。电磁机构为双 E 直动式结构，触点系统为微动开关，延时机构采用气囊式阻尼器。图 2 – 1 – 25 为 JS7 系列空气阻尼式时间继电器外形。

空气阻尼式时间继电器的电磁机构可以是直流的，也可以是交流的，从而使空气阻尼式继电器既可以是得电延时继电器，也可以是失电延时继电器，只要改变电磁机构的安装方向，便可实现空气阻尼式时间继电器的不同延时方式。空气阻尼式时间继电器结构原理如图 2 – 1 – 26 所示，当衔铁位于铁芯和延时机构之间时其为得电延时继电器，如图 2 – 1 – 26 （a）所示；当铁芯位于衔铁和延时机构之间时其为失电延时继电器，如图 2 – 1 – 26 （b）所示。这里只介绍得电延时继电器。

图 2 – 1 – 25　JS7 系列空气阻尼式时间继电器外形

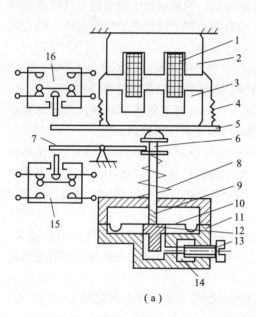
（a）

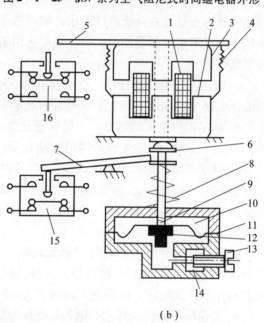
（b）

1—线圈；2—铁芯；3—衔铁；4—反力弹簧；5—推板；6—活塞杆；7—杠杆；8—塔形弹簧；9—弱弹簧；
10—橡皮膜；11—空气室壁；12—活塞；13—调节螺钉；14—进气孔；15、16—微动开关。

图 2 – 1 – 26　空气阻尼式时间继电器结构原理
（a）得电延时继电器；（b）失电延时继电器

如图 2 – 1 – 26 （a）所示，得电延时继电器的工作原理是当线圈 1 得电后，铁芯 2 将衔铁 3 吸合，活塞杆 6 在塔形弹簧 8 的作用下，带动活塞 12 及橡皮膜 10 向上移动，由于橡皮膜下放气室空气稀薄，形成负压，因此活塞杆 6 不能上移。当空气由进气孔 14 进入时，活塞杆 6 才逐渐上移。移到最上端时，杠杆 7 才使微动开关动作。延时时间为电磁铁吸引线圈到微动开关动作为止的这段时间。通过调节螺钉 13 调节进气口的大小，就可以调节延时时间。

当线圈 1 失电时，衔铁 3 在反力弹簧 4 的作用下将活塞 12 推向最下端。因活塞被往下推时，橡皮膜下方气孔内的空气，都通过橡皮膜 10、弱弹簧 9 和活塞 12 肩部所形成的单向阀，经上气室缝隙顺利排掉，因此延时与不延时的微动开关 15、16 都迅速复位。

　　空气阻尼式时间继电器的优点为结构简单、寿命长、价格低廉；缺点是准确度低、延时误差大，在延时精度要求高的场合不宜采用。

　　晶体管式时间继电器：也称半导体时间继电器或电子式时间继电器，常用的有阻容式时间继电器，它利用 RC 电路中电容电压不能跃变，只能按指数规律逐渐变化的原理（电阻尼特性）获得延时。所以，只要改变充电回路的时间常数即可改变延时时间。由于调节电容比调节电阻困难，所以多用调节电阻的方式来改变延时时间。

　　晶体管式时间继电器具有延时范围广、体积小、精度高、使用方便及寿命长等优点。其外形如图 2 - 1 - 27 所示。

图 2 - 1 - 27　晶体管式时间继电器外形

　　晶体管式时间继电器的输出形式有两种：有触点式和无触点式，前者是用晶体管驱动小型电磁式继电器，后者是用晶体管或晶闸管输出。

　　时间继电器的电气符号如图 2 - 1 - 28 所示。

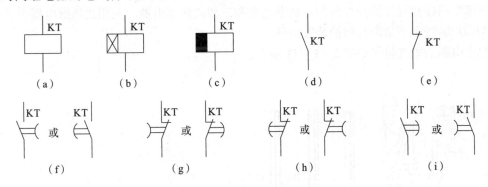

图 2 - 1 - 28　时间继电器的电气符号

（a）一般线圈符号；（b）得电延时线圈；（c）失电延时线圈；（d）瞬时闭合常开触点；
（e）瞬时断开常闭触点；（f）延时闭合常开触点；（g）延时闭合常闭触点；
（h）延时断开常闭触点；（i）延时断开常开触点

　　时间继电器的选用原则为：①根据系统的延时范围和精度选择时间继电器的类型，在精度要求不高的场合一般选用价格较低的 JS7 系列空气阻尼式时间继电器，在精度要求较高的场合，可选用晶体管式时间继电器；②根据控制电路选择延时方式，同时应注意对瞬时动作触点的要求；③根据控制电路电压选择时间继电器吸引线圈的电压。

　　（3）热继电器。热继电器是利用流过继电器热元件的电流所产生的热效应而发生反时限动作的保护继电器。所谓反时限动作，是指热继电器动作时间随电流增大而减小的性能。热继电器主要用于电动机的过载、断相、三相电流不平衡运行，以及其他电气设备发热引起的不良状态而需要进行保护控制的电路。常用的热继电器外形如图 2 – 1 – 29 所示。

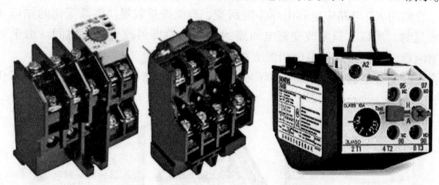

图 2 – 1 – 29　常用的热继电器外形

①热继电器主要由热元件、双金属片和触点 3 部分组成。

双金属片是热继电器的感测元件，是由两种线膨胀系数不同的金属片用机械碾压而成的。线膨胀系数大的称为主动层，小的称为被动层。图 2 – 1 – 30 是热继电器的结构示意图。

热元件串联在电路中，电路正常工作时，热元件产生的热量虽然能使双金属片弯曲，但还不能使热继电器动作。当电路过载时，流过热元件的电流增大，经过一定时间后，双金属片推动导板使热继电器触点动作，切失电路的控制电路。

热继电器由于热惯性，当电路短路时不能立即动作使电路断开，因此不能用作短路保护。同理，当电动机启动或短时过载时，热继电器也不会马上动作，从而避免了电动机不必要的停车。

热继电器按热元件数分为两相式热继电器和三相式热继电器。三相式热继电器中又分为带断相保护装置和不带断相保护装置两种。

热继电器的电气符号如图 2 – 1 – 31 所示。

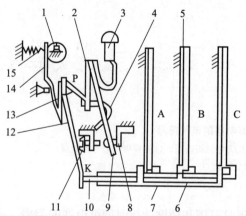

1—电流调节凸轮；2—簧片；3—手动复位按钮；4—弓簧；
5—双金属片；6—外导板；7—内导板；8—静触点；
9—动触点；10—杠杆；11—调节螺钉；12—补偿双金属片；
13—推杆；14—连杆；15—压簧。

图 2 – 1 – 30　热继电器的结构示意图

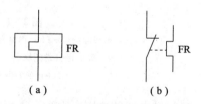

图 2 – 1 – 31　热继电器的电气符号

（a）热继电器驱动器件；（b）常闭触点

②热继电器的选用原则如下。

选用热继电器时，必须了解被保护对象的工作环境、启动情况、负载性质、工作制及电动机允许的过载能力。

a. 热继电器的类型选择。若用热继电器作电动机缺相保护，应考虑电动机的接法。对于 Y 形连接的电动机，当某相断线时，其余未断相绕组的电流与流过热继电器电流的增加比例相同，即一般的两相或三相式热继电器，只要整定电流调节合理，是可以对 Y 形连接的电动机实现断相保护；对于△形连接的电动机，某相断线时，流过未断相绕组的电流与流过热继电器的电流增加比例则不同。即流过热继电器的电流不能反映断相后绕组的过载电流。因此，一般的热继电器，即使是三相式热继电器，也不能为△形接法的三相异步电动机的断相运行提供充分保护。此时，应选用三相带断相保护的热继电器。三相带断相保护的热继电器的型号后面有 D、T 或 3UA 字样。

b. 热元件的额定电流选择。应按照被保护电动机额定电流的 1.1 ~ 1.15 倍选取热元件的额定电流。

c. 热元件的整定电流选择。整定电流是指热继电器的热元件允许长期通过又不致引起继电器动作的最大电流值。对于某一热元件，可通过调节其电流调节旋钮，在一定范围内调节其整定电流。一般将热继电器的整定电流调整到等于电动机的额定电流；对过载能力差的电动机，可将热继电器中热元件的整定值调整到电动机额定电流的 60% ~ 80%；对启动时间较长、拖动冲击性负载或不允许停车的电动机，热继电器中热元件的整定电流应调整到电动机额定电流的 1.1 ~ 1.15 倍。

（4）速度继电器。速度继电器是利用转轴的转速来切换电路的自动电器，主要用于电动机的反接制动。常用的速度继电器外形如图 2 - 1 - 32 所示。

速度继电器主要由定子、转子和触点系统 3 部分构成。转子与电动机的转轴通过联轴器相连，当电动机转动时，速度继电器的转子随之转动，定子内的绕组便切割磁感线，产生感应电动势，而后产生感应电流，此电流与转子磁场作用产生转矩，使定子开始转动。电动机转速达到某一值时，产生的转矩能使定子转到一定角度使摆杆推动动触点动作；当电动机转速低于某一值或停转时，定子产生的转矩会减小或消失，动触点在弹簧的作用下复位。速度继电器的结构原理如图 2 - 1 - 33 所示。

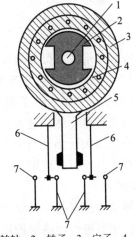

1—转轴；2—转子；3—定子；4—绕组；
5—摆杆；6—动触点；7—静触点。

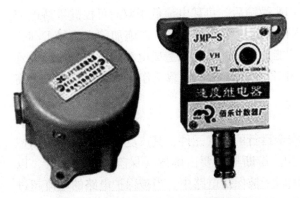

图 2 - 1 - 32　常用的速度继电器外形　　　图 2 - 1 - 33　速度继电器的结构原理

一般速度继电器的动作速度为 120 r/min，动触点的复位速度值为 100 r/min。在连续工作制中，能可靠地工作在 1 000 ~ 3 600 r/min，允许操作频率每小时不超过 30 次。

速度继电器的电气符号如图 2 - 1 - 34 所示。

速度继电器的选用原则主要根据电动机的额定转速进行确定。

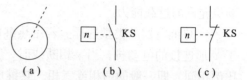

图 2 - 1 - 34　速度继电器的电气符号
(a) 转子；(b) 常开触点；(c) 常闭触点

（5）其他形式继电器。除了上述几种常用的继电器外，还有一些特殊的或新型的继电器，如温度继电器、固态继电器、光继电器、加速度继电器、声继电器、风速继电器等。下面简单介绍一下被广泛使用的固态继电器。

固态继电器（Solid State Relay, SSR）是由微电子电路、分立电子器件、电力电子功率器件组成的无触点开关，用隔离器件实现了控制端与负载端的隔离。SSR 的输入端用微小的控制信号直接驱动大电流负载。SSR 具有开关速度快、工作频率高、质量轻、使用寿命长、噪声低和动作可靠等一系列优点，被广泛应用于数字程控装置、调温装置、数据处理系统，以及计算机 I/O 接口电路中。

SSR 由 3 部分组成：输入电路、隔离（耦合）和输出电路。按输入电压的不同类别，输入电路可分为直流输入电路、交流输入电路和交直流输入电路 3 种；有些输入电路还具有与 TTL/CMOS（晶体管 - 晶体管逻辑/互补金属氧化物半导体）兼容、正负逻辑控制和反相等功能。SSR 的输入与输出电路的隔离（耦合）方式有光电耦合和变压器耦合两种。SSR 的输出电路也可分为直流输出电路、交流输出电路和交直流输出电路等形式。在 SSR 的交流输出电路中，通常使用两个单向可控硅或一个双向可控硅；在 SSR 的直流输出电路中可使用双极性器件或功率场效应管。常用的 SSR 外形如图 2 - 1 - 35 所示。

图 2 - 1 - 35　常用的 SSR 外形

SSR 按触发形式，可分为零压型（Z 型）和调相型（P 型）SSR 两种。在输入端施加合适的控制信号 IN 时，P 型 SSR 立即导通。当 IN 撤销后，负载电流低于双向可控硅维持电流时（交流换向），P 型 SSR 关断。Z 型 SSR 内部包括过零检测电路，在施加输入信号 IN 时，只有当负载电源电压达到过零区，Z 型 SSR 才能导通，并有可能造成电源半个周期的最大延时。Z 型 SSR 的关断条件与 P 型 SSR 相同，但 Z 型 SSR 由于负载工作电流近似正弦波，高次谐波干扰小，所以其应用广泛。

5）熔断器

熔断器是一种安装在电路中，保证电路安全运行的电气元件，其广泛用于配电系统和控制系统中，主要进行短路保护或严重过载保护。熔断器主要由熔体（保险丝）和熔管，以及外加填料等部分组成。使用时，将熔断器串联于被保护电路中，当被保护电路的电流超过规定值，并经过一定时间后，由熔体自身产生的热量熔断熔体，使电路断开，从而起到保护的作用。熔断器按其结构形式可分为插入式熔断器、螺旋式熔断器、封闭管式熔断器、快速熔断器和自复式熔断器等。常见熔断器的外形如图 2－1－36 所示。

图 2－1－36　常见熔断器的外形

熔体的材料一般由熔点较低、电阻率较高的金属材料，如铝锑合金、铅锡合金或铜丝等制成；熔管是熔体的外壳，由陶瓷、绝缘钢或玻璃纤维制成，并兼有灭弧功能。

熔断器具有反时延特性，即过载电流小时，熔断时间长；过载电流大时，熔断时间短。所以，在一定过载电流范围内，当电流恢复正常时，熔断器不会熔断，可继续使用。由于熔断器过载反应不灵敏，不宜做过载保护，所以其主要用于短路保护。熔断器的熔断特性（安－秒特性）如图 2－1－37 所示。熔断器的电气符号如图 2－1－38 所示。

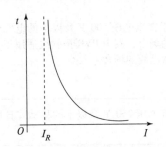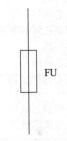

图 2－1－37　熔断器的熔断特性　　　　　　图 2－1－38　熔断器的电气符号

（1）熔断器的主要技术参数有：

①额定电压：指熔断器分断前长期承受的电压；

②额定电流：指熔断器在长期工作制下，各部件温升不超过规定值时所能承载的电流；

③保护特性：是指熔断器的熔断时间与流过电流的关系曲线，也称熔断特性或安－秒特性；

④极限分断能力：熔断器在规定的工作条件（电压和功率因数）下能分断的最大电流值。

（2）熔断器选用原则如下：

①熔断器类型的选择：选择熔断器的类型时，主要根据电路要求、使用场合、安装条件、负载要求的熔断特性和短路电流的大小等来进行。电网配电一般用管式熔断器；电动机保护一般用螺旋式熔断器；照明电路一般用瓷插式熔断器；保护可控硅元件则应选择快速式熔断器；

②熔断器额定电压的选择：熔断器的额定电压应大于或等于电路的工作电压；

③熔断器熔体额定电流的选择有如下方法：

对于变压器、电炉和照明等负载，熔体的额定电流 I_{fN} 应略大于或等于负载电流 I；

保护一台电动机时，考虑启动电流的影响，可按下式选择额定电流：

$$I_{fN} \geq (1.5 \sim 2.5)I_N$$

式中，I_N 为电动机额定电流。

保护多台电动机时，可按下式计算额定电流：

$$I_{fN} \geq (1.5 \sim 2.5)I_{N\max} + \sum I_{Ni}$$

式中，$I_{N\max}$ 为容量最大的一台电动机的额定电流。$\sum I_{Ni}$ 为其余电动机额定电流之和；

④熔断器熔管额定电流的选择。熔断器熔管的额定电流必须大于或等于所装熔体的额定电流。

6）附件

附件有如下几种。

（1）绝缘导线（导线）。绝缘导线是用来连接各个电气元件的。常用的绝缘导线型号如表 2 – 1 – 1 所示。

表 2 – 1 – 1　常用的绝缘导线型号

名称	型号	主要用途
聚氯乙烯绝缘铜芯线 聚氯乙烯绝缘铜芯软线 聚氯乙烯绝缘聚氯乙烯护套铜芯线 聚氯乙烯绝缘铝芯线 聚氯乙烯绝缘铝芯软线 聚氯乙烯绝缘氯乙烯护套铝芯线	BV BVR BVV BLV BLVR BLVV	主要用于交流电压 500 V 及以下的电气设备和照明装置的场合，其中 BVR 型软线适用于要求安装比较柔软电线的场合
聚氯乙烯绝缘平型铜芯软线 聚氯乙烯绝缘绞型铜芯软线	RVB RVS	用于交流电压 250 V 及以下的移动式日用电器的连接
聚氯乙烯绝缘聚氯乙烯护套铜芯软线	RVZ	用于交流电压 500 V 及以下的移动式日用电器的连接
复合物绝缘平型软线 复合物绝缘绞型软线	RFB RFS	用于交流电压 250 V 或直流电压 500 V 及以下的照明灯座、日用电器、无线设备的连接
铝芯氯丁橡皮绝缘铝芯线	BLXF	用于交流电压 500 V 或直流电压 1 000 V 及以下的明敷、架空、穿管固定敷设的照明及电气设备

绝缘导线具有多种颜色可供选用，一般三相电源线宜采用黄、绿、红 3 色；中性线（零线）宜采用淡蓝色；保护地线（PE 线）应采用黄绿相间的绝缘导线。

（2）走线槽。走线槽由槽和盖组成，具有多种规格，常用于导线的走线，可使布线美观整洁。走线槽外形如图 2 – 1 – 39 所示。

（3）接线端子与接线插。接线端子是为了

图 2 – 1 – 39　走线槽外形

方便导线的连接而应用的，它其实就是一段封在绝缘塑料里面的金属片，两端都有孔可以插入导线，有螺丝用于紧固或者松开。一般导线与接线端子连接时，如果是 10 mm² 及以下的单股导线，需要在导线端部弯一圆圈接到接线端子上。而如果是 10 mm² 以上的多股铜线则需装接线插，再与接线端子连接。

接线插俗称线鼻子，常用于电缆末端连接和续接，能让电缆和电器连接更牢固、更安全，是建筑、电力设备、电器连接等常用的材料。

接线端子与接线插外形如图 2 – 1 – 40 所示。

（4）号码管：由 PVC 软质塑料制成，一般有两种，一种是标有数字或字母的，可直接套入绝缘导线使用；一种是空白的，可用专门的打印机打印上不同的号码来标记绝缘导线。其外形如图 2 – 1 – 41 所示。

图 2 – 1 – 40　接线端子与接线插外形

图 2 – 1 – 41　号码管外形

（5）扎线带：用来将导线或电缆捆扎到一起，设计有止退功能，只能越扎越紧，也有可拆卸的扎线带（活扣）。扎线带根据长短和粗细不同有多种型号，其外形如图 2 – 1 – 42 所示。

（6）固定盘：一般与扎线带配合使用，正面带有小孔，背面有黏胶，可以粘贴到其他平面物体上。其外形如图 2 – 1 – 43 所示。

图 2 – 1 – 42　扎线带外形

图 2 – 1 – 43　固定盘外形

（7）波纹管：用来保护裸露的导线，一般由 PVC 制成。其外形如图 2 – 1 – 44 所示。

（8）热缩管：具有阻燃、绝缘、耐高温等性能，质地柔软有弹性。受热（70～90℃）

会收缩，一般用在电线、电缆等的裸露、连接、交叉部分，通过使用热风机可以使之紧缩，起到绝缘、防护等功能。其外形如图 2 - 1 - 45 所示。

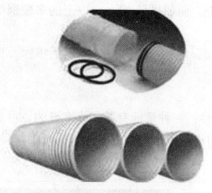

图 2 - 1 - 44　波纹管外形

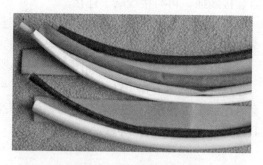

图 2 - 1 - 45　热缩管外形

（9）常用工具。进行电气安装时，会用到很多电工工具，如钢丝钳、尖嘴钳、圆嘴钳、螺丝刀、电工刀、活扳手、测电笔、断线钳、紧线钳、搭压钳、电流表、电压表、电度表和万用表等。常见电工工具如图 2 - 1 - 46 所示。

这里介绍几种简易的电工工具。

①螺丝刀。螺丝刀又称旋具，是最常用的电工工具，由刀头和柄组成。刀头形状有一字形和十字形两种，分别用于旋动头部为横槽或十字形槽的螺钉。螺丝刀的规格是指金属杆的长度，有 75 mm、100 mm、

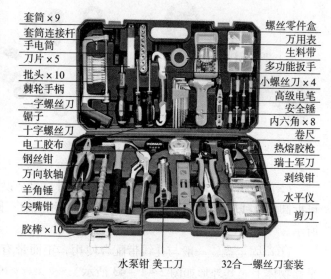

图 2 - 1 - 46　常见电工工具

125 mm、150 mm 等几种。穿心柄式螺丝刀，可在尾部敲击，但禁止用于有电的场合。

②测电笔。测电笔又称验电笔，它能检查低压电路和电气设备外壳是否带电。为便于携带，测电笔通常做成笔状，前段是金属探头，内部依次装安全电阻、氖管和弹簧。弹簧与笔尾的金属体相接触。使用时，手应与笔尾的金属体相接触。测电笔的测电压范围为 60 ~ 500 V（严禁测高压电）。使用前，务必先在正常电源上验证氖管能否正常发光，以确认测电笔验电可靠。由于氖管发光微弱，在明亮的光线下测试时，应当避光检测。

③钢丝钳。钢丝钳用于夹持或切断金属导线，带刃口的钢丝钳还可以用来切断钢丝。这种钳的规格有 150 mm、175 mm、200 mm 3 种，均带有橡胶绝缘套管，可适用于 500 V 以下的带电作业。使用时，应注意保护绝缘套管，以免划伤绝缘套管失去绝缘作用。不可将钢丝钳当锤使用，以免刃口错位、转动轴失圆，影响正常使用。

④尖嘴钳。尖嘴钳用于夹捏工件或导线，特别适用于狭小的工作区域。其规格有 130 mm、160 mm、180 mm 3 种。电工用的尖嘴钳带有绝缘套管；有的带有刃口，可以剪切细小零件。

⑤电工刀。电工刀在电工安装维修中用于切削导线的绝缘层、电缆绝缘护套、木槽板等,规格有大号、小号之分。大号刀片长 112 mm,小号刀片长 88 mm。有的电工刀上带有锯片和锥子,可用来锯小木片和锥孔。电工刀没有绝缘保护,禁止带电作业。使用电工刀,应避免切割坚硬的材料,以保护刀口。刀口用钝后,可用油石打磨。如果刀刃部分损坏较重,可用砂轮打磨,但须防止退火。

2.1.3　任务实施

本节以三相异步电动机直接启动为例,介绍电气控制电路的元件选用与安装操作。

1. 电路原理

三相异步电动机直接启动电路如图 2 - 1 - 47 所示。

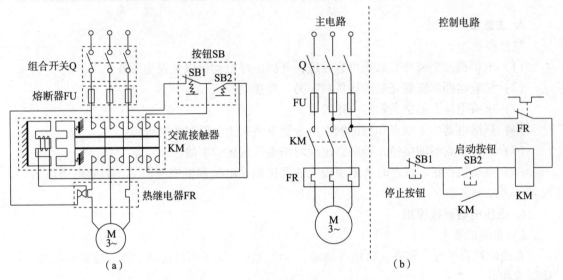

图 2 - 1 - 47　三相异步电动机直接启动电路

(a) 结构;(b) 原理

2. 元件选用

选用的元件如表 2 - 1 - 2 所示。安装工具及附件如表 2 - 1 - 3 所示。

表 2 - 1 - 2　选用的元件

序号	名称	型号	数量	备注
1	三相笼型异步电动机	Y - 100L2　(3 kW, 6.8 A)	1	
2	按钮	LAY37 - 11	2	
3	交流接触器	CJ20 - 10　(线圈电压 380 V)	1	
4	热继电器	JR36B - 20/3D　(整定电流 6.8 A)	1	
5	熔断器	RL1 - 15A　(熔体电流 10 A)	3	
6	万用表		1	备用
7	接线排	DT1010	2	

表 2 – 1 – 3　安装工具及附件

序号	名称	规格	数量	备注
1	螺丝刀	一字、十字	各 1 把	
2	测电笔		1	
3	电工钳		1	
4	剥线钳		1	
5	电工刀		1	
6	绝缘导线	BV 2.5 mm^2	若干	主电路（三色）
7	绝缘导线	BV 1 mm^2	若干	控制电路（两色）

3. 注意事项

注意事项如下。

（1）电动机及金属外壳必须可靠接地，并固定好电动机以免发生意外。

（2）螺旋熔断器座螺壳端应接负载，另一端接电源。

（3）所有电器上的空余螺钉一律拧紧。

（4）热继电器的主触点和辅助触点应分别安装在主电路和控制电路中。

（5）互锁触点不能接错，否则会出现两相电源短路的事故。

（6）电动机在正、反转时会出现较大的反接制动电流和机械冲击力，因此电动机的正、反转不要过于频繁。

4. 低压电器配线原则

1）布线的要求

布线应符合平直、整齐、紧贴敷设面、走线合理、接点不得松动、便于检修等要求，具体要求如下。

（1）走线通道应尽可能少，同一通道中的沉底导线，按主、控制电路分类集中，单层平行密排或成束，应紧贴敷设面。

（2）导线长度应尽可能短，可水平架空跨越，如两个元件线圈之间、连线主触点之间的连线等，在留有一定余量的情况下可不紧贴敷设面。

（3）同一平面的导线应高低一致或前后一致，不能交叉。当必须交叉时，可水平架空跨越，但必须满足走线合理的要求。

（4）布线应横平竖直，变换走向应垂直 90°。

（5）上下触点若不在同一垂直线下，不应采用斜线连接。

（6）导线与接线端子或线桩连接时，应不压绝缘层、不反圈，以及露铜不大于 1 mm。并做到同一元件、同一回路的不同接点的导线间距保持一致。

（7）一个电气元件接线端子上的连接导线不得超过两根，每节接线端子板上的连接导线一般只允许连接一根。

（8）布线时，严禁损伤线芯和导线绝缘层。

（9）导线截面积不同时，应将截面积大的放在下层，截面积小的放在上层。

（10）多根导线布线时（主电路）应做到整体在同一水平面或同一垂直面上。

（11）如果电路简单可不套号码管。

2）导线的颜色

为了便于识别，导线应有相应的颜色标志，具体如下：

（1）保护导线（PE）必须采用黄、绿双色；

（2）动力电路的中线（N）和中间线（M）必须是浅蓝色；

（3）交流或直流动力电路应采用黑色；

（4）交流控制电路采用红色；

（5）直流控制电路采用蓝色；

（6）用作控制电路联锁的导线，如果是与外边控制电路连接，而且当电源开关断开仍带电时，应采用橘黄色或黄色；

（7）与保护导线连接的电路采用白色。

5. 低压电器故障诊断

电气元件在运行时会出现故障，下面主要结合低压断路器、接触器和继电器三类主要的低压电器，分析其故障原因。

1）低压断路器故障诊断

低压断路器故障诊断的方法如下。

（1）触点过热：可能是动触点松动引起触点过热。可调整操作机构，使动触点完全插入静触点。

（2）触点断相：由于某相触点接触不好或接线端子上螺钉松动，使电动机缺相运行，此时电动机虽能转动，但会发出"嗡嗡"声。应立即停车检修。

（3）触点熔焊：按"停止"按钮，电动机不停转，并且有可能发出"嗡嗡"声。此类故障是二相或三相触点由于过载电流大而引起的熔焊现象，应立即失电，检查负载后更换接触器。

（4）得电衔铁不吸合：如果经检查得电无振动和噪声，则说明衔铁运动部分没有卡住，只是线圈断路的故障。此时可拆下线圈按原数重新绕制后浸漆烘干。

2）接触器故障诊断

交流接触器常见的故障是线圈得电后，接触器不动作或动作不正常；线圈失电后，接触器不释放或延时释放这两类。

（1）线圈得电后，接触器不动作或动作不正常，主要故障原因有以下几种。

①线圈控制电路断路。此时查看接线端子有没有断线或松脱现象，如有断线应更换相应导线，如有松脱应紧固相应接线端子。

②线圈损坏。用万用表测线圈的电阻，如电阻为 $+\infty$，则应更换线圈。

③线圈额定电压比电路电压高。此时应换上适应控制电路电压的线圈。

（2）线圈失电后，接触器不释放或延时释放，主要故障原因有以下几种。

①磁系统中柱无气隙，剩磁过大。应将剩磁间隙处的极面锉去一部分，使间隙为 0.1～0.3 mm，或在线圈两端并联一只 0.1 μF 电容。

②启用的接触器铁芯表面有油或使用一段时间后有油腻。应将铁芯表面防锈油脂擦干净，铁芯表面要求平整，但不宜过光，否则易于造成延时释放。

③触点抗熔焊性能差，在启动电动机或电路短路时，大电流使触点焊牢而不能释放，其中以纯银触点较易熔焊。

3）继电器故障诊断

（1）触点电蚀：触点切换的负载多是感性的，在断开感性负载的瞬间，它积蓄的磁能会在触点两端产生很高的反电势，击穿触点间的气隙形成火花，产生电蚀，造成接触面凹陷，导致接触不良，或是将两触点粘在一起不能分离，从而造成短路。防止触点间的电蚀可以通过采用设置电阻灭火花电路、阻容灭火花电路等措施实现。

（2）触点积尘：灰尘、污垢会在继电器的触点上沉积，会使触点表面生成一层黑色的氧化膜，导致继电器接触不良，因此需要定期对触点进行清洗，可以采用四氯化碳液体，这样能够保证触点的良好接触性能。

6. 电路得电测试

具体测试内容如下。

（1）电路检查。先检查主电路，再检查控制电路，分别用万用表测量各电器与电路是否正常。

（2）控制电路操作试车。经上述检查无误后，检查三相电源，接通主电路，按下对应的启动、停止按钮，各接触器等应有相应的动作。

（3）试车运行。在控制电路操作试车后，合上主电路电源开关，按下启动按钮 SB1，电动机应动作运转，然后按下停止按钮 SB2，电动机应失电停车。

2.1.4　相关链接——低压电器的发展

近年来，我国低压电器行业出现了巨大变化，低压电器产品已经发展到了一个崭新的阶段。自 20 世纪 50 年代以来，我国低压电器产品大致可分为这样几个阶段：20 世纪 50 年代全面仿制前苏联低压器产品；20 世纪 60 ~ 70 年代在模仿的基础上进行了第一代产品的设计；20 世纪 70 ~ 80 年代进行了技术引进，制造了第二代产品；20 世纪 90 年代跟踪国外新技术自行开发了第三代智能化电器；进入 21 世纪后，又研发了第四代智能化可通信电器。

低压电器的发展主要取决于电力系统的发展需要和新工艺、新材料、新技术的研究与应用。20 世纪 70 ~ 80 年代研发的新型电器主要是限流电器、真空电器、漏电电器和电子电器。20 世纪 80 年代后期，我国开始对传统新一代低压电器产品提出高性能、高可靠、小型化、多功能、组合化、模块化、电子化、智能化的要求。其后，随着计算机网络的发展与应用，采用计算机网络控制的低压电器均要求能与中央控制计算机进行通信，为此，各种可通信的智能化低压电器应运而生，它可能成为今后一段时间内低压电器重要的发展方向之一。

智能电器将传统电器控制技术、传感器技术、电力电子技术、计算机技术和数字通信技术融为一体，一方面使电气设备具有智能化功能，另一方面使其可以通过通信接口实现与计算机或其他设备之间的双向通信。因此，智能电器已不是单纯的电气设备，而是一个强电与弱电相结合的整体，是现代新技术与传统电器技术相结合的产物。

　　思考与练习

1. 电弧产生的原因是什么？常用的灭弧方法有哪些？
2. 接触器与继电器有哪些异同？
3. 接触器的交流电磁线圈误接入直流电源，或其直流电磁线圈误接入交流电源，会出现什么情况？

4. 接触器的主触点、辅助触点和线圈各接在什么电路中，应如何连接？

2.2　电气控制系统图

学习目标

1）要求认识电气原理图、元件布置图和电气接线图。

2）要求了解电气原理图分析方法。

3）要求熟悉逻辑代数表示法。

2.2.1　项目任务

电气控制系统是由电气控制元件按一定要求连接而成的。为了清晰地表达电气控制系统的工作原理，便于系统的安装、调试、使用和维修，将电气控制系统中的各电气控制元件用一定的图形符号和文字符号来表示，再将其连接情况用一定的图形表达出来，其表达结果即为电气控制系统图，也称电气工程图或电气图。电气控制系统图包括电气原理图、电气元件布置图、电气接线图、功能图和电气元件明细表等。本项目的主要任务是通过对 CW6132 型卧式车床的电路图进行分析，掌握常用的电气原理图、电气元件布置图和电气接线图分析与设计方法。

2.2.2　准备知识

电气控制系统图中的图形符号和文字符号具有统一的国家标准。GB/T 4728《电气简图用图形符号》规定了电气控制系统图中图形符号的画法；GB/T 7159—1987《电气技术中的文字符号制定通则》规定了电气控制系统图中文字符号的规范（由于没有替代规范，考虑到现在电气设计行业仍然是按照习惯延用之前的文字符号，所以本书文字符号部分的内容未作变动。）。

1. 图形符号

图形符号通常用于图样或其他文件，用来表示一个设备或概念的图形、标记或字符。图形符号必须按照国家标准进行绘制。图形符号由符号要素、一般符号、限定符号等构成。

（1）符号要素。符号要素是一种具有确定意义的简单图形，需要与其他图形组合才能构成一个设备或概念的完整符号，如接触器常开触点的符号是由接触器触点功能符号和常开触点符号组合而成。

（2）一般符号。一般符号是用来表示一类产品及特征的一种简单标记代号，如电动机用 M 表示，发电动机用 G 表示等。

（3）限定符号。限定符号是用于提供附加信息的一种加在其他符号上的符号，一般不单独使用。例如，在电阻器的一般符号上加上不同的限定符号，可得到可变电阻器、热敏电阻器、压敏电阻器等。一般符号有时也能做限定符号。

2. 文字符号

文字符号用于标明电气设备、装置和元件的名称及电路的功能、状态和特性。文字符号分为基本文字符号和辅助文字符号，必要时可添加补充文字符号。

（1）基本文字符号。基本文字符号有单字母符号和双字母符号两种，单字母符号按照拉丁字母顺序将各种电气设备、装置和元件分为23大类，每一类使用一个单字母符号表示，如 C 表示电容类，Q 或 S 表示开关类等；双字母符号由一个表示种类的单字母符号和另一个字母组成，单字母符号在前，另一个字母在后，如 F 表示保护类器件，FU 则表示熔断器。

（2）辅助文字符号。辅助文字符号表示电气设备、装置和元件，以及电路的功能、状态和特征。如 L 表示限制，RD 表示红色等。辅助文字符号也可以放在表示种类的单字母符号之后组成双字母符号，如 SP 表示压力传感器，YB 表示电磁制动器等。

为简化文字符号，若辅助文字符号由两个以上字母组成时，允许只采用其第一个字母进行组合，如 SYN 表示同步，MS 表示同步电动机。辅助文字符号还可以单独使用，如 ON 表示接通，PE 表示保护接地，M 表示中间线等。

（3）补充文字符号。补充文字符号用于基本文字符号和辅助文字符号在使用中仍不够用时进行补充，如对设备或元件进行数字编号（如 G1 表示 1 号发电动机，G2 表示 2 号发电动机等）。另外，对于三相交流电源采用 L1、L2、L3 标记，中性线采用 N 标记，电源开关之后的三相交流电源主电路分别采用 U1、V1、W1、U2、V2、W2 等标记。

2.2.3　任务实施

电气控制系统图是根据国家电气制图标准，用规定的图形符号、文字符号，以及规定的画法绘制而成的。各种图的图纸尺寸一般选用 297 mm × 210 mm、297 mm × 420 mm、297 mm × 630 mm、297 mm × 840 mm 四种幅面，特殊需要的情况下可按 GB/T 14689—2008《技术制图 图纸幅面和格式》选用。

CW6132 型卧式车床的电气控制系统图包括电气原理图、电气元件布置图和电气接线图。

1. 电气原理图

电气原理图采用国标规定的图文符号，以电气元件展开的形式绘制而成。它不画出电气元件的实际外形，也不考虑其实际位置，而是注重电气电路各元件之间的连接关系，甚至可以将一个元件分成几个部分绘制在同一图样的不同位置，但必须用相同的文字符号标注。

电气原理图结构简单、层次分明、主要用于研究和分析电气控制系统的工作原理。图 2 – 2 – 1 所示为 CW6132 型卧式车床的电气原理图。

一般电气原理图的绘制原则如下。

（1）电气原理图中所有电气元件均应按未得电时的状态画出，机械操作开关均应是非工作状态和位置。

（2）电气原理图一般包含主电路和辅助电路。主电路是从电源到电动机的大电流路径；辅助电路包括控制电路、照明电路、信号电路，以及保护电路等。电气原理图中主电路和辅助电路应分开绘制，且主电路一般在图中左侧，辅助电路在图中右侧。

（3）电气原理图的绘制应遵循自上而下、从左到右的顺序，可以水平布置，也可垂直布置；应尽可能减少导线数量，避免导线交叉；若导线交叉处有连接关系的要用黑圆点表示；相同电气元件（如图 2 – 2 – 1 中的电动机）应纵向或横向对齐。

（4）图面区域的划分。电气原理图下方的数字是图区号，是为了便于检索电气电路，方便阅读分析而设置的，也可设置在图的上方。电气原理图上方的文字表明与其对应的下方元件或电路的功能，这样做有利于理解全部电路的工作原理。利用图区号可以方便地检索到

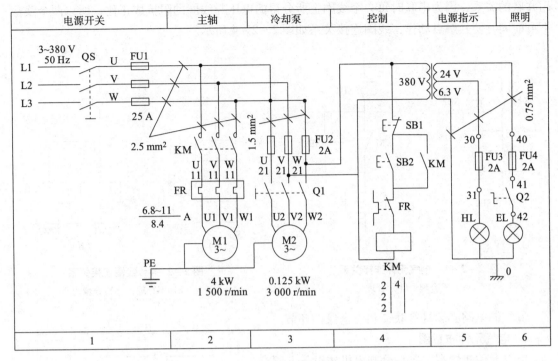

图 2 – 2 – 1　CW6132 型卧式车床的电气原理图

电气原理图中的各元件，如电动机 M1 在 2 区等。当设备的电气原理图装订成册时，其索引代号如图 2 – 2 – 2 所示。

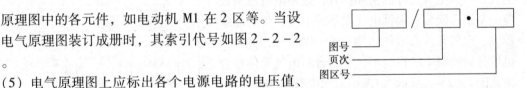

图 2 – 2 – 2　索引代号

（5）电气原理图上应标出各个电源电路的电压值、极性、频率和相数，某些元件的特性，如图 2 – 2 – 1 中热继电器 FR 左下方标注的 "6.8 ~ 11" 表示其动作电流范围，"8.4" 表示整定值。

（6）在继电器、接触器线圈下方列有触点表以说明线圈和触点的从属关系。继电器线圈下方画出一条竖线，分成左右两栏，左栏代表常开触点的个数和所在图区号，未使用的触点用 "×" 表示或不做标记；接触器触点表与继电器相似，其线圈下方有两条竖线，分成左、中、右 3 栏，分别代表主触点、常开辅助触点和常闭辅助触点的个数和所在图区号。

（7）电气原理图中控制电路力求简单、经济、安全可靠，应做到以下几点。

①尽量减少电气元件的数量；尽量选用同型号的电气元件或标准件，以减少备品数量；尽量选用常用的或经过实际试验过的电路或环节。

②尽量减少控制电路中电源的种类。

③尽量缩短连接导线的长度和减少连接导线的数量。电路设计时，应考虑各个元件之间的实际连线。例如，图 2 – 2 – 3 的电气元件连接关系，由于按钮在操作台上，而接触器在电气控制柜内，所以图 2 – 2 – 3（b）比图 2 – 2 – 3（a）可以减少二次引出线。

④应正确连接触点。在控制电路中，应尽量将所有触点连接在线圈的左端或上端，而线圈的右端或下端应直接连接在电源线上，这样可以减少电路内产生的虚假回路，还可以简化电气控制柜的出线。

⑤正确连接电气元件的线圈。在交流控制电路中不能串联两个电气元件的线圈，而应采

用并联的关系，因为串联时每一个线圈上所分得的电压与线圈的阻抗成正比，所以两个线圈不可能同时使其触点动作，线圈连接关系如图 2 – 2 – 4 所示。

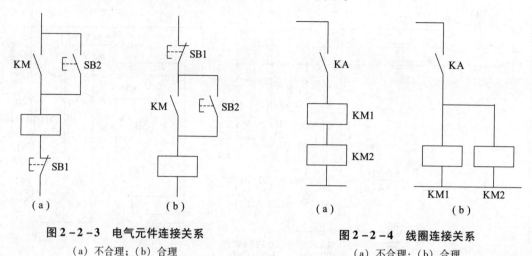

图 2 – 2 – 3　电气元件连接关系
（a）不合理；（b）合理

图 2 – 2 – 4　线圈连接关系
（a）不合理；（b）合理

⑥控制电路必须具有联锁和安全保护环节。

2. 电气元件布置图

电气元件布置图主要是绘制出机械设备上所有电气设备和电气元件的实际位置，方便电气控制设备的制造、安装。根据电气设备或电气元件的复杂程度，电气元件布置图可集中绘制在一张图纸上，也可分别绘制电气控制柜、操作台的电气元件布置图。图 2 – 2 – 5 所示为 CW6132 型卧式车床的电气元件布置图。

电气元件布置图的设计依据是电气原理图，绘制时应遵循以下原则。

（1）同一组件中电气元件的布置应注意将体积大和较重的电气元件安装在电器板的下面，而发热元件应安装在电气控制柜的上部或后部，但热继电器宜放在其下部，因为热继电器的出线端直接与电动机相连便于出线，而其进线端与接触器直接相连，便于接线并可使走线最短，且易于散热。

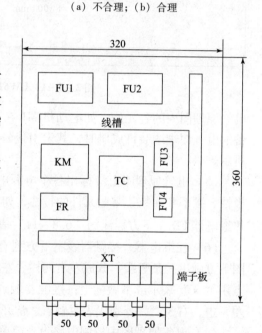

图 2 – 2 – 5　CW6132 型卧式车床的
电气元件布置图

（2）强电、弱电分开并注意屏蔽，防止外界干扰。

（3）需要经常维护、检修、调整的电气元件安装位置不宜过高或过低，人力操作开关及需经常监视的仪表的安装位置应符合人体工程学原理。

（4）电气元件的布置应考虑安全间隙，并做到整齐、美观、对称，外形尺寸与结构类似的电器可安放在一起，有利于加工、安装和配线。若采用行线槽配线方式，应适当加大各排电气元件间距，以方便布线和维护。

（5）电气元件布置图是根据电气元件的外形轮廓绘制的，即以其轴线为准，标出各元件的间距尺寸。每个电气元件的安装尺寸及其公差范围，应按产品说明书的标准标注，以保证安装板的加工质量和各电气元件的顺利安装。大型电气控制柜中的电气元件，宜安装在两个安装横梁之间，这样，可减轻柜体重量，节约材料，且便于安装，所以设计时应计算纵向安装尺寸。

（6）在电气元件布置图设计中，还要根据本部件进出线的数量、导线规格及出线位置等，选择进出线方式及接线端子排、连接器或接插件，并按一定顺序标上进出线的接线号。

3. 电气接线图

电气接线图又称电气互连图，用来表明电气元件各单元之间的连接关系。实际使用中通常与电气原理图和电气元件布置图一起使用。电气原理图、电气元件布置图和电气接线图中涉及到的同一元件应使用相同的文字符号、电路号码及连接顺序。图 2 - 2 - 6 为 CW6132 型卧式车床的电气接线图。

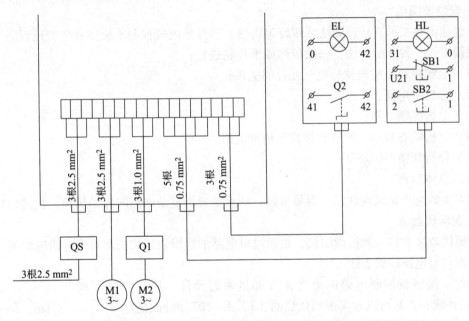

图 2 - 2 - 6　CW6132 型卧式车床的电气接线图

电气接线图的绘制原则如下。

（1）电气接线图和接线表的绘制应符合 GB/T 6988《电气技术用文件的编制》的规定。

（2）所有电气元件及其引线应标注与电气原理图中相一致的文字符号、接线号。电子原理图中的项目代号、端子号及导线号的编制分别应符合 GB/T 5094.3—2005《工业系统、装置与设备以及工业产品 结构原则与参照代号 第 3 部分：应用指南 》，GB/T 4026—2019《人机界面标志标识的基本和安全规则 设备端子、导体终端和导体的标识》，GB/T 21654—2008《顺序功能表图用 GRAFCET 规范语言》等规定。

（3）与电气原理图不同，在电子接线图中同一电气元件的各个部分（触点、线圈等）必须画在一起。

（4）电气接线图一律采用细线条绘制。走线方式分板前走线和板后走线两种，一般采用板前走线。对于电气元件数量较少，接线关系又不复杂的简单电气控制部件，可直接画出电子元件间的连线；对于电气元件数量多，接线较复杂的复杂部件，一般是采用走线槽，只需在各电气元件上标出接线号，不必画出各元件间连线。

（5）接线图中应标出配线用的各种导线的型号、规格、截面积及颜色要求等。

（6）部件与外电路连接时，大截面导线进出线宜采用连接器连接，其他应经接线端子排连接。

2.2.4　相关链接——电气原理图分析方法

电气控制电路分析的一般原则是：化整为零、顺藤摸瓜、先主后辅、集零为整、安全保护和全面检查。通常要结合有关技术资料，以某一电动机或电气元件（如接触器或继电器线圈）为对象，从电源开始，自上而下、自左而右，逐一分析其通断关系，并区分出主令信号、联锁条件和保护要求等。常用的电气控制电路分析方法有两种：查线读图法和逻辑代数法。

1. 查线读图法

查线读图法又称直接读图法或跟踪追击法，是按照电气控制系统图和生产过程的工作步骤依次读图的一种分析方法，一般依照如下步骤进行：

（1）了解生产工艺与执行电气元件的关系；

（2）分析主电路；

（3）分析控制电路；

（4）分析状态显示、照明和报警等辅助电路；

（5）分析联锁保护环节；

（6）总体检查。

该方法的优点是直观性强，容易掌握；缺点是分析复杂电路时容易出错，叙述也较长。

2. 逻辑代数法

逻辑代数法又称为间接读图法，是通过对电路的逻辑表达式的运算来分析电路的，其关键是正确列写电路逻辑表达式。

继电 - 接触器控制电路的电气元件都是两态元件，只有"通"和"断"两种状态，其可以对应逻辑代数的"1"和"0"两种取值。

（1）电气元件的逻辑表示。为将电路状态用逻辑函数式的方式描述出来，通常用 KM、KA、SQ 等分别表示接触器、继电器、行程开关等的常开触点；用 $\overline{KM}$、$\overline{KA}$、$\overline{SQ}$ 等表示常闭触点。触点闭合时，逻辑状态为"1"，触点断开时，逻辑状态为"0"；线圈得电时为"1"，失电时为"0"。

（2）电路状态的逻辑表示。电路中触点的串联关系可以用逻辑"与"表达，并联关系可以用逻辑"或"表达。图 2 - 2 - 7 的启动控制电路，可以用如下逻辑函数式表达：

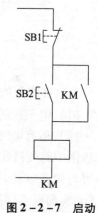

图 2 - 2 - 7　启动控制电路

$$f(KM) = \overline{SB1} \cdot (SB2 + KM)$$

（3）逻辑法化简电路。利用逻辑代数的基本定律和运算法则，可以有效地化简电路连接方式。图 2 - 2 - 8（a）中的逻辑关系为：

$$f(KM) = KA1 \cdot KA2 + \overline{KA1} \cdot KA3 + KA2 \cdot KA3$$

函数式化简过程如下：

$$f(KM) = KA1 \cdot KA2 + \overline{KA1} \cdot KA3 + KA2 \cdot KA3$$
$$= KA1 \cdot KA2 + \overline{KA1} \cdot KA3 + KA2 \cdot KA3 \cdot (KA1 + \overline{KA1})$$
$$= KA1 \cdot KA2 + \overline{KA1} \cdot KA3 + KA2 \cdot KA3 \cdot KA1 + KA2 \cdot KA3 \cdot \overline{KA1}$$

$$= KA1 \cdot KA2 \cdot (1 + KA3) + \overline{KA1} \cdot KA3 \cdot (1 + KA2)$$
$$= KA1 \cdot KA2 + \overline{KA1} \cdot KA3$$

因此，图 2 – 2 – 8（a）化简后可得到图 2 – 2 – 8（b）所示的电路，且两个电路是等效的。

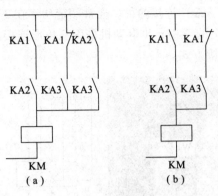

图 2 – 2 – 8　等效电路

1. 电气控制系统图中 QS、FU、KM、KT、SQ、SB 分别代表什么电气元件？
2. 接触器、继电器等电气元件的连接方式在电气原理图、电气元件布置图中有何不同？

2.3　三相异步电动机点动与长动控制电路

 学习目标

1) 要求掌握点动与长动控制电路的工作原理及电路结构。
2) 要求了解使用电器动作顺序表来分析电路工作原理的方法。
3) 要求熟悉三相异步电动机的相关知识。

2.3.1　项目任务

工业生产中的电力拖动控制系统，主要由三相异步电动机来拖动生产机械运行，而电动机的控制则由继电器、接触器、按钮等电气元件完成，从而实现电动机的各种运动。

电动机的运行形式主要有启动、制动、正转、反转、调速等。本项目的主要任务是利用接触器、按钮等来实现三相异步电动机的点动和长动控制。

2.3.2　准备知识

如上所述，电力拖动控制系统中的主要控制对象为三相异步电动机，其工作原理是当电动机的三相定子绕组（电角度各相差 120°），通入三相对称交流电后，将产生一个旋转磁场，该旋转磁场切割转子绕组，从而在转子绕组中产生感应电流（转子绕组是闭合通路），载流的转子导体在定子旋转磁场作用下将产生电磁力，从而在电动机转轴上形成电磁转矩，驱动电动机旋转，并且电动机旋转方向与旋转磁场方向相同。

1. 三相异步电动机的结构与接线方式

一般的三相笼型异步电动机接线盒中有 6 根引出线，标有 U1、V1、W1 和 U2、V2、W2，分别代表三相绕组的始末端。接通电源之前，必须将三相绕组正确连接，其连接方法有星形（Y）连接和三角形（△）连接两种。通常额定功率在 3 kW 以下的三相异步电动机采用星形连接，而 4 kW 以上的三相异步电动机采用三角形连接。图 2 – 3 – 1 所示为三相异步电动机的接线盒结构和连接方式。

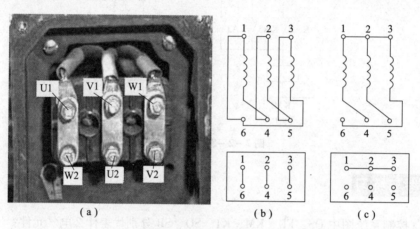

图 2 – 3 – 1　三相异步电动机的接线盒结构和连接方式
（a）接线盒结构；（b）三角形连接；（c）星形连接

2. 三相异步电动机三相绕组首尾端判断方法

三相异步电动机三相绕组的首尾端判断方法有两种，分别如下。

1）利用万用表毫安挡判别

利用万用表电阻挡测量任意两个端头时，由于同一相的绕组电阻很小，不同相的两个端头电阻无穷大，因此很容易找出每一相绕组的两个端头。

做三相绕组的假设编号为 U1、U2、V1、V2、W1、W2。将三相绕组假设的三首三尾分别连在一起，串联上万用表，使用万用表的毫安挡或微安挡。用手转动电动机转子，若万用表指针不动，则假设的首尾端均正确；若指针摆动，则应逐相对调，重新测量，直到万用表指针不动为止，此时连在一起的三首三尾正确。

2）利用干电池和万用表判别

同上述方法一样，利用万用表电阻挡找出三相绕组的端头，做好假设编号，然后将任意一相绕组接万用表毫安或微安挡，另选一相绕组，用该相绕组的两个端头瞬时的碰触干电池的正、负极，若万用表指针正偏，则接干电池负极的端头与接万用表红笔的端头为同首（或尾）端。照此方法可找出第三相绕组的首（或尾）端。

2.3.3　任务实施

1. 点动控制电路

点动控制是指电动机只是短暂的转动，而不需要连续拖动的运转方式。其电路如图 2 – 3 – 2 所示。

1）电路组成

主电路由电源 L1、L2、L3 经开关 QS、熔断器 FU1、接触器 KM 的主触点和电动机 M 构成；控制电路电源采用主电源的任意两相，由熔断器 FU2、按钮 SB 及接触器 KM 的线圈构成。电动机接线方式可采用星形或三角形连接。

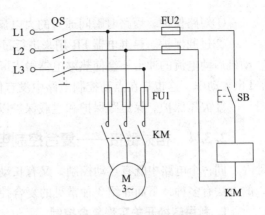

图 2 - 3 - 2 点动控制电路

2）工作原理

合上开关 QS，按下按钮 SB，则接触器 KM 的线圈得电。接触器 KM 的线圈得电后，其主电路中的主触点闭合，接通电动机 M 的三相电源，使电动机转动；当松开按钮 SB 时，接触器 KM 的线圈失电，其主电路中的主触点断开，使电动机停止转动。

电路中熔断器 FU1、FU2 是用来保护主电路和控制电路短路故障的。

电路的工作过程可通过电气元件动作顺序表来描述。点动控制电路的电气元件动作顺序表如下：

闭合开关QS → 按下按钮SB → 接触器KM的线圈通电 → 接触器KM的主触点闭合 → 电动机M转动 ┐

└→ 松开按钮SB → 接触器KM的线圈失电 → 接触器KM的主触点断开 → 电动机M停止

2. 长动控制电路

电动机的长动控制即连续控制，是一种最常用的控制形式，其电路如图 2 - 3 - 3 所示。

1）电路组成

主电路由开关 QS、熔断器 FU、接触器 KM 的常开主触点、热继电器 FR 的热元件和电动机 M 组成；控制电路由启动按钮 SB2、停止按钮 SB1、热继电器 FR 的常闭触点、接触器 KM 的线圈及其常开辅助触点构成。

2）工作原理如下

（1）启动控制。合上开关 QS，按启动按钮 SB2，接触器 KM 的线圈得电，其主电路中的常开主触点闭合，电动机开始转动；同时，与启动按钮 SB2 并联的接触器 KM 的常开辅助触点闭合，这样，即使松手断开启动按钮 SB2，接触器 KM 的线圈仍然可以通过这一辅助触点保持得电状态，维持电动机的运转。

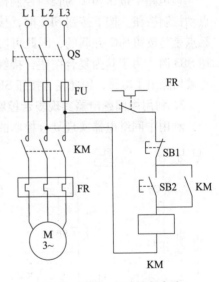

图 2 - 3 - 3 长动控制电路

这种利用其自身辅助触点来保持线圈得电的现象称为自锁，实现自锁的触点则称为自锁触点。长动控制与点动控制的主要区别就在于有无自锁触点。

（2）停止控制。按下停止按钮 SB1，接触器 KM 的线圈失电，其主触点和常开辅助触点均断开，主触点断开使电动机停止转动，常开辅助触点断开使自锁现象消失，这时，即使松开停止按钮，接触器 KM 的线圈也不会得电，即电动机不会自行启动。只有再次按下启动按钮 SB2，才可以重新启动电动机。

（3）保护环节有如下几个方面。

①短路保护。短路时瞬间通过的大电流将使熔断器 FU 的熔体断开，以切断主电路。

②过载保护。热继电器 FR 用来进行过载保护。由于热继电器的热惯性比较大，因此电动机启动电流的冲击不会使热继电器触点断开，只有在电动机长期过载的情况下，热继电器 FR 才动作。这也是在点动控制电路中没有使用热继电器 FR 的原因。

③欠压保护。除短路保护和过载保护以外，接触器 KM 本身还具有欠压保护功能。

2.3.4 相关链接——复合控制电路

同一个电路中既有点动控制，又有长动控制的电路，称为复合控制电路。实现复合控制的方法有多种，下面介绍 3 种常见的复合控制电路。

1. 利用转换开关实现复合控制

利用转换开关实现复合控制的电路如图 2 - 3 - 4 所示。该电路利用转换开关 SA 实现点动控制与长动控制的切换。转换开关 SA 置于"断"时，切除了接触器 KM 的常开辅助触点，此时按钮 SB2 是一个点动控制按钮；转换开关 SA 置于"通"时，电路中的按钮 SB2 与前述长动控制电路中按钮 SB2 的功能相同，是一个长动控制按钮。

2. 利用复合按钮实现复合控制

利用复合按钮实现复合控制的电路如图 2 - 3 - 5 所示。

该电路中按钮 SB2 为长动控制按钮，复合按钮 SB3 为点动控制按钮。按下按钮 SB2 时，接触器 KM 的常开辅助触点是与按钮 SB2 并联的，因此可实现自锁；按下复合按钮 SB3 时，由于其为复合按钮，接触器 KM 的常开辅助触点被切除出了电路，因此复合按钮 SB3 只能实现点动控制。

3. 利用中间继电器实现复合控制

利用中间继电器实现复合控制的电路如图 2 - 3 - 6 所示。

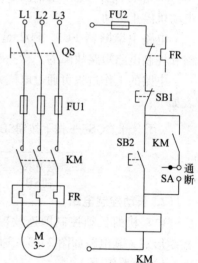

图 2 - 3 - 4 利用转换开关实现
复合控制的电路

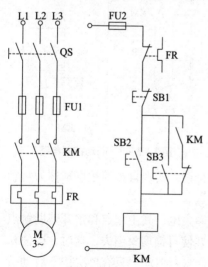

图 2 - 3 - 5 利用复合按钮实现
复合控制的电路

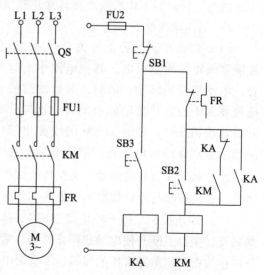

图 2 - 3 - 6 利用中间继电器实现复合
控制的电路

该电路中，按下复合按钮 SB3，中间继电器 KA 的线圈得电，其常开触点闭合，使接触器 KM 的线圈得电，接触器 KM 的主触点闭合，电动机运转；同时中间继电器 KA 的常闭辅助触点断开，使接触器 KM 的自锁触点切除，因此无法实现自锁，当按钮 SB3 按钮松开时，中间继电器 KA 的线圈失电，中间继电器 KA 的常开辅助触点断开，接触器 KM 的线圈失电，电动机 M 停止；中间继电器 KA 的线圈失电时，同时使其常闭辅助触点恢复闭合状态，为长动控制做准备。

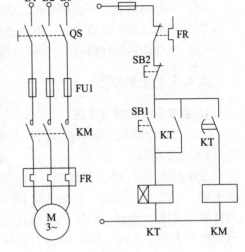

长动控制由按钮 SB2 控制，按下按钮 SB2 时，由于中间继电器 KA 的线圈失电，因此接触器 KM 的常开辅助触点经由中间继电器 KA 的常闭辅助触点接入并联电路，实现自锁。

思考与练习

1. 点动与长动控制电路的主要区别是什么？
2. 试分析图 2 - 3 - 7 所示电路的工作原理。

图 2 - 3 - 7　题 2 图

2.4　三相异步电动机正反转控制电路

学习目标

1）要求掌握三相异步电动机正反转控制电路的基本结构及工作原理。
2）要求了解三相异步电动机正反转的基本原理。
3）要求熟悉自动往返控制电路结构及工作原理。

2.4.1　项目任务

在生产和生活中，有很多设备需要两个方向相反的运动，如电梯的上升和下降、机床工作台的前进和后退等，这些运动的实质就是电动机的正转和反转。

该项目的主要任务就是利用接触器和按钮来实现电动机的正转和反转控制。

2.4.2　准备知识

1. 三相异步电动机正反转工作原理

根据三相异步电动机基本知识，只要改变通过电动机定子绕组的三相电源相序，也就是把接入电动机的三相电源进线中的任意两根对调，就可以实现电动机的正反转。

电源的相序是指各相电压经过同一值的先后顺序。如果各相电压的次序依次为 A—B—C（或 B—C—A 或 C—A—B），则这样的相序称为正相序，若其先后顺序为 A—C—B（或 C—B—A 或 B—A—C），则这样的相序称为逆相序。

2. 三相异步电动机正反转控制要求

三相异步电动机的工作原理与结构决定了电动机在正转时，不能马上实现反转，必须要停车之后才能开始反转。因此，对三相异步电动机正反转电路具有如下控制要求：

（1）当电动机处于停止状态时，既可以正转启动，也可以反转启动；

（2）当电动机正转启动后，可通过按钮使其停车，随后进行反转启动；

（3）当电动机反转启动后，可通过按钮使其停车，随后进行正转启动。

2.4.3　任务实施

1. 基本正反转控制电路

三相异步电动机的基本正反转控制电路如图 2−4−1 所示。

1）电路组成

主电路由开关 QS、熔断器 FU1、接触器 KM1、KM2 的主触点、热继电器 FR 的热元件及电动机 M 组成。KM1 的主触点闭合，电动机为正相序连接；KM2 的主触点闭合，电动机为逆相序连接。

控制电路由熔断器 FU2、热继电器 FR 的常闭触点、停止按钮 SB3、正转启动按钮 SB1、反转启动按钮 SB2、接触器 KM1、KM2 的线圈及其常开辅助触点构成。

2）工作原理

按下正转启动按钮 SB1，接触器 KM1 的线圈得电并通过其常开辅助触点进行自锁，此时接触器 KM1 的主触点接通电动机，电动机正转；按下停止按钮 SB3，接触器 KM1 的线圈失电并解开自锁，其主触点也

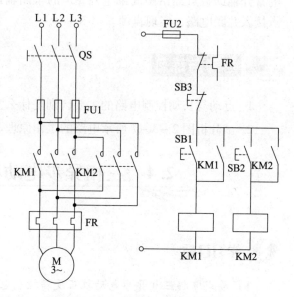

图 2 − 4 − 1　基本正反转控制电路

断开，使电动机停止；再按下反转启动按钮 SB2，接触器 KM2 的线圈得电并自锁，电动机通过接触器 KM2 的主触点逆相序接通，电动机反转。

该电路中，若按下正转启动按钮 SB1，使电动机已处于正转状态时，又按下反转启动按钮 SB2，则此时接触器 KM1、KM2 的两个线圈均得电，使其两个主触点均闭合，将导致电源两相短路，造成事故。因此，正反转控制电路应设置相关的制约结构，防止短路事故的发生。这种相互制约的关系称为互锁，起到互锁作用的触点称为互锁触点。

2. 具有电气互锁的正反转控制电路

图 2−4−2 为具有电气互锁的正反转控制电路，其是利用接触器的常闭辅助触点做互锁的电路，这种互锁称为电气互锁。

该电路结构上增加了接触器 KM1、KM2 的两个常闭辅助触点，因为它们与对方线圈是串联关系，因此，当按下正转启动按钮 SB1，接触器 KM1 的线圈得电后，其常闭辅助触点断开，使得无论是否按下反转启动按钮 SB2，都无法使接触器 KM2 的线圈得电，实现了互锁。同理，如果先按下反转启动按钮 SB2，则正转启动按钮 SB1 不起作用。

该电路若想实现由正转到反转，或由反转到正转的控制，则必须在转换中间按下停止按

钮 SB3。所以这种电路又称为"正—停—反"电路。

3. 具有机械互锁的正反转控制电路

在基本正反转控制电路的基础上增加一对互锁，这对互锁是将正反转启动按钮的常闭辅助触点串联在对方接触器的线圈电路中，这种互锁称为机械互锁。具有机械互锁的正反转控制电路如图 2 - 4 - 3 所示。

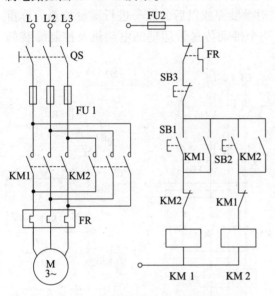

图 2 - 4 - 2　具有电气互锁的正反转控制电路

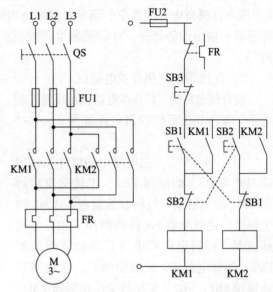

图 2 - 4 - 3　具有机械互锁的正反转控制电路

该电路在进行正反转切换时，无需按下停止按钮 SB3，因为在电动机正转过程中直接按下反转启动按钮 SB2 时，串联在正转控制电路中的反转启动按钮 SB2 的常闭辅助触点先断开，使接触器 KM1 的线圈失电，从而解除接触器 KM1 的自锁，并让电动机停止转动；随后反转启动按钮 SB2 的常开辅助触点闭合，接通接触器 KM2 的线圈并实现其自锁，电动机反转。由反转切换到正转的过程与此类似。

4. 具有双重互锁的正反转控制电路

实际生产中常采用具有双重互锁（电气互锁和机械互锁）的正反转控制电路，如图 2 - 4 - 4 所示。

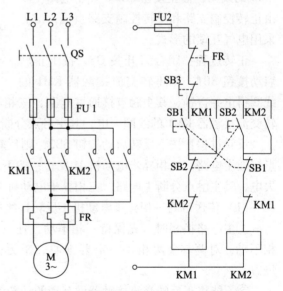

图 2 - 4 - 4　具有双重互锁的正反转控制电路

该电路结合了电气互锁和机械互锁的优点，使电路操作方便、工作安全可靠，在实际应用中得到了广泛使用。其工作原理请读者结合上述内容独立思考。

2.4.4　自动灌装生产线电气控制部分设计

电气控制系统的设计，首先需要根据控制要求确定所需的电气设备，如果控制功能烦锁，主令电器和指示灯过多，则需要设计控制面板并绘制控制面板电气元件布置图；然后使用继电 – 接触器控制方式绘制电气原理图，完成接线并调试电路。

　　1）电气设备的确定

　　输入设备部分，自动灌装生产线需要一个用来选择手动/自动模式的旋转开关、传送带正转启动按钮和反转启动按钮、传送带运动停止按钮，用来检测灌装瓶子位置的光电开关（在该项目模型中，配置三个即可）和一个用来对灌装完成以后的瓶子进行重量检测的称重传感器；输出设备部分，自动灌装生产线需要一个带动传送带运动的电动机及控制灌装的阀门。

　　2）传送带的三相异步电动机

　　设计传送带的三相异步电动机正反转控制电路，画出其正反转控制电路如图 2 – 4 – 5 所示。

　　图 2 – 4 – 5 中，主电路中的电气元件包括刀开关 QS、熔断器 FU1、正转交流接触器 KM1 的主触点、反转交流接触器 KM2 的主触点、热继电器 FR 的线圈和三相异步电动机 M。控制电路的电气元件包括熔断器 FU2、热继电器 FR 的动断触点，正反转启动按钮 SB1、SB2，正反转交流接触器 KM1、KM2 的线圈，停止按钮 SB3。控制电路主要由正转控制支路和反转控制支路组成，二者采用电气互锁的形式。

　　正转过程：闭合刀开关 QS，按下正转启动按钮 SB1，则正转交流接触器 KM1 的

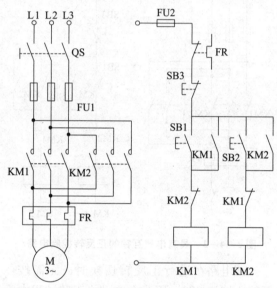

图 2 – 4 – 5　传送带的三相异步
电动机正反转控制电路

线圈得电并自锁，其主触点接通主电路，三相异步电动机 M 正转；按下停止按钮 SB3，正转交流接触器 KM1 的线圈失电，其主触点分断主电路，三相异步电动机 M 停转。

　　反转过程：按下反转启动按钮 SB2，则反转交流接触器 KM2 线圈得电并自锁，其主触点接通主电路，三相异步电动机 M 反转；按下停止按钮 SB3，反转交流接触器 KM2 的线圈失电，其主触点分断主电路，三相异步电动机 M 停转。

　　（1）传送带的三相异步电动机正反转接线的注意事项如下。

　　①主电路换相时，先保持一相不动，任意对调其他两相即可，通常做法是保持中间一相不动，对调其余两相。一定要细心，千万不能接错，否则电动机将只能单相运行或烧毁。

　　②不能将正反转交流接触器做互锁的动断触点接错，否则起不到互锁的作用。

　　③不能将正反转启动按钮的自锁触点接错，否则起不到自锁的作用。

　　④支路节点多时，应考虑分散接线，同一接线柱上不能超过三根导线。

　　⑤原则上要求尽量使用三色导线，做到横平竖直，整洁美观。

　　（2）传送带的三相异步电动机正反转调试电路注意事项如下。

　　①调试电路时，先调试控制电路，控制电路正常后再合上刀开关 QS 调试主电路。

　　②调试控制电路时，分别按下正反转启动按钮 SB1、SB2，都能听到接触器的线圈吸合

声说明基本没有问题。

③合上刀开关 QS，调试主电路。按下正转启动按钮 SB1 时三相异步电动机 M 正转，按下停止按钮 SB3 时三相异步电动机 M 停转；按下反转启动按钮 SB2 时三相异步电动机 M 反转，按下停止按钮 SB3 时三相异步电动机 M 停转。

（3）传送带的三相异步电动机正反转电路的常见故障及排除方法如下。

①按下正转启动按钮 SB1，电动机不转；按下反转启动按钮 SB2，电动机运转正常。故障原因可能是正转交流接触器 KM1 的线圈断路或正转启动按钮 SB1 损坏产生断路。反之，则可能是反转交流接触器 KM2 的线圈断路或反转启动按钮 SB2 损坏产生断路。

②按下正转启动按钮 SB1 或反转启动按钮 SB2 时，控制电路中听到接触器的线圈吸合声，电动机不转且有火花，原因是将主电路接在了接触器的辅助触点上，辅助触点容量不够带动电动机。此时需要切失电源将主电路接到接触器的主触点上。

2.4.5　相关链接——自动往返控制

在生产中，某些情况下需要设备进行自动往返运行，如图 2 - 4 - 6 所示的机床工作台自动往返运动。

床身两端各有两个行程开关，工作台上装有两个撞块，行程开关 SQ1 和 SQ2 用来表明加工的起点和终点。正常工作时，两个撞块分别在左右两边到达顶端时碰撞行程开关 SQ1 和 SQ2，从而改变电动机正反转，完成

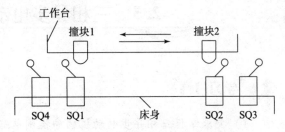

图 2 - 4 - 6　机床工作台自动往返运动

自动往返运动；SQ3 和 SQ4 是限位开关，当行程开关 SQ1、SQ2 失灵时，工作台继续原方向移动，使撞块碰撞限位开关 SQ3、SQ4，从而切失电动机电源，防止发生事故。图 2 - 4 - 7 所示为自动往返控制电路。

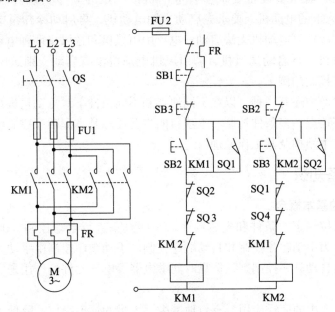

图 2 - 4 - 7　自动往返控制电路

其主电路与正反转控制电路完全相同，控制电路中增加了四个行程开关，用以改变电动机的工作状态：当工作台正转右移到撞块 2 碰触行程开关 SQ2 时，控制电路断开接触器 KM1，接通接触器 KM2，实现电动机反转；反之则通过行程开关 SQ1 由反转实现正转。限位开关 SQ3、SQ4 用来实现限位失电，即当出现故障未能在指定位置实现反向转动时，会通过限位开关 SQ3、SQ4 来切断接触器 KM1、KM2，使电动机停止转动，避免发生事故。

 思考与练习

1. 分析并总结三相异步电动机正反转控制电路的特点。
2. 在图 2 – 4 – 7 的自动往返控制电路中，若现场调试时，将电动机的接线相序接错，将造成什么样的后果？
3. 试用时间继电器、接触器等设计一个电动机循环正反转控制电路。

2.5　三相异步电动机顺序控制电路

学习目标

1）要求掌握三相异步电动机顺序控制电路的基本结构及工作原理。
2）要求了解多地点、多条件控制电路的基本结构和工作原理。
3）要求熟悉顺序控制电路和多地点、多条件控制电路的应用场合。

2.5.1　项目任务

在生产实际中，有很多设备要求多台电动机按一定的顺序实现其启动和停止。例如 CA6140 型卧式车床上的电动机，要求先启动主轴电动机，再启动冷却泵电动机，若主轴电动机没有启动，则冷却泵电动机无法启动；电厂中引风机和送风机两种电动机设备，在启动时要求先启动引风机，再启动送风机，若引风机电动机没有启动，则送风机电动机无法启动。这些都是顺序控制的例子。

除此以外，生产中还有一种可以在不同地点和不同条件下对电动机进行启动、停止操作的控制电路，即多地点、多条件控制。本项目的主要任务是掌握顺序控制电路和多地点、多条件控制电路的基本结构及其工作原理。

2.5.2　准备知识

1. 顺序控制的基本概念

顺序控制是指按一定的条件和先后顺序对某些设备进行自动控制，也称为程序控制系统。顺序控制可分为手动顺序控制和自动顺序控制。手动顺序控制由手动方式来完成顺序启动或停止操作，而自动顺序控制则是依靠时间继电器等电气元件的作用来实现自动顺序启动或停止操作。

顺序控制在生产中的广泛应用，有效地减少了大量的烦琐操作，降低了操作人员的劳动强度，同时也有效地保护了设备的安全。

2. 多地点、多条件控制的基本概念

有的生产设备机身很长，启动和停止的操作比较频繁，为了减少操作人员的行走时间，提高设备的运行效率，通常在设备机身的多处安装控制按钮，实现对设备的启动、停止控制，因此这种控制电路称为多地点控制电路。

另外一种情况是，为保证操作安全，在同一台设备上，需要满足多个条件时，设备才能开始工作或停止工作。这种控制电路称为多条件控制电路。

2.5.3　任务实施

1. 手动顺序控制

实现手动顺序控制的方法有很多，按电路功能可分为由主电路实现的顺序启动控制和由控制电路实现的顺序启动控制及顺序启动、顺序停止控制。

1）由主电路实现的顺序启动控制

图 2 – 5 – 1 为由主电路实现的顺序启动控制电路，该电路的特点是电动机 M2 的主电路接在接触器 KM1 的主触点下方，这样，只有当接触器 KM1 的主触点接通后，才能接通接触器 KM2 主触点，即先启动电动机 M1，再启动电动机 M2。停止时按下按钮 SB3，接触器KM1、KM2 同时失电，电动机 M1、M2 同时停止。

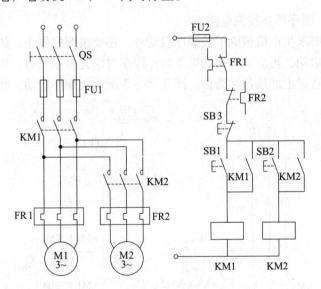

图 2 – 5 – 1　由主电路实现的顺序启动控制电路

该电路虽然简单，但存在一个问题，即按下按钮 SB2 后，再按下按钮 SB1，则会出现电动机 M1、M2 同时启动的现象。

2）由控制电路实现的顺序启动控制

由控制电路实现的顺序启动控制电路如图 2 – 5 – 2 所示。该电路实现了电动机 M1 启动后才能启动电动机 M2。

图 2 – 5 – 2 的两种电路因主电路相同，故主电路简化为一个，并用图 2 – 5 – 2（b）、（c）两种控制电路加以区分。图 2 – 5 – 2（b）中通过接触器 KM1 的“自锁”触点来制约接触器 KM2 的线圈。只有当接触器 KM1 得电后，接触器 KM2 才能动作；图 2 – 5 – 2（c）中通过接触器 KM1 的“互锁”触点来制约接触器 KM2 的线圈。

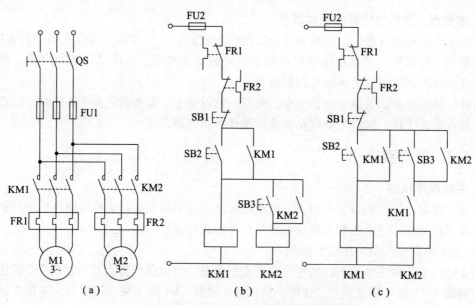

图 2 - 5 - 2　由控制电路实现的顺序启动控制电路

(a) 主电路；(b) 控制电路 1；(c) 控制电路 2

3）顺序启动、顺序停止控制电路

很多情况下，要求生产机械除了按顺序启动外，还要按顺序停止，如带式输送机，前面的第一台运输机先启动，再启动后面的第二台；停车时应先停第二台，再停第一台，这样才不会造成物料在传送带上的堆积和滞留。图 2 - 5 - 3 所示为顺序启动、顺序停止控制电路。

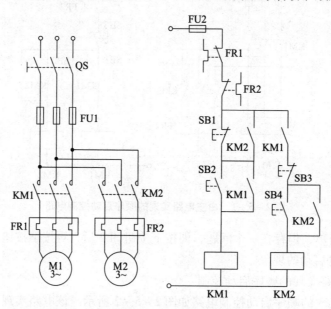

图 2 - 5 - 3　顺序启动、顺序停止控制电路

图 2 - 5 - 3 中接触器 KM1 的常开辅助触点串联在接触器 KM2 的线圈上方，这样，只有当接触器 KM1 得电后，接触器 KM2 才能得电，保证了顺序启动；接触器 KM2 的常开辅助触点并联在接触器 KM1 的停止按钮 SB1 两端，这样，只有当接触器 KM2 失电后，才能利用停止按钮 SB1 断开接触器 KM1，实现顺序停止。

2. 自动顺序控制

在实际生产中，往往需要实现自动顺序控制，节省人力。此时需要使用时间继电器来完成，图 2-5-4 所示为自动顺序启动控制电路。

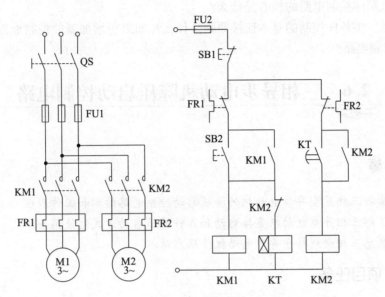

图 2-5-4　自动顺序启动控制电路

该电路是利用时间继电器的常开触点延时闭合实现自动顺序控制的。当按下启动按钮 SB2 后，接触器 KM1 的线圈得电并自锁，电动机 M1 启动，同时接通时间继电器 KT 的线圈；定时时间到，时间继电器的常开触点闭合，接通接触器 KM2 的线圈并自锁，电动机 M2 启动，同时接触器 KM2 的常闭辅助触点断开时间继电器 KT 的线圈，以节省能耗。

关于自动顺序启动与停止控制电路，请自行思考。

3. 多地点、多条件控制

多地点、多条件控制电路是由多组启动按钮、停止按钮和接触器的常开辅助触点构成的。多地点、多条件控制电路如图 2-5-5 所示。

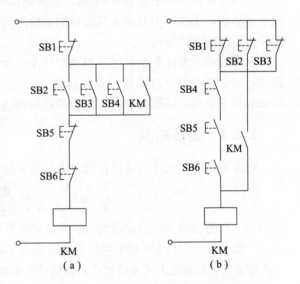

图 2-5-5　多地点、多条件控制电路
(a) 多地点控制电路；(b) 多条件控制电路

图 2-5-5 (a) 为多地点控制电路，其按钮与触点连接原则为：启动按钮的常开触点要并联，停止按钮的常闭触点要串联；图 2-5-5 (b) 为多条件控制电路，其按钮与触点连接原则为：常开触点要串联，常闭触点应视具体控制要求进行串联或并联。

思考与练习

1. 电动机顺序控制电路的核心是什么？

2. 多地点、多条件控制的基本连接原则是什么？如果想增加新的控制地点或控制条件，应如何修改控制电路？

2.6　三相异步电动机降压启动控制电路

学习目标

1）要求掌握三相笼型异步电动机的降压启动控制电路结构和工作原理。

2）要求了解三相异步电动机直接启动和各种降压启动方式的使用条件。

3）要求熟悉三相绕线转子异步电动机降压启动。

2.6.1　项目任务

三相异步电动机直接启动，虽然控制电路结构简单、使用维护方便，但是启动电流很大，一般为正常工作电流的 4 ~ 7 倍，如果电源容量不大于电动机容量，则启动电流可能会明显地影响同一电网中其他电气设备的正常运行。因此，对于电动机的启动过程，一般会采用降压启动的方式进行。

本项目的主要任务是掌握三相笼型异步电动机的 Y – △ 转换降压启动、自耦变压器降压启动、定子串电阻（电抗器）降压启动，以及三相绕线转子异步电动机的转子绕组串电阻启动和转子绕组串频敏变阻器启动的控制电路结构和工作原理。

2.6.2　准备知识

电源容量是否允许电动机在额定电压下直接启动，可根据下面的经验公式进行判断：

$$\frac{I_{ST}}{I_N} \leqslant \frac{3}{4} + \frac{\text{电源容量}}{4 \times \text{电动机额定功率}}$$

式中，I_{ST} 为电动机全压启动电流；I_N 为电动机额定电流。

一般容量小于 10 kW 的电动机常采用直接启动。有时为了减小和限制启动时对其他电气设备的冲击，即使满足上式条件允许直接启动的电动机，往往也要采用降压启动的启动方式。

降压启动的方法有很多种，对于三相笼型异步电动机，一般使用的启动方法有：Y – △ 转换降压启动、定子串电阻（或电抗器）降压启动、自耦变压器降压启动，以及延边三角形降压启动等；三相绕线转子异步电动机常用的启动方法有：转子绕组串电阻启动和转子绕组串频敏变阻器启动等。

2.6.3　任务实施

1. Y – △ 转换降压启动

对于正常运行时的电动机，其额定电压等于电源线电压，定子绕组接成三角形的三相笼型异步电动机（以下简称电动机）均可采用 Y－△ 转换降压启动方式来达到限制启动电流的目的。

由电工理论可知，绕组为 Y 形连接时，启动电流仅为△形连接时的 1/3，相应的启动转矩也是△形连接时的 1/3，因此，Y－△ 转换降压启动仅适用于电动机空载或轻载下的启动。电动机的 Y－△ 转换降压启动控制电路如图 2－6－1 所示。

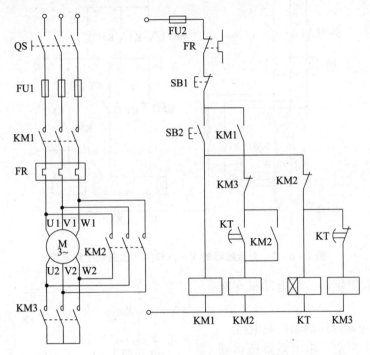

图 2－6－1　Y－△ 转换降压启动控制电路

合上刀开关 QS，按下启动按钮 SB2，接触器 KM1、KM3 和时间继电器 KT 的线圈同时得电，接触器 KM1 的辅助触点闭合形成自锁；接触器 KM1、KM3 的主触点闭合，电动机以 Y 形连接启动；当时间继电器 KT 的延时时间结束，其常闭触点断开，常开触点闭合，接触器 KM3 的线圈失电，接触器 KM2 的线圈得电自锁，接触器 KM3 的主触点断开，接触器 KM2 的主触点闭合，电动机转为从△形连接运行。电动机正常运行时，接触器 KM2 的常闭辅助触点断开，可让时间继电器 KT 的线圈失电，节约电能。停机时，按下按钮 SB1 即可。

电动机的 Y－△ 转换降压启动控制电路并不是唯一的，图 2－6－2 为两接触器的 Y－△ 转换降压启动控制电路。

该电路采用了两个接触器，电动机进行 Y－△ 转换是在切失电源的同一时间内完成的，即按下启动按钮 SB2，接触器 KM1 得电，电动机以 Y 形连接启动。定时时间结束后，接触器 KM1 瞬时失电，接触器 KM2 得电，电动机转为以△形连接运行，然后接触器 KM1 再得电，电动机全压运行。

2. 定子串电阻降压启动

对于正常运行时定子绕组接成 Y 形的电动机，不能采用 Y－△ 转换降压启动，此时可采用定子串电阻降压启动方式。

定子串电阻降压启动是指，启动时在电动机定子绕组上串联电阻，启动电流在电阻上产生电压降，使实际加到电动机定子绕组中的电压低于额定电压，待电动机转速上升到一定值

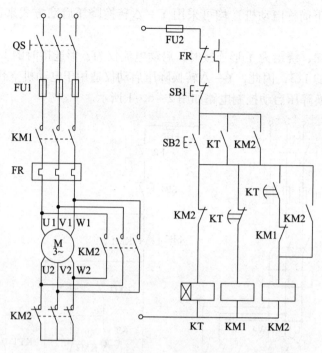

图 2 - 6 - 2　两接触器的 Y - △转换降压启动控制电路

后，再将串联电阻短接，使电动机在额
定电压下运行。

1）定子串电阻降压启动控制电路

图 2 - 6 - 3 为定子串电阻降压启动
控制控制电路。其工作原理为：按下启
动按钮 SB1，接触器 KM1 的线圈得电自
锁，其主触点闭合，串联电阻 R 降压启
动电动机 M；同时时间继电器 KT 的线圈
得电开始计时，延时时间结束后，其常
开触点闭合，接触器 KM2 的线圈得电，
其主触点闭合，电阻 R 短路，电动机 M
全压运行。

该电路结构简单，但电动机正常运
行时接触器 KM1、KM2 和时间继电器 KT
的线圈均处于得电状态，电能浪费较大，
为此，可设计图 2 - 6 - 4 所示的定子串
电阻节能降压启动控制电路。

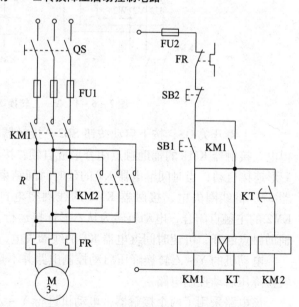

图 2 - 6 - 3　定子串电阻降压启动控制电路

在该电路的主电路中，接触器 KM2 的主触点的电源引入点在接触器 KM1 的主触点上
方，因此，当接触器 KM1 的主触点闭合时，电动机为定子串电阻降压启动，接触器 KM2 的
主触点闭合时，电动机为全压运行。

其工作原理为：

按下启动按钮 SB2，接触器 KM1 的线圈得电并自锁，电动机以定子串电阻降压启动的

方式启动,同时时间继电器 KT 的线圈得电开始计时,延时时间结束后,接触器 KM2 的线圈得电并自锁,同时接触器 KM2 的常闭辅助触点切断接触器 KM1 的线圈,使接触器 KM1 的主触点断开,电动机全压运行。此时,由于接触器 KM1 的线圈失电,其常开辅助触点恢复断开状态,使时间继电器 KT 的线圈失电,以节省电能,延长电气元件的使用寿命。

2）串联电阻的选择

定子串电阻降压启动时,电阻要耗电发热,因此该方式不适用于频繁启动电动机的场合。串联的电阻一般采用大功率绕线电阻。串联电阻时,由于电阻的分压作用,电动机的启动电压只有额定电压的 50% ～80%,由转矩正比于电

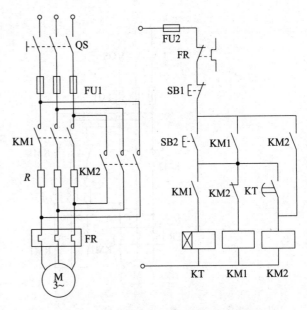

图 2－6－4　定子串电阻节能降压启动控制电路

压的平方可知,此时电动机的转矩也只有全压时转矩的 25% ～64%。基于以上原因,定子串电阻降压启动仅适用于要求启动平稳的中小容量电动机,以及启动不频繁的场合,大容量电动机多采用定子串电抗器降压启动的方式。

串联的电阻大小可由下面的表达式确定:

$$R = \frac{U_e}{I_e} \sqrt{\left(\frac{I_q}{I'_q}\right)^2 - 1}$$

式中,U_e、I_e 为电动机的额定相电压、相电流;I_q 为电动机全压启动的电流;I'_q 为电动机降压启动的电流。

3. 自耦变压器降压启动

对于容量较大且正常运行时定子绕组接成 Y 形的电动机,既不能使用 Y－△转换降压启动,也不能使用定子串电阻降压启动,而需要采用自耦变压器降压启动。即在启动时,电源电压加在自耦变压器的高压绕组上,电动机的定子绕组与自耦变压器的低压绕组连接,当电动机的转速达到一定值时,将自耦变压器切除,电动机直接与电源相连,且在正常电压下运行。这样,启动时电动机每相绕组电压为正常工作时的 $1/K$（K 为自耦变压器匝数比）,启动转矩也将降低至直接启动的 $1/K^2$,因此,启动转矩可通过改变 K 得到。接触器自耦变压器降压启动控制电路如图 2－6－5 所示。

该电路的工作原理是:按下启动按钮 SB2,接触器 KM1 与时间继电器 KT 的线圈同时得电,接触器 KM1 的主触点闭合使电动机以自耦变压器降压启动的方式启动,时间继电器 KT 瞬动触点闭合形成自锁;定时时间结束后,时间继电器 KT 的常闭触点断开,常开触点闭合,接触器 KM1 的线圈失电,接触器 KM2 的线圈得电,电动机全压运行。该电路中串联在接触器 KM1 的线圈上方的接触器 KM2 的常闭触点和串联在接触器 KM2 上方的接触器 KM1 的触点起到互锁的作用。

自耦变压器降压启动与定子串联电阻降压启动相比,在同样的转矩时,自耦变压器降压启动对电网的电流冲击小,功率损耗小。但其缺点是结构复杂、价格昂贵,且不允许频繁启动。

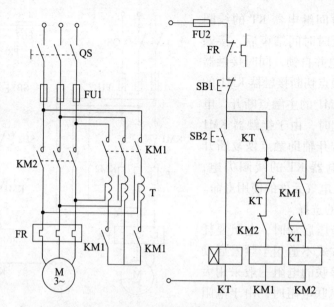

图 2 - 6 - 5 自耦变压器降压启动控制电路

4. 延边△形降压启动

延边△形降压启动是在启动时将电动机定子绕组的一部分采用 Y 形连接，而另一部分采用△形连接，接线方式如图 2 - 6 - 6 所示。

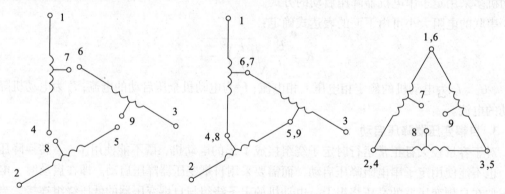

图 2 - 6 - 6 延边△形降压启动时的绕组接线方式
(a) 原始状态；(b) 延边△形连接；(c) △形连接

该种方式集合了 Y 形连接启动电流小、△形连接启动转矩大的优点。其控制电路如图 2 - 6 - 7 所示。

其工作原理是：按下启动按钮 SB2，接触器 KM1、KM3 和时间继电器 KT 的线圈同时得电，接触器 KM1、KM3 的主触点闭合使电动机以延边△形降压启动的方式启动，时间继电器 KT 计时时间结束后，其常闭触点断开，切断接触器 KM3 的线圈，其常开触点闭合，接通接触器 KM2 的线圈，电动机成△形连接，且全压运行。

综合以上几种控制电路，可见一般降压启动均采用时间继电器，按照时间原则切换电压。由于这种电路工作可靠，受外界因素如负载、飞轮转动惯量，以及电网电压波动的影响较小，电路及时间继电器的结构都比较简单，因而在电动机降压启动控制电路中多采用时间控制原则。

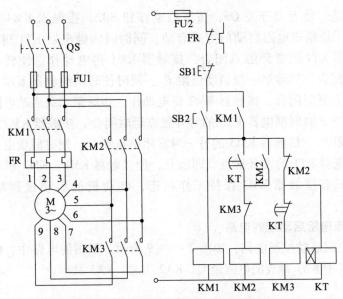

图2-6-7　延边△形降压启动控制电路

2.6.4　相关链接——三相绕线转子异步电动机降压启动

三相绕线转子异步电动机（以下简称电动机）结构简单、维护方便，其转子中绕有三相绕组，通过集电环可以串联电阻或频敏变阻器，从而减小启动电流和提高启动转矩，适用于要求启动转矩较高的场合。

1. 转子绕组串电阻启动控制电路

采用转子绕组串电阻启动时，转子回路串联启动电阻，且一般采用 Y 形连接分成若干段，启动时启动电阻全部接入，启动过程中逐段切除启动电阻。切除启动电阻的方法有三相平衡切除法和三相不平衡切除法，常用的接触器控制切除启动电阻多为三相平衡切除法，即每次每相切除的启动电阻相同。图2-6-8为转子绕组串电阻启动控制电路。

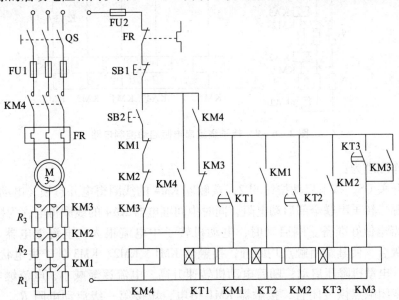

图2-6-8　转子绕组串电阻启动控制电路

其工作原理是：合上刀开关 QS，按下启动按钮 SB2，接触器 KM4 的线圈得电并自锁，电动机以转子绕组串电阻启动的方式启动，同时时间继电器 KT1 得电，定时时间结束后，时间继电器 KT1 的常开触点闭合，接触器 KM1 得电动作，使转子回路中接触器 KM1 的常开触点闭合，切除第一级启动电阻 R_1，同时使时间继电器 KT2 得电，时间继电器 KT2 的常开触点延时闭合，接触器 KM2 得电动作，切除第二级启动电阻 R_2，同时使时间继电器 KT3 得电，时间继电器 KT3 的常开触点延时闭合，接触器 KM3 得电并自锁，切除第三级启动电阻 R_3，接触器 KM3 的另一对常闭触点断开，使时间继电器 KT1 的线圈失电，进而时间继电器 KT1 的常开触点立即断开，使接触器 KM1、KM2 和时间继电器 KT2、KT3 依次失电，只有接触器 KM3 保持工作状态，电动机的启动过程结束，进行正常运转。

2. 转子绕组串电阻启动控制电路

转子绕组串电阻启动控制电路，如图 2 - 6 - 9 所示。下图的电路中，KA1、KA2、KA3 为电流继电器，其中 KA1 释放的电流最大，KA2 次之，KA3 最小。

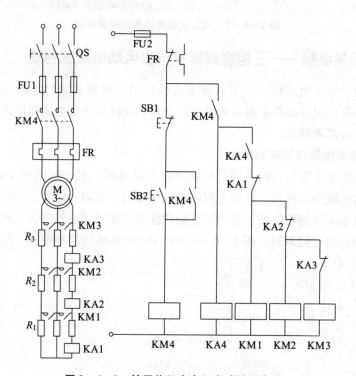

图 2 - 6 - 9　转子绕组串电阻启动控制电路

电路工作原理为：

合上刀开关 QS，按下启动按钮 SB2，接触器 KM4 的线圈得电并自锁，电动机定子绕组接通三相电源，转子串联全部启动电阻，同时中间继电器 KA4 的线圈得电，为接触器 KM1、KM2、KM3 得电做好准备。刚启动时，电动机转子中电流很大，电流继电器 KA1、KA2、KA3 会同时吸合，使其常闭触点均断开，接触器 KM1、KM2、KM3 处于失电状态，启动电阻全部串联，电动机降压启动；随着电动机转速升高，电流逐渐减小，电流继电器 KA1 首先释放，其常闭触点恢复闭合，接触器 KM1 得电，短接第一级启动电阻 R_1，由于电阻短接，转子电流增加，启动转矩增大，致使转速加快上升，这又使电流下降，当降低至电流继电器 KA2 的释放电流时，电流继电器 KA2 的常闭触点恢复闭合，使接触器 KM2 得电，切断第二级启动电阻 R_2，如此继续，直至启动电阻全部短接，电动机启动过程结束。

中间继电器 KA4 的作用是防止电动机直接启动。若无中间继电器 KA4，当启动电流上升，在未达到电流继电器 KA1、KA2、KA3 的吸合值时，将使接触器 KM1、KM2、KM3 同时得电，电动机将直接启动；而设置了中间继电器 KA4 后，在接触器 KM4 得电后才会使中间继电器 KA4 得电，并闭合它的常开触点，在这之前，启动电流已到达电流继电器吸合值并已动作，使其常闭触点已将接触器 KM1、KM2、KM3 电路断开，确保启动电阻串联启动电路。

转子绕组串电阻启动时，在启动过程中启动电阻逐级切除，在切除的瞬间电流及转矩会突然增大，并产生一定的机械冲击力。同时其控制电路复杂、工作不可靠，而且电阻本身较粗笨，所以控制箱的箱体较大。而采用转子绕组串频敏变阻器启动的方式可有效地减小启动时的冲击。

3. 转子绕组串频敏变阻器启动控制电路

20 世纪 60 年代开始，我国电气工程技术人员就开始应用和推广自己独创的频敏变阻器。频敏变阻器的阻抗能够随着转子电流频率的下降而自动减小，是三相绕线转子异步电动机较为理想的一种启动装置，常用于较大容量的三相绕线转子异步电动机中。

频敏变阻器实质上是一个铁芯损耗（铁损）很大的三相电抗器，其结构类似于没有二次绕组的三相变压器。它有一个三柱铁芯，每个柱上有一个绕组，三相绕组一般采用星形连接。图 2 - 6 - 10 为频敏变阻器一相的等效电路。

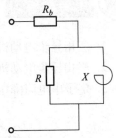

图 2 - 6 - 10　频敏变阻器一相的等效电路

图中，R_b 为绕线电阻，R 为频敏变阻器的铁损等值电阻，X 为交流电抗。R 和 X 是由交变磁通产生的，其大小与转子电流频率 f_1 的平方成正比，而 $f_1 = sf_2$，其中 s 为转差率，f_2 为电源频率。启动开始时，电动机转速为零，转差率 $s = 1$，此时 $f_1 = f_2$；当转差率 s 随着转速上升而减小时，转子电流频率 f_1 也随之减小，即 R 和 X 将随着转速上升逐渐减小，从而达到了自动改变电动机转子阻抗的目的，实现了平滑无级启动。另外，在启动过程中，转子等效阻抗及转子回路感应电动势都是由大到小，所以实现了近似恒转矩的启动特性。

图 2 - 6 - 11 为转子绕组串频敏变阻器启动控制电路。由于该电路为大电流系统，所以热继电器 FR 的热元件通过电流互感器接入电路，并使用继电器 KA 在启动开始时将其短接，以防热继电器误动作。

电路工作原理为：合上刀开关 QS，按下启动按钮 SB2，接触器 KM1 的线圈得电自锁，电动机接通三相交流电源，电动机以转子绕组串频敏变阻器启动的方式启动；同时时间继电器 KT 的线圈得电计时，定时时间结束后，时间继电器 KT 的触点闭合，继电器 KA 的线圈得电并自锁，其动断触点断开，使热继电器 FR 投入电路做过载保护，其动合触点闭合，一个用于自锁，另一个接通接触器 KM2 的线圈，将频敏变阻器切除，电动机进入正常运行状态。

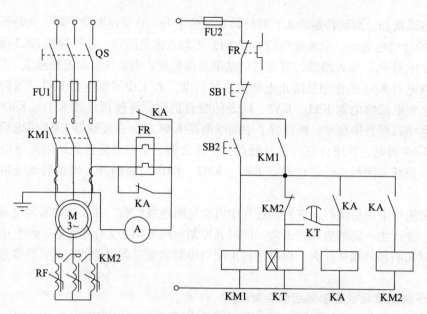

图 2 - 6 - 11　转子绕组串频敏变阻器启动控制电路

 思考与练习

1. 三相异步电动机有哪些降压启动的方式？各有什么特点？
2. 三相异步电动机在什么情况下应采用降压启动？
3. 定子串电阻降压启动中所串联的电阻起到什么作用？

2.7　三相异步电动机制动控制电路

 **学习目标**

1）要求掌握反接制动与能耗制动的电路结构和工作原理。
2）要求了解电磁抱闸制动器的结构、工作原理及其控制电路。
3）要求熟悉速度继电器的使用方法。

2.7.1　项目任务

实际生产中，有些生产机械往往需要电动机能够快速、准确的停车，而电动机在切失电源后由于惯性的存在，完全停止需要一段时间，这就要求对电动机进行制动，强迫其迅速停车。

三相异步电动机的制动方式一般可分为机械制动和电气制动两类，机械制动一般是电磁抱闸制动，而电气制动通常有反接制动和能耗制动两种。

本项目的主要任务是掌握和熟悉三相异步电动机（以下简称电动机）机械制动和电气制动的基本工作电路和工作原理。

2.7.2　准备知识

1. 电磁抱闸制动器

电动机的机械制动通常由电磁抱闸制动器来完成，其制动定位准确、制动迅速，广泛应用于电梯、卷扬机、吊车等工作机械上。电磁抱闸制动器主要由制动电磁铁和闸瓦制动器等组成。制动电磁铁（图 2–7–1 左侧）由铁芯、衔铁和线圈三部分组成；闸瓦制动器（图 2–7–1 右侧）包括闸轮、闸瓦和弹簧等，闸轮与电动机装在同一根转轴上。

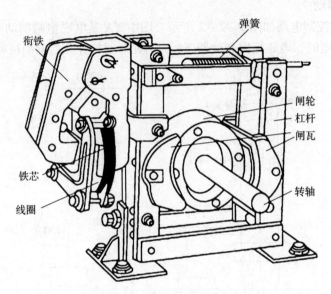

衔铁　弹簧　铁芯　线圈　闸轮　杠杆　闸瓦　转轴

图 2–7–1　电磁抱闸制动器结构

电磁抱闸制动器的线圈得电时，衔铁吸合，克服弹簧的拉力使制动器的闸瓦与闸轮分开，电动机可正常运转；电磁抱闸制动器的线圈失电时，衔铁在弹簧拉力作用下与铁芯分开，并使制动器的闸瓦紧紧抱住闸轮，电动机被制动而停转。

电磁抱闸制动的优点是制动力强，不会因突然失电而发生事故；缺点是体积较大，制动器磨损严重，快速制动时会产生振动。

2. 反接制动的原理

反接制动是通过改变电动机定子绕组中三相电源的相序来实现的。三相电源的相序改变，旋转磁场立即反转，使转子绕组中感应电势、电流和电磁转矩都改变方向，但由于其本身的惯性、转子转向未变，电磁转矩与转子的转向相反，电动机进行制动。

反接制动结束时，应及时地切除反接电源，否则会引起电动机反转，这一任务由速度继电器来完成，因此，速度继电器也称为反接制动继电器。

反接制动设备简单、制动力矩较大、制动迅速，但机械冲击强烈、制动不平稳、准确度不高。

3. 能耗制动的原理

能耗制动是将电动机转子的由于惯性转动产生的机械能转变为电能，又消耗在转子上，使之转化为制动力矩的一种方法。

当切失电动机电源后，电动机做惯性运动，此时在定子绕组中通入一恒定直流电，从而在空间产生静止的磁场，电动机转子切割磁感线，产生感应电动势和转子电流，该电流与静止磁场相互作用，产生制动力矩，使转子迅速停止转动，电动机停车。

能耗制动具有制动准确、平稳、能量消耗小等优点，适用于要求制动准确、平稳的设备，如磨床、龙门刨床及组合机床的主轴制动。其缺点是制动力较弱，制动力矩与转速成正比的减小，还需要另设直流电源或整流电路，费用较高。

2.7.3　任务实施

1. 电磁抱闸制动

电磁抱闸制动控制电路如图 2 – 7 – 2 所示。图中 YA 是电磁抱闸制动器，当电磁抱闸制动器 YA 的线圈得电时，电磁抱闸制动器 YA 的闸瓦与闸轮分开，电动机可正常运行。

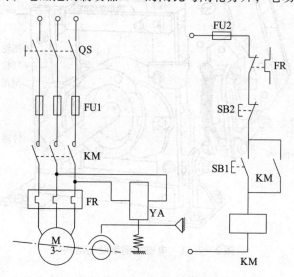

图 2 – 7 – 2　电磁抱闸制动控制电路

该电路工作原理为：在没有得电的情况下，电磁抱闸制动器 YA 的闸瓦与闸轮处于抱死状态，电动机停机。启动时，按下启动按钮 SB1，接触器 KM 得电自锁，并接通主电路电源，电磁抱闸制动器 YA 的线圈得电，闸瓦与闸轮分开，电动机启动运转；停止时，按下停止按钮 SB2，接触器 KM 的线圈失电切断主电路电源，电磁抱闸制动器 YA 失电释放，闸瓦在弹簧力作用下，紧紧抱住闸轮，电动机迅速制动。

2. 反接制动

反接制动控制电路如图 2 – 7 – 3 所示。该电路中 KM1 为正转接触器，KM2 为反接制动接触器，主电路中的电阻 R 为制动限制电阻，防止反接制动瞬间过大的电流损坏电动机。速度继电器 KS 与电动机同轴，当电动机转速较高时，其触点闭合，为反接制动做好准备；当转速下降到一定程度时，其触点恢复断开，切断 KM2 的线圈。

电路工作原理为：

合上刀开关 QS，按下启动按钮 SB2，KM1 得电自锁，电动机启动，当转速升高后，KS 的常开触点闭合，为反接制动做好准备；停车时，按下复合按钮 SB1，KM1 失电，同时 KM2 得电并自锁，电动机反接制动，当转速降低至接近零时，KS 的常开触点断开，KM2 失电，制动结束。

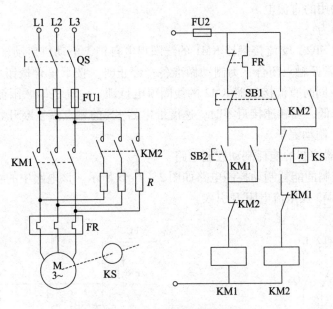

图 2 – 7 – 3　反接制动控制电路

3. 能耗制动

能耗制动需要在定子绕组中通入一恒定直流电，该直流电一般是对原电源进行半波或桥式整流得到，而不另配直流电源。制动结束后，通入的直流电源应很快切除，以防浪费电能，切除的方式有速度继电器控制和时间继电器控制两种方式。

1）速度继电器控制的能耗制动控制电路

速度继电器控制的能耗制动控制电路如图 2 – 7 – 4 所示。

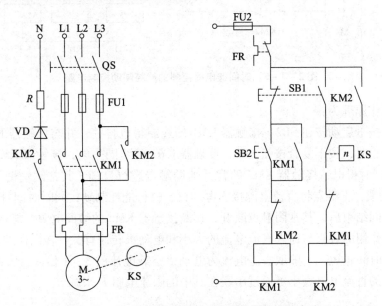

图 2 – 7 – 4　速度继电器控制的能耗制动控制电路

上图中，KM1 为交流接触器，KM2 为直流接触器，KS 为速度继电器，VD 为整流二极管，R 为限流电阻。直流接触器 KM2 的主触点、整流二极管 VD 和限流电阻 R 构成半波整流电路，提供制动用的直流电。

电路工作原理为：

按下启动按钮 SB2，交流接触器 KM1 的线圈得电自锁，电动机启动，随着转速的升高，速度继电器 KS 的常开触点闭合，为制动做准备；停止时，按下复合按钮 SB1，交流接触器 KM1 的线圈失电，同时直流接触器 KM2 的线圈得电自锁，电动机串联限流电阻 R 进行能耗制动，转速很快降低，当转速接近零时，速度继电器 KS 的触点恢复断开状态，直流接触器 KM2 的线圈失电，制动完毕。

2）时间继电器控制的能耗制动控制电路

时间继电器控制的能耗制动控制电路如图 2-7-5 所示。该电路中的直流电源由桥式整流电路和接触器 KM2 及限流电阻 R 引入。

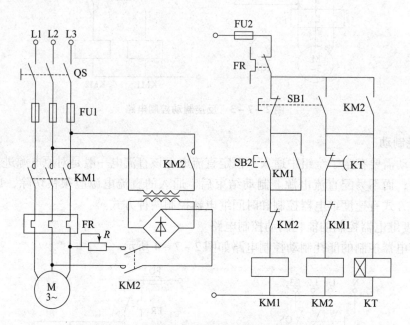

图 2-7-5 时间继电器控制的能耗制动控制电路

该电路工作原理为：

启动时，按下启动按钮 SB2，接触器 KM1 的线圈得电自锁，并与接触器 KM2 互锁，电动机启动；停止时，按下复合按钮 SB1，接触器 KM1 的线圈失电，接触器 KM2 和时间继电器 KT 的线圈同时得电，接触器 KM2 的常开辅助触点进行自锁，其常闭辅助触点与接触器 KM1 的线圈互锁，主触点将直流电源接入电动机，进行能耗制动；同时时间继电器 KT 开始计时，计时时间结束后，其常闭触点断开，切断接触器 KM2 的线圈电源，能耗制动结束。

能耗制动作用的效果与通入直流电流的大小和电动机转速有关，在同样的转速下，电流越大，其制动时间越短。一般取直流电流为电动机空载电流的 3~4 倍，过大的电流会使定子过热。通入的直流电流大小可通过串联在其中的限流电阻 R 来调节。

2.7.4 相关链接——双向制动

有些设备在电动机正转和反转的时候都需要进行制动控制，此时可采用电动机双向制动控制电路，其分为双向反接制动和双向能耗制动两种。

1. 双向反接制动

双向反接制动控制电路如图 2 – 7 – 6 所示。该电路中接触器 KM1 的主触点用于正转运行及反转时的反接制动；接触器 KM2 的主触点用于反转运行及正转时的反接制动；接触器 KM3 运行时闭合，制动时断开，保证电动机串联限流电阻制动；速度继电器 KS 有两个常开触点，速度继电器 KS – 1 在正转时闭合，用于正转时的反接制动，速度继电器 KS – 2 在反转时闭合，用于反转时的反接制动。

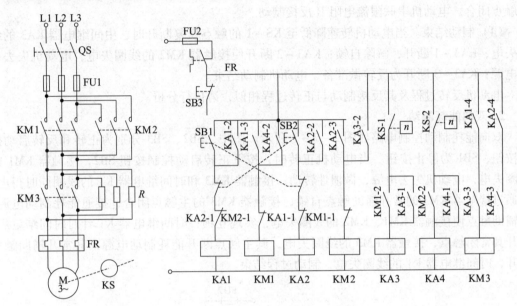

图 2 – 7 – 6 双向反接制动控制电路

1）电动机使用的元件

电动机正转控制使用到的元件有：复合按钮 SB1，中间继电器 KA1、KA3，接触器 KM1、KM3。

电动机反转控制使用到的元件有：复合按钮 SB2，中间继电器 KA2、KA4，接触器 KM2、KM3。

正转时反接制动使用到的元件有：停止按钮 SB3，速度继电器 KS – 1，中间继电器 KA3，接触器 KM2、KM3。

反转时反接制动使用到的元件有：停止按钮 SB3，速度继电器 KS – 2，中间继电器 KA4，接触器 KM1、KM3。

2）电路工作过程

（1）正转串电阻降压启动。按下复合按钮 SB1，中间继电器 KA1 的线圈得电，其触点同时动作；KA1 – 1 断开，与中间继电器 KA2 的线圈实现互锁；KA1 – 2 闭合实现自锁；KA1 – 3 闭合使接触器 KM1 的线圈得电，KM1 – 1 断开，与接触器 KM2 实现互锁，KM1 – 2 闭合，接通中间继电器 KA3，为电动机正常运行做准备，接触器 KM1 的主触点闭合，电动机以串电阻降压启动的方式启动；KA1 – 4 闭合，接通接触器 KM3，为电动机正常运行做准备。

（2）正转全压运行。电动机转速上升到一定程度时，速度继电器 KS – 1 闭合，由于 KM1 – 2 已闭合，所以中间继电器 KA3 的线圈得电，KA3 – 1 闭合实现自锁；KA3 – 2 的闭合为接触器 KM2 的线圈得电和反接制动做准备；KA3 - 3 闭合使接触器 KM3 的线圈得电，其主触点闭合，使限流电阻 R 短接并切除，电动机全压运行。

（3）停机反接制动。按下停止按钮 SB3，中间继电器 KA1 的线圈失电，KA1 - 1 重新闭合为反转做准备；KA1 - 2 断开，解除自锁；KA1 - 3 断开，使接触器 KM1 的线圈失电，电动机失去电源做惯性转动；KA1 - 4 断开使接触器 KM3 的线圈失电接入限流电阻 R。此时，由于 KA3 - 2 处于闭合状态，接触器 KM1 的常闭触点恢复闭合使接触器 KM2 的线圈得电，其主触点闭合，电动机串联限流电阻 R 反接制动。

（4）制动结束。当电动机转速降低至 KS - 1 的触点恢复断开时，中间继电器 KA3 的线圈失电，KA3 - 1 断开，解除自锁；KA3 - 2 断开使接触器 KM2 的线圈失电，电动机失去反接电源；KA3 - 3 断开为反转做准备，电动机制动结束。

电动机反转过程及其反接制动与正转过程相似，请自行分析。

2. 双向能耗制动

双向能耗制动控制电路如图 2 - 7 - 7 所示。图中，SB2、SB3 分别为正转和反转启动控制按钮，SB1 为停止按钮。当电动机正转时，按下正转启动控制按钮 SB2，接触器 KM1 的线圈失电，电动机失去电源，做惯性转动；接触器 KM3 和时间继电器 KT 的线圈同时得电，并通过接触器 KM3 的常开辅助触点自锁，接触器 KM3 的主触点闭合，接通能耗制动电源，其辅助触点使接触器 KM1、KM2 的线圈失电，实现互锁；时间继电器 KT 计时时间结束后，断开其常闭触点，接触器 KM3 的线圈失电，其主触点断开能耗制动电源，其常开辅助触点断开，时间继电器 KT 的线圈失电，制动过程结束。

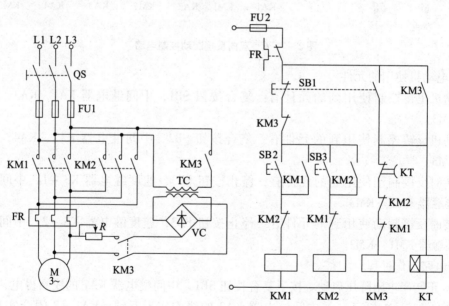

图 2 - 7 - 7　双向能耗制动控制电路

 **思考与练习**

1. 三相异步电动机反接制动控制与三相异步电动机正反转控制的主要区别是什么？
2. 反接制动与能耗制动的基本原理是什么？它们各有什么特点？适用于什么场合？

2.8　三相异步电动机调速控制电路

学习目标

1）要求掌握三相异步电动机变极调速控制电路结构。

2）要求了解三相异步电动机变极调速的基本工作原理。

3）要求熟悉各种调速方法的特点。

2.8.1　项目任务

三相异步电动机的调速方法主要有变极调速、变阻调速和变频调速等。变极调速是通过改变定子绕组的磁极对数来实现，通常用于三相笼型异步电动机的调速控制，由多速电动机来完成；变阻调速是通过改变转子电阻来实现，通常用于三相绕线转子异步电动机的调速控制，可在转子中分级串联电阻来完成；变频调速是使用专用的变频器来实现电动机的速度控制，它是通过平滑改变三相异步电动机的供电频率来调节电动机的同步转速，从而实现电动机的无级调速。

变阻调速实际是通过改变电动机的转差率来实现的，除了串电阻调节定子或转子电压外，还可以通过串级调速、电磁转差离合器等来改变电动机的转差率，从而实现电动机的调速控制。变阻调速的方法在串电阻降压启动控制电路中已经叙及，这里不再详述。本项目的主要任务是掌握三相异步电动机变极调速的基本原理及方法。

2.8.2　准备知识

由电动机原理知识可知，三相异步电动机同步转速表达式为：

$$n_0 = \frac{60f}{p}$$

如果电动机的磁极对数 p 减少一半，则同步转速 n_0 便提高一倍，转子的额定转速 n 也接近提高一倍。变极调速控制电路的设计思想就是通过改变电动机绕组的接线方式来改变绕组的磁极对数，从而达到改变转速的目的。

实现变极调速必须由多速电动机来完成。多速电动机一般有双速、三速、四速之分，双速电动机定子装有一套绕组，三速、四速电动机则装有两套绕组。下面通过双速电动机介绍变极调速的基本原理。

图 2 – 8 – 1 为变极调速原理图，每相定子绕组分成 A1、X1 和 A2、X2 两个线圈。其中图 2 – 8 – 1（a）是两个线圈串联，则可获得四个（$p = 2$）磁极，图 2 – 8 – 1（b）是两个线圈反向并联，则可获得两个（$p = 1$）磁极。

双速电动机三相绕组连接方式有 Y/YY（星 – 双星）和 △/YY（角 – 双星）两种，前者属于恒转矩调速，后者属于恒功率调速。图 2 – 8 – 2 为双速电动机三相绕组的 △/YY 连接方式。

图 2 – 8 – 2（a）为 △ 形连接方式，U1、V1、W1 三端与电源连接，U2、V2、W2 三端悬空，电流方向如图中箭头所示，此时电动机磁极对数 $p = 2$，电动机为低速运转；

图 2 – 8 – 2（b）为 YY 形连接方式，U2、V2、W2 三端连接电源，U1、V1、W1 三端相连，电流方向如图中箭头所示，此时磁极对数 $p = 1$，电动机为高速运转。

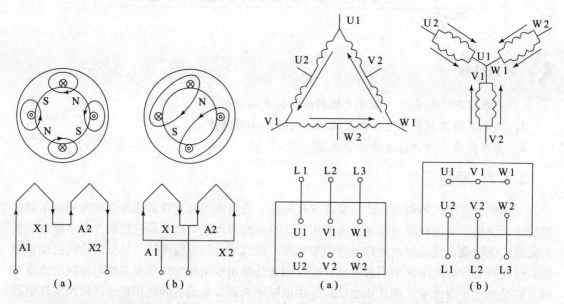

图 2 – 8 – 1　变极调速原理图

（a）两个线圈串联；（b）两个线圈反向并联

图 2 – 8 – 2　双速电动机三相绕组的△/YY 连接方式

（a）△形连接；（b）YY 形连接

2.8.3　任务实施

1. 时间原则控制的变极调速

时间原则控制的变极调速控制电路如图 2 – 8 – 3 所示。

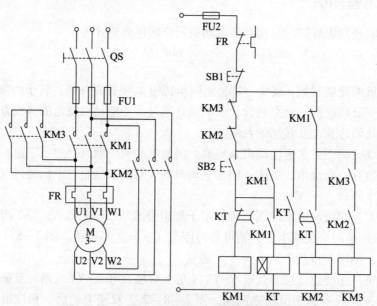

图 2 – 8 – 3　时间原则控制的变极调速控制电路

该电路工作原理为：按下启动按钮 SB2，接触器 KM1 的线圈得电自锁，时间继电器 KT 的线圈得电计时，同时时间继电器 KT 的瞬动触点闭合形成自锁，电动机低速运行；时间继电器 KT 定时时间结束后，其常闭触点断开，接触器 KM1 失电，其常开触点闭合，接触器 KM2、KM3 得电自锁，电动机由低速升高到高速。

2. 高低速转换按钮控制的变极调速

高低速转换按钮控制的变极调速控制电路如图 2 - 8 - 4 所示。

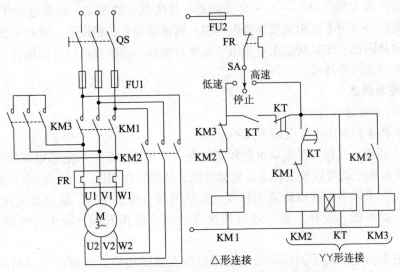

图 2 - 8 - 4　高低速转换按钮控制的变极调速控制电路

上图中，SA 为双投开关，当双投开关 SA 打到低速时，接触器 KM1 的线圈得电，电动机呈△形连接，低速运转；当双投开关 SA 打到高速时，首先接通时间继电器 KT，其瞬动触点闭合，接通接触器 KM1 的线圈，电动机低速启动，时间继电器 KT 定时时间结束后，延时断开触点断开，使接触器 KM1 的线圈失电，延时闭合触点闭合，使接触器 KM2 的线圈得电，其常开辅助触点闭合，使接触器 KM3 的线圈得电，此时，接触器 KM1 的主触点断开，接触器 KM2、KM3 的主触点闭合，电动机以 YY 形连接方式高速运转。电动机由低速到高速的切换是为了限制启动电流。

2.8.4　相关链接——调速方法再认识

据统计，世界上有 60% 左右的发电量是电动机消耗的。在我国，各类电动机的装机容量已超过 4 亿 kW，其中异步电动机约占 90%，而在 4 亿 kW 的电动机负载中，约有 50% 是负载变动的，其中的 30% 可以使用电动机调速。因此，就目前的市场容量考虑，约有 6 000 万 kW 的调速电动机市场。我们知道，电动机只有在额定负载下运行效率才高，由于安全等方面的考虑，电动机常常处于低效运行状态。因此，电动机调速一直被广泛关注。

直流调速由于换向困难、维修不方便等缺点，已经逐步被交流调速所取代。自 20 世纪 60 年代开始，随着电力电子技术、大规模集成电路技术，以及计算机技术的快速发展，交流调速已经提高到了一个新的水平。

根据三相异步电动机原理可知，电动机的转速表达式为：

$$n = \frac{60f}{p}(1 - s)$$

由上式可知，要想改变电动机转速 n，可以通过改变磁极对数 p、电源频率 f 及转差率 s 来实现，这 3 种方法分别称为变极调速、变频调速和变转差率调速。变极调速如前所述，这里对变频调速和变转差率调速做一下介绍。

1. 变频调速

变频调速是通过改变电动机定子电源的频率，从而改变其同步转速的调速方法。变频调速系统主要设备是提供变频电源的变频器。变频器可分成交 – 直 – 交变频器和交 – 交变频器两大类，目前国内大都使用交 – 直 – 交变频器。其优点是效率高、调速过程中没有附加损耗；应用范围广，可用于三相笼型异步电动机；调速范围大，精度高。缺点是技术复杂、造价高、维护检修困难。变频调速主要适用于要求精度高、调速性能较好的场合，是风机、泵类设备的最佳节能改造技术。

2. 变转差率调速

1）变转差率调速的方法

变转差率调速的方法主要有以下几种。

（1）调压调速。三相异步电动机的转矩（在一定转差率下）与定子电压的平方成正比，因此改变定子电压也就可以改变转矩及机械性能，从而实现调速。定子电压可通过晶闸管三相"交流开关"来调节，其调速范围较宽、简单可靠、价格便宜，缺点是低速时功率因数低、损耗大、效率低、发热严重。这种调速方法调压范围有限、输出特性软、不能承受重载。

（2）串电阻调速。转子回路串联电阻可以改变转子电流，从而改变其机械特性曲线，达到调速的目的。这种方法调速性能较差、机械特性软，而且转差功率以热能的形式消耗在外接电阻上，效率太低。因此，该方法已渐渐被其他节能调速所取代。

（3）电磁转差离合器调速。这种方法是通过改变与电动机相连的电磁转差离合器的励磁电流来实现调速的，因此，电动机本身在该方法中并不调速。电磁转差离合器调速具有控制简单、操作方便、维护保养容易、运行可靠、调速精确、价格便宜等优点，但采用这种方法，电动机低速运转时损耗大、效率低。

（4）串级调速。串级调速与变频调速均属于无级调速，它是通过在转子回路引入附加电势的方法，通过调节附加电势的大小，来调节电动机的转矩和转数。这种方法调速范围宽、结构简单、效率高、可靠性高。缺点是过载能力差（比原电动机降低 17%），功率因数较低，谐波电流较大，还需专门的启动设备。1984 年研制出的斩波式逆变器串级调速方法，可以大大降低无功损耗，提高功率因数，减少高次谐波分量，从而提高调速效率。

电动机变转差率调速的方法除了以上 4 种外，还有双馈调速、斩波式内反馈调速等方法，这里不再一一详述。

2）调速系统的分类

根据对转差功率处理方法的不同，调速系统可以分为如下 3 种。

（1）转差功率消耗型调速系统。这种调速系统中的转差功率会全部被转化成热能消耗掉，其特点是系统的效率低，结构简单。调压调速系统、绕线式异步电动机串电阻调速系统、电磁转差离合器调速系统均属于此类。

（2）转差功率回馈型调速系统。这种调速系统中的转差功率少部分被消耗掉，大部分通过交流装置回馈给电网或者转化为机械能予以利用，其特点是效率较高。串级调速系统属于该类系统。

（3）转差功率不变型调速系统。这种调速系统在调速过程中，转差功率基本不变，其特点是效率相比其他方法最高。变极调速系统、变频调速系统均属此类。

1. 三相异步电动机的调速方法有哪些?
2. 变极调速的基本原理是什么?

2.9 卧式车床电气控制电路举例

学习目标

1）要求掌握电气控制电路的分析方法和步骤。
2）要求了解电气检修的基本原则和方法。
3）要求熟悉 CA6140 型卧式车床的结构及工作过程。

2.9.1 项目任务

电气识图是电路分析与设计的基础，我们在第 2 章中已经对电气原理图做过详细介绍，本项目主要通过对 CA6140 型卧式车床的电气原理图进行分析，加深对电气控制电路分析一般原则（化整为零、顺藤摸瓜、先主后辅、集零为整、安全保护和全面检查）的认识，从而进一步掌握前述几种基本电气控制电路在实际生产中的应用。

2.9.2 准备知识

车床是在机械加工中广泛使用的一种设备，主要用于各种回转表面和回转体的断面加工，能够车削外圆、内圆、断面、螺纹等。

CA6140 型卧式车床是目前仍然普遍使用的一种车床型号，其型号的含义如图 2-9-1 所示。

1. CA6140 型卧式车床主要结构

CA6140 型卧式车床主要由床身、主轴箱、进给箱、溜板箱、刀架、光杠、丝杠和尾座等部件组成，图 2-9-2 为 CA6140 型卧式车床外形图，图 2-9-3 为 CA6140 型卧式车床结构示意图。

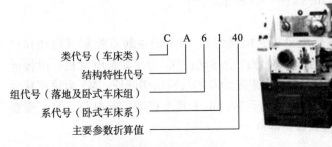

图 2-9-1 CA6140 型车床型号的含义

图 2-9-2 CA6140 型卧式车床外形图

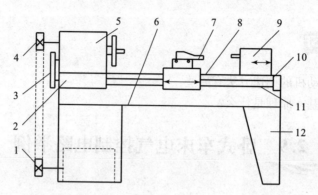

1、4—带轮；2—进给箱；3—挂轮架；5—主轴箱；6—床身；7—刀架；

8—溜板箱；9—尾座；10—丝杠；11—光杠；12—床腿。

图 2 - 9 - 3　CA6140 型卧式车床结构示意图

　　主轴箱固定在车床床身的左端，内部装有主轴和变速传动机构。床身右侧装有尾座，其上可以安装后顶尖，用来支撑较长工件的后端，也可以安装钻头等加工刀具用来进行钻、扩、铰孔等操作。工件通过卡盘固定在主轴前端，由电动机经变速机构带动旋转，刀架的纵横向进给运动由主轴箱经挂轮架、进给箱、光杠和丝杠、溜板箱传动。

2. CA6140 型卧式车床的主要运动形式

CA6140 型卧式车床的主要运动形式有 3 种。

（1）主运动：主要是工件的旋转运动，由主轴通过卡盘和顶尖带动工件旋转。

（2）进给运动：主要指刀架带动刀具，沿主轴轴线方向的进给运动。

（3）辅助运动：主要包含刀架的快速移动及工件的夹紧、放松等。

3. CA6140 型卧式车床的控制要求

CA6140 型卧式车床的控制要求如下。

（1）主轴电动机 M1 采用不调速的三相笼型异步电动机，直接启动，机械变速，正反转采用机械换向结构完成，主要完成主轴主运动和刀具的纵横向进给运动的驱动。

（2）车床进行车削加工时，需要切削液进行冷却，冷却泵电动机 M2 采用直接启动和连续工作，同时要求在主轴电动机启动后才能启动，而主轴电动机停止时应立即停止。

（3）电动机 M3 为快速移动电动机，可根据需要，随时手动控制启停。

（4）控制电路具有必要的保护环节和照明装置。

2.9.3　任务实施

CA6140 型卧式车床的电气原理图如图 2 - 9 - 4 所示。

1. 主电路分析

主电路共有 3 台电动机。M1 为主轴电动机，由接触器 KM1 的主触点控制其启动和停止，做单向运转，主要用来拖动主轴旋转和刀架做进给运动；M2 为冷却泵电动机，由接触器 KM2 的主触点控制其正向运转或停止，主要用来拖动冷却泵输出切削液；M3 为快速移动电动机，由接触器 KM3 的主触点控制其点动正向运转，由于其为点动控制电路，并不需要长期工作，因此不能使用热继电器做过载保护器件。

2. 控制电路分析

控制电路具体分析如下。

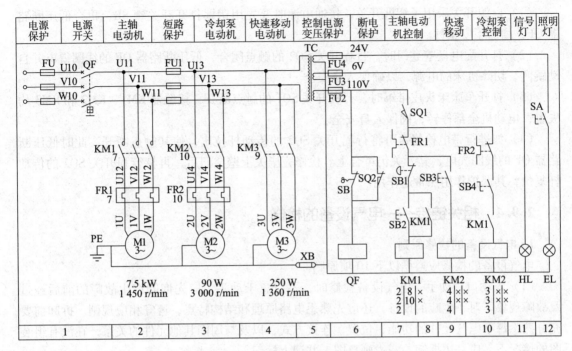

图 2-9-4 CA6140 型卧式车床的电气原理图

（1）电路电源的控制。CA6140 型卧式车床总电源是由开关锁 SB 的低压断路器 QF 控制的，当要合上电源开关时，首先用钥匙将开关锁 SB 右旋，使其常闭触点断开，再扳动低压断路器 QF 将其合上。若用钥匙将开关锁 SB 左旋，则其触点闭合，低压断路器 QF 的线圈得电，低压断路器 QF 将自动跳开。若出现误操作，又将低压断路器 QF 合上，其会在 0.1 s 内再次自动跳闸。

（2）主轴电动机 M1 的控制。SQ1 为行程开关，正常情况时处于闭合状态。启动时，按下按钮 SB2，接触器 KM1 的线圈得电自锁，主轴电动机 M1 单向全压启动，并通过传动机构拖动主轴正转或反转和刀架的直线进给；停止时，按下按钮 SB1，接触器 KM1 的线圈失电，主轴电动机 M1 停止转动。

（3）冷却泵电动机 M2 的控制。主轴电动机启动后，接触器 KM1 的常开辅助触点（10 区）闭合，此时接通旋钮开关 SB4，则接触器 KM2 的线圈得电，冷却泵电动机 M2 全压启动；停止时，按下按钮 SB4，接触器 KM2 失电，冷却泵电动机 M2 停止转动，或按下停止按钮 SB1，接触器 KM1 的常开辅助触点（10 区）断开，接触器 KM2 失电，冷却泵电动机 M2 停止转动。

（4）快速移动电动机 M3 的控制。进行快速移动时，首先通过操作手柄选择所需移动方向，然后按下按钮 SB3，接触器 KM3 的线圈得电，快速移动电动机 M3 点动运行。

3. 照明电路及信号回路分析

照明电路采用 24 V 交流电压，信号回路采用 6 V 的交流电压，均由控制变压器二次侧提供。熔断器 FU4 是照明电路的短路保护，照明灯 EL 的一端必须保护接地。熔断器 FU3 为指示灯的短路保护，合上低压断路器 QF，指示灯 HL 亮，表明控制电路有电。

4. 保护环节

具体保护环节如下。

（1）电源开关采用了钥匙开关，接通电源时要先用钥匙打开开关锁 SB，再合低压断路器 QF，增加了安全性。

（2）打开配电盘壁龛门时，行程开关 SQ2 的触点闭合，低压断路器 QF 的线圈得电并自动跳闸，切除机床的电源，以确保人身安全。

（3）打开车床床头皮带罩时，行程开关 SQ1 的触点断开，接触器 KM1、KM2 和 KM3 均失电，电动机全部停转，确保人身安全。

（4）如进行带电检修，可将行程开关 SQ2 的传动杆拉出，使其触点断开，此时低压断路器 QF 的线圈失电，其开关仍可合上。检修完毕关上壁龛门后，再将行程开关 SQ2 的传动杆复位，其保护作用照常起作用。

2.9.4　相关链接——电气设备的检修

1. 电气设备的检修原则

电气设备的检修应遵循以下 10 项原则。

（1）先动口后动手。电气设备检修时，不应急于动手，应先询问产生故障的前后经过及故障现象。对于生疏的设备，还应先熟悉电路原理和结构特点，遵守相应规则。拆卸前要充分熟悉每个电气元件的功能、位置、连接方式，以及与周围其他元件的关系，在没有组装图的情况下，应一边拆卸，一边画草图，并记上标记。

（2）先外部后内部。应先检查设备有无明显裂痕、缺损，了解其维修史、使用年限等，然后再对机内进行检查。拆前应排除周边的故障因素，确定为机内故障后才能拆卸，否则，盲目拆卸可能将设备越修越坏。

（3）先机械后电气。只有在确定机械零件无故障后，再进行电气方面的检查。检查电路故障时，应利用检测仪器寻找故障部位，确认无接触不良故障后，再有针对性地查看电路与机械的运作关系，以免误判。

（4）先静态后动态。在设备未得电时，判失电气设备按钮、接触器、热继电器及保险丝的好坏，从而判定故障的位置。若静态时无法判断，则得电试验，听其声、测参数、判断故障，最后进行维修。如在电动机缺相，且测量三相电压值无法判别时，就应该听其声，单独测每相对地电压，方可判断哪一相缺损。

（5）先清洁后维修。对污染较重的电气设备，应首先对其按钮、接线点、接触点进行清洁，检查外部控制键是否失灵。许多故障都是由脏污及导电尘块引起的，一经清洁故障往往会排除。

（6）先电源后设备。电源部分的故障率在发生故障的设备中占比很高，所以先检修电源往往可以事半功倍。

（7）先一般后特殊。因装配配件质量或其他设备故障而引起的故障，一般占常见故障的 50% 左右。电气设备的特殊故障多为软故障，要靠经验和仪表来测量和维修。

（8）先外部后内部。在确认外部设备电路正常时，再考虑更换损坏的内部电气元件。

（9）先直流后交流。检修时，必须先检查直流回路静态工作点，再检查交流回路动态工作点。

（10）先故障后调试。对于调试和故障并存的电气设备，应先排除故障，再进行调试。

2. 电气设备的检修方法

电气设备检修的方法有很多种，常用的有电压测量法、电阻测量法和短接法。

1）电压测量法

电压测量法是根据电气设备的供电方式，利用万用表测量各点的电压值并与正常值比较的一种测量方法。电压测量法如图 2 – 9 – 5 所示，具体可分为分阶测量法、分段测量法。

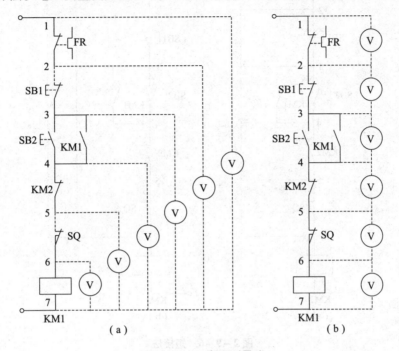

图 2 – 9 – 5　电压测量法

(a) 分阶测量法；(b) 分段测量法

检测时，首先接通电气设备电源，按正常步骤进行操作。当某一控制电路功能出现问题时，不用切失电源，根据电路情况，将万用表置于合适的挡位，进行测量。若测得某元件两点之间电压值与正常值不同，则说明这两点之间的电路接触不良或有元件损坏。

由于该方法是带电测量，所以在测量前应仔细检查万用表的表棒是否绝缘良好，插口是否牢靠，且在测量过程中，万用表的电压挡位不能带电切换。

2）电阻测量法

电阻测量法是利用万用表测量电气设备电路上某两点间的电阻值来判断故障点或故障元件的方法。与电压测量法类似，电阻测量法也可以分为分阶测量法和分段测量法。

检测时，应首先切失电源，然后利用万用表的电阻挡，测量电路两点间的电阻值，若测得某两点之间电阻值与正常值不同，则说明该两点间元件有损坏或接触不良。

3）短接法

电气设备电路或电气元件的故障大致归纳为短路、过载、断路、接地、接线错误、电气设备的电磁及机械部分故障 6 类。诸类故障中出现较多的为断路故障。它包括导线断路、虚连、松动、触点接触不良、虚焊、假焊、熔断器熔断等。对这类故障除用电阻测量法、电压测量法检查外，还有一种更为简单可靠的方法，就是短接法。具体操作是用一根绝缘良好的导线，将所疑似的断路部位短接起来，如短接到某处，电路工作恢复正常，说明该处断路。短接法如图 2 – 9 – 6 所示，可分为局部短接法和长短接法。

以上几种检查方法，要活学活用，遵守安全操作规章。对于连续烧坏的元件应查明原因

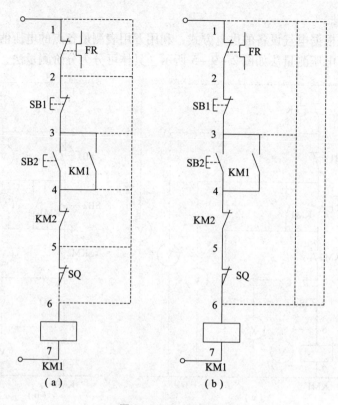

图 2 - 9 - 6　短接法

(a) 局部短接法；(b) 长短接法

后再进行更换，使用电压测量法时应考虑到导线的压降，不违反电气设备控制的原则，试车时手不得离开电源开关，并且保险丝允许流过电流的大小应等于或略小于额定电流，另外还要注意测量仪器的挡位选择。

　思考与练习

1. CA6140 型卧式车床中，若主轴电动机只能点动运转，则可能出现的故障有哪些？此时冷却泵电动机能否正常工作？

2. CA6140 型卧式车床的主轴电动机运行中自动停车后，操作者立即按下启动按钮，但主轴电动机不能启动，试分析故障原因。

第 3 章

PLC 基本指令的应用

PLC 是一种专门为工业环境应用而设计的具有计算机功能的电子装置。早期的 PLC 只具有逻辑运算功能，因此被称为可编程序逻辑控制器（Programmable Logic Controller，PLC）。随着电子技术的不断发展，现在的 PLC 已经具有了逻辑运算、顺序运算、定时、计数、算术运算，以及网络通信等功能，不再只单纯地具备逻辑运算功能。因此现在的 PLC 应该称为可编程序控制器（Programmable Controller，PC），但为了不和个人电脑（PC）混淆，通常情况下仍简写为 PLC。

3.1 认识 PLC

🔄 学习目标

1）要求掌握 PLC 的定义、硬件结构、工作原理及编程软件的使用。

2）要求了解 PLC 的产生、分类、应用及发展前景。

3）要求熟悉 PLC 的常用功能模块。

3.1.1 项目任务

利用接触器实现三相异步电动机的启停控制电路，如图 3-1-1 所示。该电路分为主电路和控制电路两部分，按动启动按钮 SB1，接触器 KM 的线圈得电自锁（常开辅助触点闭合），主触点闭合，接通电动机电源电路，电动机 M 启动并连续运行。按动停止按钮 SB2，接触器 KM 的线圈失电，打断自锁回路，电动机 M 停止。

在上图基础上改变控制要求，当按下启动按钮 3 s

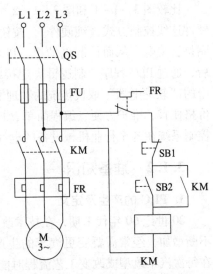

图 3-1-1 利用接触器实现
三相异步电动机的启停控制电路

后，电动机再启动，这就需要在原来的电气原理图上增加一个时间继电器，从而改变图 3 - 1 - 1 的控制电路接线方式。

从上面的例子可以看出继电 - 接触器控制系统是纯硬件系统，一旦控制要求改变，控制系统就必须重新进行硬件连接，如果是复杂的系统，需要变动的工作量大、时间长，再加上机械触点容易损坏，因而这种继电 - 接触器控制系统的可靠性较差，检修工作困难。为了解决继电 - 接触器控制系统存在的问题，可以采用 PLC 对电动机进行控制。如图 3 - 1 - 2 所示的用 PLC 实现的启停控制电路，主电路不变，将输入设备（如启动按钮 SB1、停止按钮 SB2、热继电器 FR 的触点）接到 PLC 的输入端口，输出设备（如接触器 KM 的线圈）接到 PLC 的输出端口，再接上电源、输入程序就可以了。PLC 程序对启动、停止按钮的状态进行逻辑运算，运算的结果决定了输出端是否接通或断开接触器 KM 的线圈，从而控制电动机的工作状态。

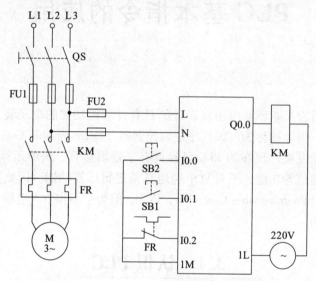

图 3 - 1 - 2　用 PLC 实现的启停控制电路

比较图 3 - 1 - 1 和图 3 - 1 - 2 可以看出，它们的控制方式不同。继电 - 接触器控制属于硬件连线控制方式（纯硬件），按钮按下后，通过继电器的连线控制逻辑来决定接触器的线圈是否得电，从而控制电动机。PLC 控制属于存储程序控制方式（软硬结合），按钮按下后，通过 PLC 程序控制逻辑决定接触器的线圈是否得电，从而控制电动机。PLC 利用程序中的"软继电器"取代传统的物理继电器，使控制系统的硬件结构大大简化，具有体积小、价格便宜、维护方便、编程简单、控制功能强、可靠性高、控制灵活等优点。这使得 PLC 控制系统在各个行业机械设备的电气控制中得到非常广泛的应用。

3.1.2　准备知识

1. PLC 的产生及定义

20 世纪 60 年代末期，在技术改造浪潮的冲击下，为使汽车结构及外形不断改进，品种不断增加，经常需要变更汽车的生产工艺。1968 年，美国通用汽车公司（GM 公司）为了在每次汽车改型或改变工艺流程时能不改动原有电气控制柜内的接线以便降低生产成本，缩短新产品的开发周期，提出了研制新型逻辑顺序控制装置的设想，以及该装置的研制指标要求。1969 年，美国数字设备公司（DEC）研制出第一台 PLC（Programmable Logic Controller），并在美国 GM 公司的汽车自动装配线上试用且获得成功。此后，这项研究技术迅速发展，在世界各国的工业领域得到推广应用。

1987 年 2 月，国际电工委员会（IEC）通过了对 PLC 的定义，即 PLC 是一种数字运算操作的电子系统，专为在工业环境应用而设计。它采用一类可编程的存储器，用于其内部存储程序，执行逻辑运算、顺序控制、定时、计数与算术操作等面向用户的指令，并通过数字或模拟式输入/输出控制各种类型的机械或生产过程。PLC 及其有关外部设备，都按易于与工业控制系统连成一个整体，易于扩充其功能的原则设计。

2. PLC 的特点、分类及应用

1）PLC 的特点

PLC 能如此迅速发展，除了工业自动化的客观需要外，还因为它具有许多独特的优点。它较好地解决了工业控制领域中普遍关心的可靠、安全、灵活、方便、经济等问题。以下是其主要特点：

（1）可靠性高，抗干扰能力强；

（2）控制功能强，性价比高；

（3）组成灵活，系统的设计、安装、调试工作量少；

（4）操作方便，适应性强，编程方法简单易学。

2）PLC 的分类

（1）按 I/O 点数和功能分类，PLC 可分为：

①小型 PLC：I/O 点数在 256 点以下，以开关量控制为主；

②中型 PLC：I/O 点数在 256 ~ 2 048 点之间，功能比较丰富，兼有开关量和模拟量的控制能力；

③大型 PLC：I/O 点数在 2 048 点以上，用于大规模过程控制、集散式控制和工厂自动化网络。

（2）按结构形式分类，PLC 可分为整体式结构和模块式结构两类。

①小型 PLC 一般采用整体式结构，即将所有电路安装于一个箱内，另外，可以通过并行接口电路连接 I/O 扩展单元。

②中型以上 PLC 多采用模块式结构，不同功能的模块，可以组成不同用途的 PLC，适用于不同要求的控制系统。

（3）按用途分类，PLC 可分为通用型 PLC 和专用型 PLC 两类。

①通用型 PLC 作为标准装置，可供各类工业控制系统选用。

②专用型 PLC 是专门为某类控制系统设计的。由于专用性，专用型 PLC 的结构设计更为合理，控制性能更完善。

3）PLC 的应用

自 PLC 在汽车装配生产线上首次成功应用以来，PLC 在多品种、小批量、高质量的生产设备中得到了广泛的推广应用。PLC 控制已成为工业控制的重要手段之一，与 CAD/CAM、机器人技术一起成为实现现代自动化生产的 3 大支柱。目前，PLC 在国内外已广泛应用于钢铁、采矿、水泥、石油、化工、电力、机械制造、汽车、装卸、造纸、纺织、环保和娱乐等行业。

3. PLC 的基本组成

PLC 的实际组成与一般微型计算机系统基本相同，也由硬件系统和软件系统两大部分组成。

1）硬件系统

PLC 的硬件系统由 CPU（Central Processing Unit，CPU）、存储器、I/O 接口电路、外部设备（外设）接口、电源、I/O 扩展接口等部分组成，如图 3 - 1 - 3 所示。

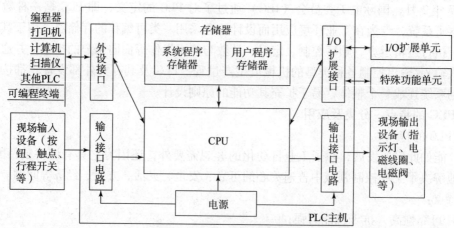

图 3 - 1 - 3　PLC 的硬件系统

（1）CPU。CPU 是 PLC 的核心部分，是 PLC 的逻辑运算和控制指挥中心。它以扫描的方式工作，监视并接收现场输入信号，从存储器中逐条读取并执行用户程序，完成用户程序所规定的逻辑或算术等操作，根据运算结果控制输出。

（2）存储器。存储器是具有记忆功能的半导体集成电路，用于存放系统程序、用户程序、逻辑变量和其他信息，包括只读存储器（ROM）、随机存储器（RAM）。

（3）I/O 接口电路分类如下。

①输入接口电路。输入接口电路是连接 PLC 与其他外设之间的桥梁。生产设备的控制信号通过输入接口电路传送给 CPU。图 3 - 1 - 4 给出了直流及交流两类输入接口电路，图中虚线框内的部分为 PLC 内部电路，框外为用户接线。

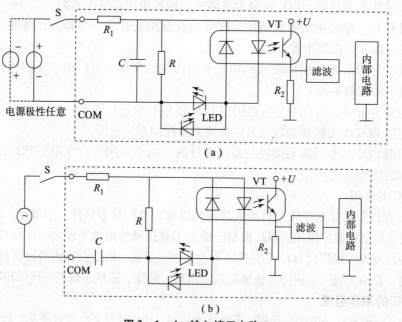

图 3 - 1 - 4　输入接口电路

（a）直流输入接口电路；（b）交流输入接口电路

②输出接口电路。输出接口电路用于连接继电器、接触器、电磁阀线圈，是 PLC 的主要输出口，是连接 PLC 与外部执行元件的桥梁。PLC 有 3 种输出接口电路：晶体管输出电路、双向晶闸管输出电路、继电器输出电路，如图 3 - 1 - 5 所示。

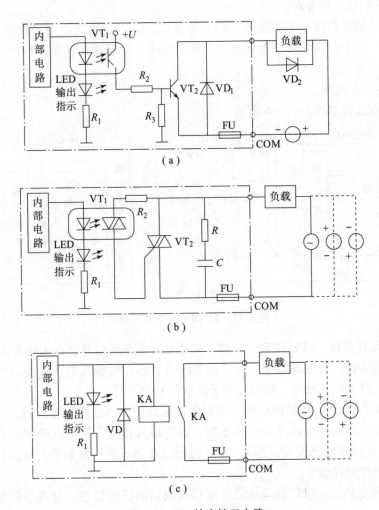

图 3 - 1 - 5　输出接口电路

(a) 晶体管输出电路；(b) 双向晶闸管输出电路；(c) 继电器输出电路

(4) 外设接口。外设接口是在主机外壳上与外部设备配接的插座，通过电缆线可配接编程器、计算机、打印机、扫描仪、可编程终端等。

(5) 电源。电源是将交流电压信号转换成 CPU、存储器及 I/O 部件正常工作所需要的直流电源。供电电源的电压等级常见的有：AC 200 V、380 V，DC 36 V、24 V 等。

(6) I/O 扩展接口。I/O 扩展接口是 PLC 主机为了扩展 I/O 点数和类型的部件。I/O 扩展单元、远程 I/O 扩展单元、智能 I/O 扩展单元等都通过它与主机相连。I/O 扩展接口有并行接口、串行接口等多种形式。

2) 软件系统

PLC 除了硬件系统外，还需要软件系统的支持，它们相辅相成，缺一不可，共同构成 PLC。PLC 的软件系统由系统程序和用户程序两大部分组成。系统程序的主要功能是时序管理、存储空间分配、系统自检和用户程序编译等。用户程序是用户根据控制要求，按系统程序允许的编程规则，用厂家提供的编程语言编写的程序。

4. PLC 的工作过程与工作原理

1）PLC 的扫描工作方式

PLC 采用"顺序扫描、不断循环"的工作方式。CPU 连续执行用户程序，任务的循环序列称为扫描。一个扫描周期包含读输入、执行程序、处理通信请求、执行 CPU 自诊断及写输出。

2）PLC 的工作过程

PLC 的工作过程如图 3 - 1 - 6 所示。

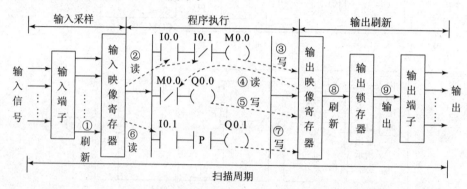

图 3 - 1 - 6　PLC 的工作过程

（1）输入采样阶段。CPU 读取（采样）每个输入端子的信号，存入输入映像寄存器中，作为程序执行的条件。若外部端子所连元件为闭合状态，则输入端子读取信号为"1"；若外部端子所连元件为断开状态，则输入端子读取信号为"0"。

（2）程序执行阶段。根据 PLC 梯形图程序扫描原则，PLC 按先左后右，先上后下的步序逐句扫描程序。当指令中涉及 I/O 状态时，对于输入指令，从输入映像寄存器中读取数据，读入"1"的触点状态改变，读入"0"的触点状态不变；然后进行相应的运算，将输出值存入输出映像寄存器中。

（3）处理通信请求。CPU 处理从通信端口接收到的任何信息。处理通信请求的时间是可以调节的。

（4）执行 CPU 的自诊断。CPU 检查其硬件、I/O 模块状态、用户存储器等，若发现故障，及时报警或停止程序运行。

（5）输出刷新阶段。将输出映像寄存器中的输出值转存到输出锁存器中，然后通过一定方式输出，以驱动外部负载。

3）PLC 的工作原理

PLC 的工作原理与计算机的工作原理是基本一致的。它通过执行用户程序来实现控制任务。但是在时间上，PLC 执行的任务是串行的，这与继电 - 接触器控制系统中控制任务的执行有所不同。

3.1.3　任务实施

西门子公司生产的 S7 系列 PLC 分为 S7 - 400、S7 - 300 和 S7 - 200 等大、中、小（微）三个子系列。下面介绍 S7 - 200 PLC 的基本构成、外观特征、安装接线等知识。

1. S7 – 200 PLC 的基本构成

S7 – 200 PLC 由 PLC 主机（基本单元）、I/O 扩展单元、功能单元（模块）和外部设备（文本/图形显示器、编程器）等组成。

PLC 主机即主机基本单元（CPU 模块），也简称为本机，S7 – 200 PLC 的 CPU 通用规范如表 3 – 1 – 1 所示，它包括 CPU、存储器、基本 I/O 点数和电源等，是 PLC 的主要部分。

表 3 – 1 – 1　S7 – 200 PLC 的 CPU 通用规范

型号	描述	功耗/W	供电能力/mA	
			DC 5 V	AC 24 V
CPU221 DC/DC/DC	6 IN/4 晶体管 OUT	3	0	180
CPU221 AC/DC/Relay	6 IN/4 继电器 OUT	6	0	180
CPU222 DC/DC/DC	8 IN/6 晶体管 OUT	5	340	180
CPU222 AC/DC/Relay	8 IN/6 继电器 OUT	7	340	180
CPU224 DC/DC/DC	14 IN/10 晶体管 OUT	7	660	280
CPU224 AC/DC/Relay	14 IN/10 继电器 OUT	10	660	280
CPU226 DC/DC/DC	24 IN/16 晶体管 OUT	11	1 000	400
CPU226 AC/DC/Relay	24 IN/16 继电器 OUT	17	1 000	400
CPU226XM DC/DC/DC	24 IN/16 晶体管 OUT	11	1 000	400
CPU226XM AC/DC/Relay	24 IN/16 继电器 OUT	17	1 000	400

I/O 扩展单元用于增加 PLC 的 I/O 点数。

功能单元是一些具有专门用途的装置，如模拟量 I/O 单元、高速计数单元、位置控制单元、通信单元等。

2. S7 – 200 PLC 的 CPU 模块

以 CPU224 为例，其主机的结构外形如图 3 – 1 – 7 所示。

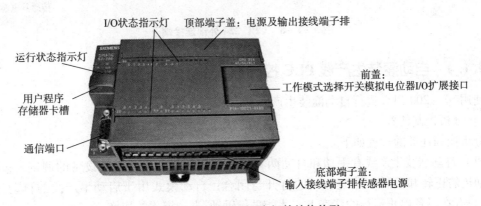

图 3 – 1 – 7　CPU224 主机的结构外形

主机包括工作模式选择开关、模拟电位器、I/O 扩展接口、运行状态指示灯和用户程序存储卡槽，I/O 接线端子排及指示灯等。

主机箱体外部的 RS – 485 通信接口，用以连接编程器（手持式或 PC 机）、文本/图形显示器、PLC 网络模块等外部设备。

3. PLC 的安装、接线

　　PLC 的安装固定常用两种方式，一是直接利用机箱上安装孔，用螺钉将机箱固定在控制柜的背板或面板上；二是利用 DIN（German Institute for Standardization）导轨安装，这需要先将 DIN 导轨固定好，再将 PLC 的基本单元、扩展单元、特殊模块等安装在 DIN 导轨上。安装时还要注意在 PLC 周围留足散热及接线的空间。

　　CPU224 输入电路采用了双向光电耦合器，选用 DC 24 V 电源，极性可任意选择，1M、2M 为输入端子的公共端。1 L +、2 L + 为输出端子的公共端。CPU224 另有 24 V（280 mA）电源供 PLC 输入点使用。CPU 224 外部连接端子如图 3 – 1 – 8 所示。

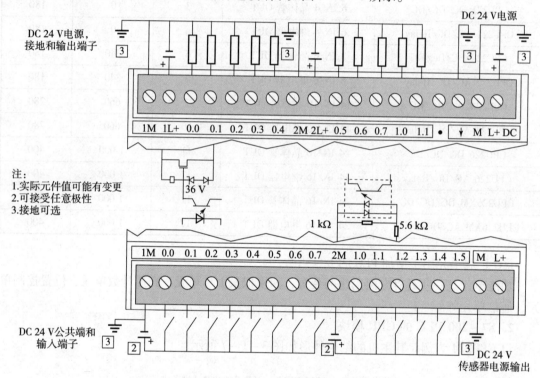

图 3 – 1 – 8　CPU 224 外部连接端子

3. 1. 4　自动灌装生产线 PLC 控制系统设计

　　使用 S7 – 200 PLC 进行自动灌装生产线 PLC 控制系统设计。

1）分析控制任务

分析控制任务的过程如下。

　　（1）自动灌装生产线有手动和自动两种工作模式。手动模式用于设备的调试，包括测试电动机的正转和反转，灌装球阀的打开与闭合；自动模式用于启动生产线的自动运行。（注：只有在设备停止运行的状态下，才能进行手动/自动模式的切换。）

　　（2）自动模式下，按下正转启动按钮，生产线开始正转运行；空瓶子随传送带运行到灌装位置以后，传送带停止运行，灌装球阀打开，开始进行灌装；灌装时间到，灌装球阀关闭，电动机正转，传送带继续运行，直到下一个空瓶到达灌装位置。按下停止按钮，生产线停止运行，灌装球阀关闭。

（3）当系统运行过程中，发生任何设备故障，可以按下急停按钮停止生产线的一切运行；当设备故障排除后，按下复位按钮，系统恢复到初始状态。

2）确定 I/O 信号的类型并分配 I/O 端子

根据控制任务的要求，系统共需要 11 个输入信号，其中有 10 个信号是数字量，1 个信号是模拟量；输出信号只需要 4 个，都是数字量。选择 S7 - 200 PLC 中的 CPU 模块以及一个 EM235 的模拟量扩展模块，其中 I/O 端子的分配及注释如表 3 - 1 - 2 所示。

表 3 - 1 - 2　I/O 端子的分配及注释

序号	符号	地址	注释	序号	符号	地址	注释
1	SB1	I0.0	正转启动按钮	12	KM1	Q0.0	传送带正转
2	SB2	I0.1	反转启动按钮	13	KM2	Q0.1	传送带反转
3	SB3	I0.2	停止按钮	14	KA	Q0.2	灌装球阀
4	SB4	I0.3	急停按钮	15	HL	Q0.3	报警指示灯
5	SB5	I0.4	复位按钮	16	HA	Q0.4	蜂鸣器
6	SB6	I0.5	手动球阀				
7	SA	I0.6	手动/自动选择				
8	S1	I1.0	初始位置光电开关				
9	S2	I1.1	灌装位置光电开关				
10	S3	I1.2	终检位置光电开关				
11	WSR	IW100	称重传感器				

3）绘制 PLC 控制系统外部接线图

根据前面模块的选型以及端子分配，绘制 PLC 控制系统外部接线图如图 3 - 1 - 9 所示。

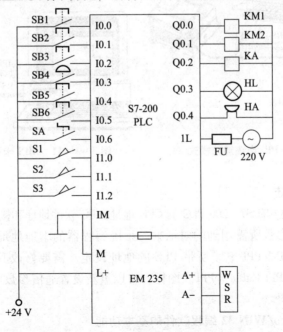

图 3 - 1 - 9　PLC 控制系统外部接线图

3.1.5　相关链接——STEP 7 - Micro/WIN 32 编程软件的使用与安装

SIMATIC S7 - 200 编程软件是西门子公司为 S7 - 200 PLC 编制的工业编程软件的集合，其中 STEP 7 - Micro/WIN 32 软件是基于 Windows 的应用软件。

1. 编程软件的安装

具体安装步骤如下。

（1）将 STEP 7 - Micro/WIN 32 CD 放入 CD - ROM 驱动器，系统自动进入安装向导；如果安装程序没有自动启动，可在 CD - ROM 的路径 "F：/STEP7/DISK1" 下找到安装程序 setup. exe。

（2）运行 CD 盘根目录下的 setup 程序，即双击 setup，进入安装向导。

（3）根据安装向导的提示完成 STEP 7 - Micro/WIN 32 编程软件的安装。

（4）首次安装完成后，会出现一个 "浏览 Read me 文件" 对话框，可以选择使用德语、英语、法语、西班牙语或意大利语阅读 Read me 文件。

2. 建立 S7 - 200 PLC 的通信

S7 - 200 PLC 与 PC 之间有两种通信连接方式，一种是采用专用的 PC/PPI 电缆，如图 3 - 1 - 10 所示，这种连接不需要外加其他硬件设备；另一种是采用多点接口（MPI）卡和普通电缆，如图 3 - 1 - 11 所示，MPI 卡提供了一个 RS - 485 端口，可以用直通电缆与网络相连。

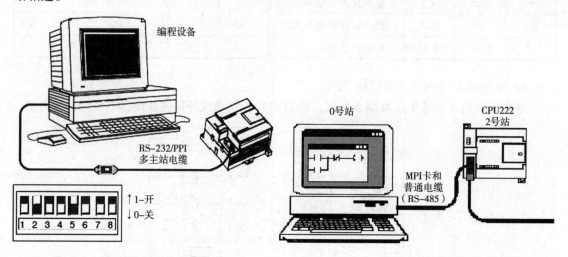

图 3 - 1 - 10　PC/PPI 电缆通信模式　　　　　　图 3 - 1 - 11　MPI 卡和普通电缆通信模式

3. 通信参数的设定

通信参数的设置内容有 S7 - 200 PLC 的 CPU 地址、PC 软件地址和接口等设置。图 3 - 1 - 12 中所示的是设定通信参数所需用到的对话框。系统编程器的本地地址默认值为 "0"，远程地址的选择项按实际 PC/PPI 电缆所带 PLC 的地址设定。需要修改其他通信参数时，双击图 3 - 1 - 12 中的 PC/PPI Cable（PPI）图标，可以重新设置通信参数。远程通信地址可以采用自动搜索的方式获得。

4. STEP 7 - Micro/WIN 32 编程软件的基本功能

STEP 7 - Micro/WIN 32 编程软件在离线条件下，可以实现程序的输入、编辑、编译等

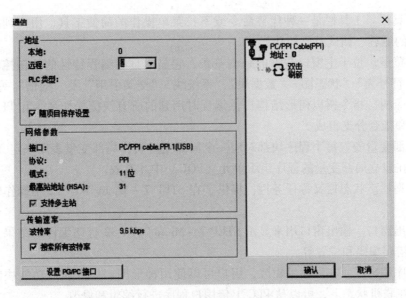

图 3 – 1 – 12　设定通信参数所需用到的对话框

功能；在联机工作方式下可实现程序的上传、下载、通信测试及实时监控等功能。主窗口组件包含了菜单栏、工具栏、浏览条、指令树和程序编辑区等，STEP 7 – Micro/WIN 32 主窗口的组成如图 3 – 1 – 13 所示。

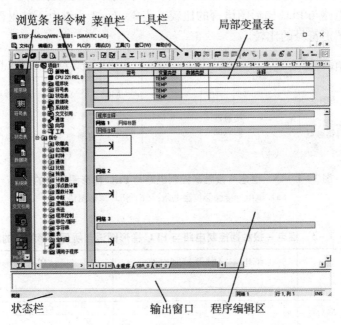

图 3 – 1 – 13　STEP 7 – Micro/WIN 32 主窗口的组成

主窗口组件的具体介绍如下。

（1）菜单栏。如图 3 – 1 – 14 所示，菜单栏包含了"文件""编辑""查看"等选项。

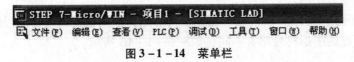

图 3 – 1 – 14　菜单栏

（2）工具栏。工具栏是一种代替命令或下拉菜单操作的简便工具，用户利用它们可以完成大部分的编程、调试及监控功能。

（3）浏览条。位于主窗口左方的是浏览条，它显示具有编程特性的按钮控制群组，如"程序块""符号表""状态图""数据块""系统块""交叉引用"及"通信"等按钮。

（4）指令树。指令树以树形结构提供编程时用到的所有快捷操作命令和 PLC 指令，它由项目分支和指令分支组成。

（5）局部变量表。每个程序块都对应一个局部变量表，局部变量表用来定义局部变量，局部变量只在建立局部变量的程序组织单元（POU）中才有效。

（6）状态栏。状态栏又称任务栏，提供了在 STEP 7 – Micro/WIN 32 中操作时的操作状态信息。

（7）输出窗口。输出窗口用来显示 STEP 7 – Micro/WIN 32 程序编译的结果，如编译是否有错误、错误编码和位置等。

（8）程序编辑区。在程序编辑区，用户可以使用梯形图、指令表或功能块图编写 PLC 控制程序。在联机状态下，可以从 PLC 上传用户程序进行编辑和修改。

5. PLC 的编程语言

1）梯形图（LAD）

梯形图是一种图形化的语言，具有如下特点。

（1）梯形图与继电 – 接触器控制电路相似，易于理解，全世界通用。图 3 – 1 – 15 为继电 – 接触器控制电路与 PLC 梯形图语言的比较；表 3 – 1 – 3 为继电 – 接触器控制电路与 PLC 梯形图语言所用图形符号的比较。

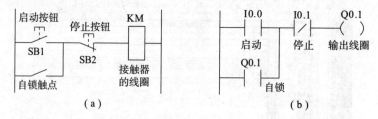

图 3 – 1 – 15 继电 – 接触器控制电路与 PLC 梯形图语言的比较
（a）继电 – 接触器控制电路；（b）PLC 梯形图语言

表 3 – 1 – 3 继电 – 接触器控制电路与 PLC 梯形图语言所用图形符号的比较

元件名称	继电 – 接触器控制电路	PLC 梯形图语言
常开触点		
常闭触点		
线圈		（ ）

（2）易于初学者使用。

（3）可以利用语句表（STL）编程器显示所有用梯形图编程器编写的程序。

（4）各个厂商的图形符号略有不同，如图 3 – 1 – 16 所示。

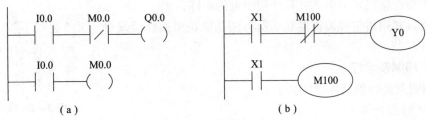

图 3-1-16 图形符号示例

(a) 西门子;(b) 三菱

触点代表"概念"电流(能流)的控制开关,线圈代表由电流充电的中间继电器或输出。网络必须从触点开始,以线圈或框盒(没有 ENO 端)结束。

注:每个用户程序,一个线圈或指令盒只能使用一次,并且不允许多个线圈串联使用。

2) 语句表(STL)

语句表是类似汇编语言的指令助记符编程语言,西门子公司的梯形图和语句表如图 3-1-17 所示。语句表的特点有:

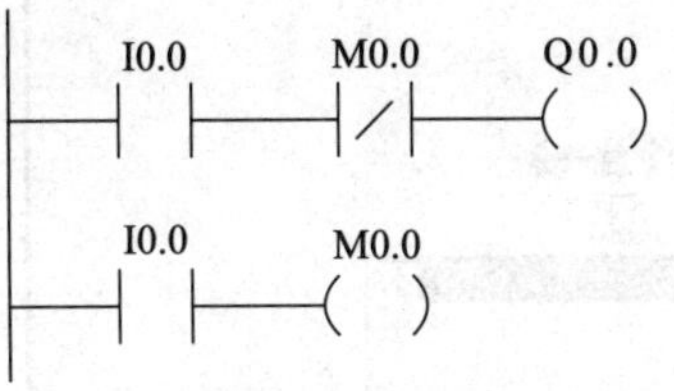

I0.0	M0.0	Q0.0		LD	I0.0
				AN	M0.0
				=	Q0.0
I0.0	M0.0			LD	I0.0
				=	M0.0

(a)   (b)

图 3-1-17 西门子公司的梯形图和语句表

(a) 梯形图;(b) 语句表

(1) 最适合有经验的程序员;

(2) 能解决梯形图和功能块图(FBD)不易解决的问题;

(3) 利用语句表编程器可以查看用梯形图和功能块图编程器编写的程序,反之不一定成立。

3) 功能块图(FBD)

功能块图是用类似数字电路逻辑门符号的逻辑盒指令来表示命令的一种图形语言,框盒(指令盒)代表能流到达此框时执行指令盒的功能,西门子公司的梯形图和功能块图如图 3-1-18 所示(梯形图、功能块图以及语句表,是编程时可选的 3 种语言,都内嵌在编程软件中,编程时选择其中一种即可)。功能特点有:

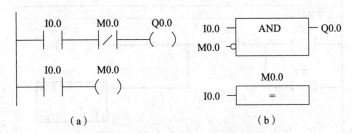

(a)   (b)

图 3-1-18 西门子公司的梯形图和功能块图

(a) 梯形图;(b) 功能块图

（1）图形逻辑门表示格式有利于程序流的跟踪；

（2）可以利用语句表编程器显示所有用功能块图编程器编写的程序。

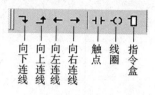

图 3 - 1 - 19　"LAD
指令"工具栏

6. 程序编制及运行

程序编制及运行的具体操作如下。

1）输入编程元件

输入编程元件的方法主要有 3 种：单击"LAD 指令"工具栏上的按钮，如图 3 - 1 - 19 所示；使用指令快捷按键，如图 3 - 1 - 20 所示；或从指令树中双击或拖放，如图 3 - 1 - 21。

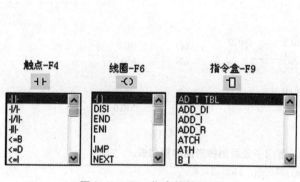

图 3 - 1 - 20　指令快捷按键

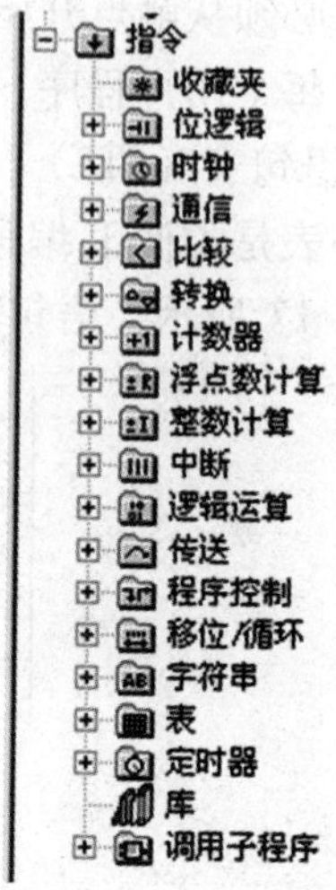

图 3 - 1 - 21　指令树

2）编程结构输入

编程结构输入的方法如下。

（1）顺序输入。此类结构输入非常简单，只需从网络的开始依次输入各编程元件即可，每输入一个元件，光标自动向后移动到下一列。

（2）输入操作数。图 3 - 1 - 22 中的"?? . ?"和"????"表示此处必须有操作数，此处的操作数为触点的名称。

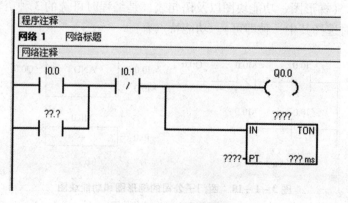

图 3 - 1 - 22　编程结构输入

（3）任意添加输入。如果想在任意位置添加一个编程元件，只需单击这一位置将光标移到此处，然后输入编程元件即可。

3）在梯形图中编辑程序

可以对程序进行剪切、复制、粘贴或删除，可编辑单元格、指令、地址和网络。

4）编写符号表

单击浏览条内"符号表"按钮编写符号表，如图 3 – 1 – 23 所示。

	⊕	⊡	符号	地址	注释
1			启动	I0.0	启动按钮SB1
2			停止	I0.1	停止按钮SB2
3			接触器KM1线圈	Q0.0	控制KM1电动机
4					

图 3 – 1 – 23　编写符号表

单击" 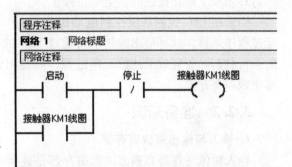 "（应用项目中的所带符号）按钮，则梯形图程序中将应用符号表所设定的符号，符号表的应用如图 3 – 1 – 24 所示。

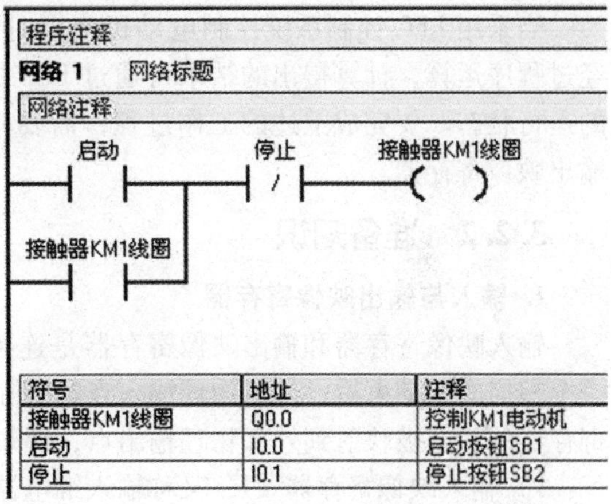

5）编写数据块

利用块操作对程序做大面积删除、移动、复制操作，十分方便。

6）编程语言转换。STEP 7 – Micro/WIN 32 软件可实现三种编程语言（编辑器）之间的任意切换。

7）注释

梯形图编程器中的"网络 n（Network n）"标志每个梯级，同时又是标题栏，可在此为该梯级加标题或必要的注释说明，使程序清晰易读。

图 3 – 1 – 24　符号表的应用

8）编译

程序编辑完成后，单击"PLC"选项，在下拉菜单中选择"编译（Compile）"或"全部编译（All Compile）"命令进行离线编译。

9）下载

如果编译无误，便直接单击"下载"按钮，或者单击"文件"选项，在下拉菜单中选择"下载"命令，将用户程序下载到 PLC 中。

 思考与练习

1. 简述 PLC 的定义。

2. PLC 的主要特点有哪些？

3. PLC 的基本结构如何？试阐述其基本工作原理。

4. PLC 控制系统与传统的继电 – 接触器控制系统有何区别？

3.2　电动机自锁与互锁的 PLC 控制

学习目标

1）要求掌握逻辑取及线圈驱动，触点串联与并联，置位与复位等基本位操作指令。
2）要求了解输入映像寄存器和输出映像寄存器。
3）要求熟悉自锁、互锁应用。

3.2.1　项目任务

用 PLC 来控制电动机的启停。具体设计要求：当按下启动按钮时，电动机启动并连续运行；当按下停止按钮时，电动机停止。

当采用 PLC 控制系统控制电动机启停时，需要将按钮的控制指令送到 PLC 的输入端，经过程序运算，计算得出的结果再通过 PLC 的输出去驱动接触器的线圈，从而控制电动机的运行状态。要完成上述的工作过程，需要用到 PLC 内部的编程元件：输入映像寄存器和输出映像寄存器。

3.2.2　准备知识

1. 输入与输出映像寄存器

输入映像寄存器和输出映像寄存器是连接 PLC 外部物理输入点和输出点的桥梁，在每一个扫描周期结束后，外部物理输入点的实际状态将被映射到输入映像寄存器，而输出映像寄存器的状态被映射到外部物理输出点，即每个扫描周期刷新一次。

1）输入映像寄存器（I，又称输入继电器）

从输入端子采集来的外部信号，按"1""0"的方式写入输入映像寄存器中。作为逻辑运算的依据，在每一个扫描周期开始时对输入端子采样。输入映像寄存器中的一位对应一个物理输入点，而一个物理输入点对应一个外部的常开或常闭触点（按钮、行程开关等）。程序运行时，可以无数次地取用输入映像寄存器中的某一位。在执行"立即输入"指令时，程序将直接读取物理输入点的状态，而不是从输入映像寄存器中取数据。

S7 – 200 PLC 输入映像寄存器的编址范围是 I0. 0 ~ I15.7，共 128 位，即 16 个字节。

输入映像寄存器可以按位、字节、字、双字等存取，输入映像寄存器的表示方法如图 3 – 2 – 1 所示。

2）输出映像寄存器（Q，又称输出继电器）

输出映像寄存器将 PLC 的输出信号传递给负载，线圈用程序指令驱动。输出映像寄存器用来存放等待输出的控制信号。在每一个扫描周期的最后，将输出映像寄存器中的数据输出到输出端子，以驱动（控制）外部负载。在执行"立即输出"指令时，程序将直接刷新输出映像寄存器中某一位的状态，同时将该位的状态输出到输出端子，而不需要等待扫描周期的输出时段。

S7 – 200 PLC 输出映像寄存器的编址范围为 Q0. 0 ~ Q15.7，共 128 位，即 16 个字节。

输出映像寄存器可以按位、字节、字、双字等存取，输出映像寄存器的表示方法如图 3 – 2 – 2 所示。

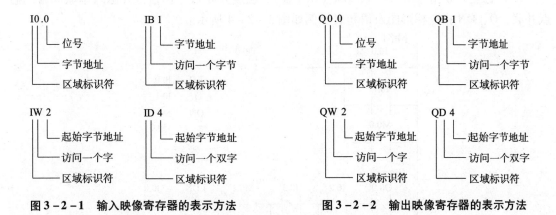

图3-2-1　输入映像寄存器的表示方法　　　　**图3-2-2　输出映像寄存器的表示方法**

PLC 的每一个 I/O 点都是一个确定的物理点。CPU224 主机有 I0.0～I0.7 和 I1.0～I1.5 共 14 个数字量输入点，以及 Q0.0～Q0.7、Q1.0、Q1.1 共 10 个数字量输出点。

2. 基本位操作指令

基本位操作指令的具体介绍如下。

(1) 逻辑取及线圈驱动指令 LD（Load）、LDN（Load Not）、=（Out）。LD、LDN 和 = 指令的格式如表 3-2-1 所示。

表3-2-1　LD、LDN 和 = 指令的格式

LAD	STL	功能
bit ─┤├─	LD　bit	常开触点，用于网络段起始
bit ─┤/├─	LDN　bit	常闭触点，用于网络段起始
bit ─(　)	=　bit	输出线圈，用于网络段结尾

(2) 触点串联指令 A（And）、AN（And Not）。触点串联指令包括常开触点串联和常闭触点串联，A、AN 指令梯形图及语句表示例如图 3-2-3 所示。

```
网络1
I0.0   M0.0   Q0.0          LD    I0.0
─┤├──┤├──(　)          A     M0.0
                             =     Q0.0
网络2
Q0.0   I0.1   M0.0          LD    Q0.0
─┤├──┤/├──(　)          AN    I0.1
                             =     M0.0
      （a）          （b）
```

图3-2-3　A、AN 指令梯形图及语句表示例
(a) 梯形图；(b) 语句表

（3）触点并联指令 O（Or）、ON（Or Not）。触点并联指令包括常开触点串联和常闭触点并联，O、ON 指令梯形图及语句表示例如图 3－2－4 所示。

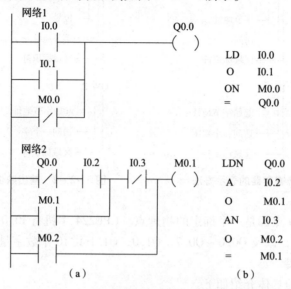

图 3－2－4　O、ON 指令梯形图及语句表示例

（a）梯形图；（b）语句表

3.2.3　任务实施

1. 分配 I/O 地址

电动机自锁与互锁的 PLC 控制系统有两个输入，分别是启动按钮和停止按钮；输出为一台电动机。其 PLC 控制系统外部接线图如图 3－2－5 所示。

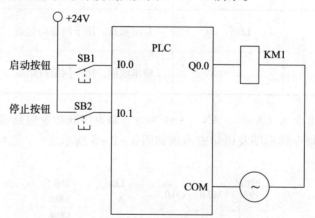

图 3－2－5　PLC 控制系统外部接线图

2. 程序设计

电动机自锁与互锁的 PLC 控制系统的控制程序的梯形图如图 3－2－6 所示，按下启动按钮（I0.0 ＝1），输出线圈得电（Q0.0 ＝1），电动机启动，同时常开触点闭合，此时即使启动按钮弹起（I0.0 ＝0），输出线圈仍然处于得电状态，这种现象叫做自锁；停止时，按下停止按钮（I0.1 ＝1），输出线圈失电，电动机停止。

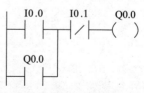

图 3－2－6　控制程序的梯形图

3. 运行调试

运行调试步骤如下：

（1）按图 3 - 2 - 5 将 PLC 的输入和输出接线连接好；

（2）把编好的程序下载到 PLC 中；

（3）当按下启动按钮后，电动机处于连续转动中，直到按下停止按钮，电动机才停止。

4. 具备互锁功能的程序

互锁控制与自锁控制都是控制电路中最基本的环节，常用于输入开关和输出继电器的控制电路。自锁电路的控制可用一个按钮，比如按下去是开，弹起来是关；互锁电路需要两个按钮控制，按下一个按钮是开，要关的话必须按另一个按钮。

电气控制中互锁主要是为保证电器安全运行而设置的。它主要是由两个电气元件互相控制而形成互锁的。实际操作时，将两个继电器的常闭触点分别接入另一个继电器的线圈的控制回路里。这样，一个继电器得电动作，另一个继电器的线圈上就不可能形成闭合回路。

具备互锁功能程序的梯形图如图 3 - 2 - 7 所示。

当控制对象是输出线圈时，可驱动电动机，实现对两台电动机的互锁控制。

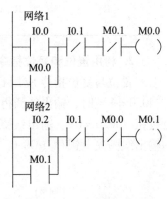

图 3 - 2 - 7　具备互锁功能
程序的梯形图

3.2.4　自动灌装生产线 PLC 手动运行程序设计

编写自动灌装生产线的 PLC 手动运行程序，实现功能如下。

按下正转启动按钮 SB1（I0.0 = 1），传送带开始正转（Q0.0 = 1）；按下停止按钮 SB3（I0.2 = 1），传送带停止运行（Q0.0 = 0）；按下反转启动按钮 SB2（I0.1 = 1），传送带开始反转（Q0.1 = 1）；按下停止按钮 SB3（I0.2 = 1），传送带停止运行（Q0.1 = 0）；编程时需要注意自锁和互锁的实现。按下球阀按钮 SB6（I0.5 = 1），球阀打开（Q0.2 = 1），松开球阀按钮 SB6（I0.5 = 0），球阀闭合（Q0.2 = 0）。

结合之前本节设计的 PLC 控制系统外部接线图，编写出的手动运行程序梯形图如图 3 - 2 - 8 所示。

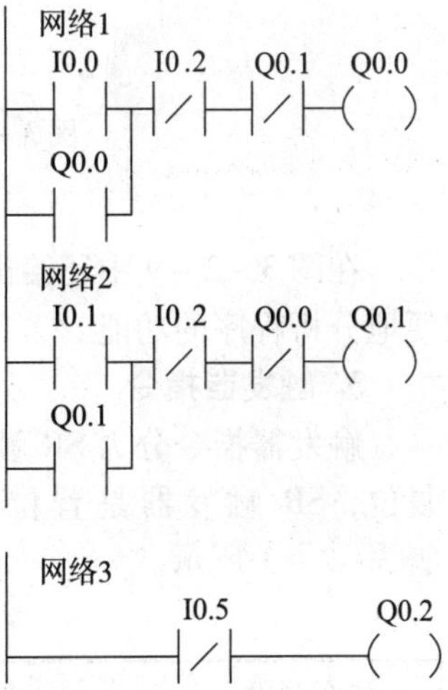

图 3 - 2 - 8　手动运行
程序梯形图

3.2.5　相关链接——置位与复位

1. 置位和复位指令

置位和复位（S/R）指令格式如表 3 - 2 - 2 所示。

置位线圈（对应置位指令）受到脉冲前沿触发时，线圈得电锁存（存储器位置"1"），复位线圈（对应复位指令）受到脉冲前沿触发时，线圈失电锁存（存储器位置"0"），在下次置位、复位操作信号到来前，线圈状态保持不变。

表 3 - 2 - 2　置位与复位指令格式

LAD	STL	功能
bit ─(S) N	S　bit, N	将起始位（bit）开始的 N 位置 "1"
bit ─(R) N	R　bit, N	将起始位（bit）开始的 N 位置 "0"

2. 利用置位和复位指令实现电动机的自锁控制

置位与复位指令应用程序梯形图及其时序图如图 3 - 2 - 9 所示，当按下启动按钮（I0.0 = 1）时，输出线圈得电锁存（Q0.0 = 1，存储器位置 "1"），电动机运行，此时松开按钮（I0.0 = 0），输出线圈仍然得电，电动机实现自锁；当按下停止按钮（I0.1 = 1）时，输出线圈失电锁存（Q0.0 = 0，存储器位置 "0"），电动机停止运行。

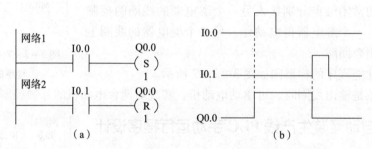

图 3 - 2 - 9　置位与复位指令应用程序梯形图及其时序图

(a) 梯形图；(b) 时序图

在图 3 - 2 - 9 中还给出了置位与复位指令应用程序梯形图的时序图，利用时序图可以方便地分析程序的功能。

3. 触发器指令

触发器指令分为 SR 触发器和 RS 触发器，它是根据输入端的优先权决定输出是置位或复位，SR 触发器是置位优先，RS 触发器是复位优先，触发器指令的格式及功能如表 3 - 2 - 3 所示。

表 3 - 2 - 3　触发器指令的格式及功能表

指令名称	LAD	STL	功能
SR 触发器	bit ┤S1　OUT├ 　SR ┤R	SR	置位与复位同时为 "1" 时，置位优先
RS 触发器	bit ┤S　OUT├ 　RS ┤R1	RS	置位与复位同时为 "1" 时，复位优先

利用触发器构成的二分频电路程序的梯形图及其时序图如图 3 – 2 – 10 所示。

思考与练习

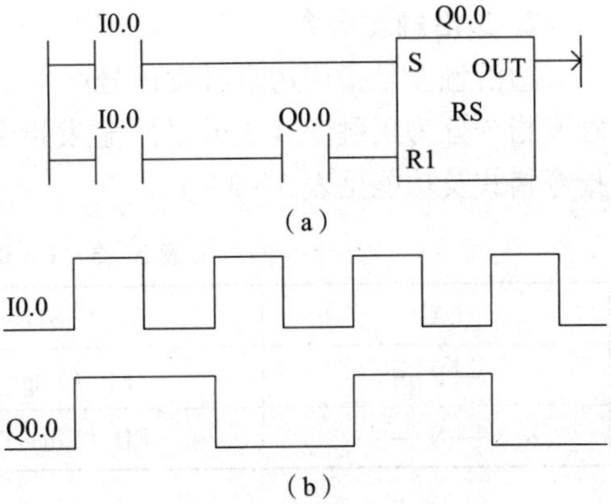

1. 简述自锁和互锁的区别。

2. 写出图 3 – 2 – 7 中梯形图程序对应的语句表指令。

3. 使用置位与复位指令，编写两套电动机（两台）的 PLC 控制程序，两套电动机的 PLC 控制程序要求如下：

（1）启动时，电动机 M1 启动后，才能启动电动机 M2，停止时，两台电动机同时停止；

（2）启动时，两台电动机同时启动，停止时，只有在电动机 M2 停止后，电动机 M1 才能停止。

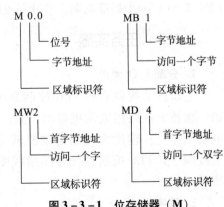

图 3 – 2 – 10　二分频电路程序的
梯形图及其时序图
（a）梯形图；（b）时序图

3.3　电动机单按钮启停的 PLC 控制

学习目标

1）要求掌握边沿触发指令。

2）要求了解数据存储及寻址方式。

3）要求熟悉 PLC 寻址的内部元件。

3.3.1　项目任务

设计一个只用一个按钮控制电动机启停的电路。

3.3.2　准备知识

1. 位存储器（M）标志位区

位存储器（M）用来存储中间操作数或其他控制信息。既有触点形式又有线圈形式，线圈由用户程序驱动，若 PLC 在运行过程中突然失电，位存储器将全部变为 OFF。若电源再次接通，除了因外部输入信号而变为 ON 的以外，其余的仍将保持为 OFF。其状态不能输出，即不能用于直接驱动外部负载。S7 – 200 PLC 位存储器（M）的编址范围为 M0.0 ~ M31.7，可以按位、字节、字或双字来存取存储区的数据。位存储器（M）标志位区的表示方法如图 3 – 3 – 1 所示。

图 3 – 3 – 1　位存储器（M）
标志位区的表示方法

2. 边沿触发指令

边沿触发是指用边沿触发信号产生一个机器周期的扫描脉冲，通常用作脉冲整形。边沿触发指令分为正跳变（上升沿）触发指令和负跳变（下降沿）触发指令两大类。边沿触发指令格式及功能见表 3 - 3 - 1。

表 3 - 3 - 1 　边沿触发指令的格式及功能

LAD	STL	功能
—│P├—	EU（Edge Up）	上升沿微分输出
—│N├—	ED（Edge Down）	下降沿微分输出

正跳变触发指令在每检测到一次正跳变（从 OFF 到 ON）时，让能流接通一个扫描周期。负跳变触发指令在每检测到一次负跳变（从 ON 到 OFF）时，让能流接通一个扫描周期。边沿触发指令应用程序梯形图及时序图示例如图 3 - 3 - 2 所示。

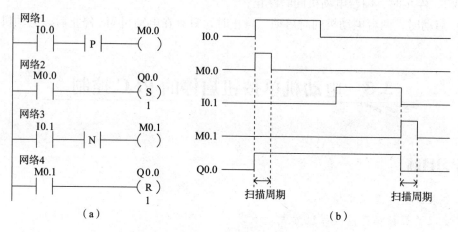

图 3 - 3 - 2 　边沿触发指令应用程序梯形图及时序图示例
（a）梯形图；（b）时序图

I0.0 的上升沿来临时，EU 产生一个扫描周期的时钟脉冲，驱动中间继电器的线圈得电（M0.0 = 1）一个扫描周期，常开触点闭合，使输出线圈置位有效（Q0.0 = 1）并保持。

I0.1 的下降沿来临时，ED 产生一个扫描周期的时钟脉冲，驱动中间继电器的线圈得电（M0.1 = 1）一个扫描周期，常开触点闭合，使输出线圈复位有效（Q0.0 = 0）并保持。

3.3.3 　任务实施

1. 分配 I/O 地址

电动机单按钮启停 PLC 控制系统有一个输入，第一次按下该按钮电动机启动，第二次按下该按钮电动机停止；输出为控制电动机转动的接触器 KM 的线圈。其 PLC 控制系统外部接线图如图 3 - 3 - 3 所示。

2. 程序设计

电动机单按钮启停 PLC 控制系统的控制程序梯形

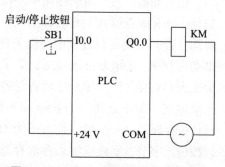

图 3 - 3 - 3 　PLC 控制系统外部接线图

图及时序图如图 3 - 3 - 4 所示，第一次按下按钮（I0.0 = 1），中间继电器的线圈得电（M0.0 = 1）一个扫描周期，输出线圈得电自锁（Q0.0 = 1），电动机启动；第二次按下按钮（I0.0 = 1），中间继电器的线圈仍得电（M0.0 = 1）一个扫描周期，但此时中间继电器的线圈也达到得电状态（M0.1 = 1），其对应的常闭触点断开，输出线圈失电（Q0.0 = 0），电动机停止运行。

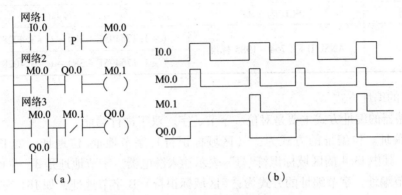

图 3 - 3 - 4　控制程序梯形图及时序图

（a）梯形图；（b）时序图

3. 运行调试

运行调试步骤如下：

（1）按图 3 - 3 - 3 将电路连接正确；

（2）将程序用软件编程并下载到 PLC 中；

（3）第一次按下按钮电动机启动，第二次按下按钮电动机停止。

3.3.4　相关链接——PLC 的存储器

1. 数据存储类型及寻址方式

1）数据存储类型

计算机使用的都是二进制数，在 PLC 中，通常使用位、字节、字、双字来表示数据，它们占用的连续位数称为数据长度。数据类型及范围见表 3 - 3 - 2。

表 3 - 3 - 2　数据类型及范围

数据大小	无符号整数	有符号整数
	十进制/十六进制	十进制/十六进制
字节（B） 8 位值	0 ~ 255 0 ~ FF	- 128 ~ 127 80 ~ 7F
字（W） 16 位值	0 ~ 65 535 0 ~ FFFF	- 32 768 ~ 32 767 8000 ~ 7FFFF
双字（D） 32 位值	0 ~ 4 294 967 295 0 ~ FFFF FFFF	- 2 147 483 648 ~ 2 147 483 647 8000 0000 ~ 7FFF FFFF

在编程中经常会使用常数。常数的表示方法如表 3 - 3 - 3 所示。

表 3 – 3 – 3　常数表示方法

进制	书写格式	举例
十进制	十进制数值	12345
十六进制	16#十六进制数值	16#2BF
二进制	2#二进制值	2#1101 0110 1111 0001
ASCII 码	'ASCII 码文本'	'Good'
浮点数	ANSI/IEEE 754 – 1985 标准	$(+1.175495E-38)\sim(+3.402823E+38)$
		$(-1.175495E-38)\sim(-3.402823E+38)$

2）数据的编址方式

数据存储器的编址方式主要是对位、字节、字、双字进行编址。

（1）位编址。位编址的方式为：（区域标识符）字节地址. 位地址，如 I3.4、Q1.0、V3.3、I3.4，其中 I3.4 的区域标识符"I"表示输入继电器，字节地址是 3，位地址为 4。

（2）字节编址。字节编址的方式为：（区域标识符）B 字节地址，如 IB1 表示输入映像寄存器由 I1.0 ~ I1.7 这 8 位组成。

（3）字编址。字编址的方式为：（区域标识符）W 起始字节地址，最高有效字节为起始字节，如 VW100 包括 VB100 和 VB101，即表示由 VB100 和 VB101 这两个字节组成的字。

（4）双字编址。双字编址的方式为：（区域标识符）D 起始字节地址，最高有效字节为起始字节，如 VD100 表示由 VB100 ~ VB103 这 4 个字节组成的双字。

3）寻址方式

寻址方式具体有以下几种。

（1）CPU 存储区域的立即数寻址。数据在指令中以常数形式出现，取出指令的同时也就取出了操作数，这种寻址方式称为立即数寻址。CPU 以二进制方式存储常数，常数可分为字节、字、双字数据，指令中还可用十进制、十六进制、ASCII 码或浮点数来表示。

（2）CPU 存储区域的直接寻址。在指令中直接使用存储器或寄存器的元件名称、地址编号来查找数据，这种寻址方式称为直接寻址。表 3 – 3 – 4 给出了 PLC 内部元件的寻址格式。

表 3 – 3 – 4　PLC 内部元件的寻址格式

元件符号（名称）	所在数据区域	位寻址格式	其他寻址格式
I（输入映像寄存器）	数字量输入映像位区	Ax. y	ATx
Q（输出映像寄存器）	数字量输出映像位区	Ax. y	ATx
M（位存储器）	位存储器标志位区	Ax. y	ATx
SM（特殊存储器）	特殊存储器标志位区	Ax. y	ATx
S（顺序控制继电器）	顺序控制继电器存储器区	Ax. y	ATx
V（变量存储器）	变量存储器区	Ax. y	ATx
L（局部变量存储器）	局部变量存储器区	Ax. y	ATx
T（定时器）	定时器存储区	Ay	ATx
C（计数器）	计数器存储区	Ay	无

续表

元件符号（名称）	所在数据区域	位寻址格式	其他寻址格式
AI（模拟量输入映像寄存器）	模拟量输入存储器区	无	ATx
AQ（模拟量输出映像寄存器）	模拟量输出存储器区	无	ATx
AC（累加器）	累加器区	无	Ay
HC（高速计数器）	高速计数器区	无	Ay

①位寻址。位寻址是指明存储器或寄存器的元件名称、字节地址和位地址（位号）的一种直接寻址方式。CPU 存储区域的位数据表示方法与位寻址方式如图 3-3-5 所示。

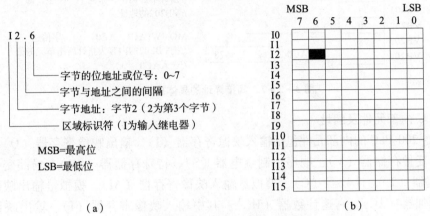

图 3-3-5　CPU 存储区域的位数据表示方法和位寻址方式
(a) 位数据表示方法；(b) 位寻址方式

②字节、字和双字的寻址方式。CPU 直接访问字节、字、双字数据时，必须指明数据存储区域、数据长度和存储区域的起始地址，图 3-3-6 给出了字节、字和双字的寻址方式。

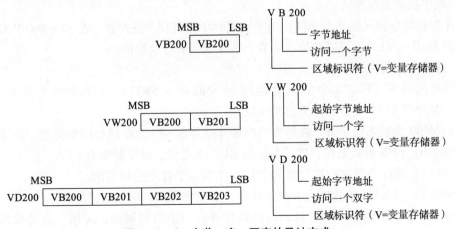

图 3-3-6　字节、字、双字的寻址方式

③特殊元件的寻址方式。CPU 存储区域内另有一些元件自身具有一定功能，由于元件数量很少，所以不用指出它们的字节，而是直接写出其编号。这类元件包括：定时器（T）、计数器（C）、高速计数器（HC）和累加器（AC）。其中 T、C 和 HC 的地址编号中各包含两个相关变量信息，如 T1，既表示 T1 定时器位状态，又表示此定时器的当前值。

（3）CPU 存储器区域的间接寻址。间接寻址的过程包含 3 步：建立指针，用指针来存取数据，修改指针。其具体操作过程如图 3 - 3 - 7 所示。

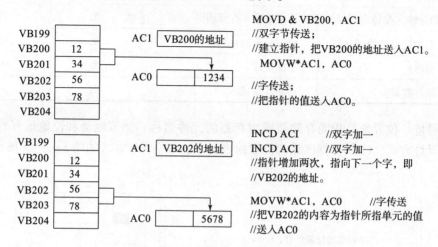

图 3 - 3 - 7　间接寻址的具体操作过程

2. PLC 内部元件及编址

在 S7 - 200 PLC 的内部元件包括输入映像寄存器（I）、输出映像寄存器（Q）、位存储器（M）、变量存储器（V）、顺序控制继电器（S）、特殊存储器（SM）、局部变量存储器（L）、定时器（T）、计数器（C）、模拟量输入映像寄存器（AI）、模拟量输出映像寄存器（AQ）、累加器（AC）、高速计数器（HC）。其中输入映像寄存器（I）、输出映像寄存器（Q）、位存储器（M）均已经在前述内容中做了介绍。

1）变量存储器（V）

变量存储器用以存储运算的中间结果和其他数据。CPU224 有 VB0.0 ~ VB5119.7 的存储字节，可按位、字节、字或双字使用。

2）顺序控制继电器（S）

顺序控制继电器又称状态元件，用于实现顺序控制和步进控制。在 S7 - 200 PLC 中的编址范围为 S0.0 ~ S31.7，可以按位、字节、字或双字来存取数据。

3）特殊存储器（SM）

特殊存储器在 CPU224 中的编址范围为 SM0.0 ~ SM179.7，共 180 个字节。其中，SM0.0 ~ SM29.7 的 30 个字节为只读型区域。

（1）SMB0 为状态位字节，在每次扫描循环结尾由 S7 - 200 PLC CPU 更新，定义如下。

①SM0.0：RUN 模式监控，PLC 在运行 RUN 模式时，该位始终为 1。

②SM0.1：该位当首次扫描到时为"1"，主要用于程序的初始化。

③SM0.2：当 RAM 中数据丢失时，开启一个扫描周期，用于出错处理。

④SM0.3：开机后进入 RUN 模式，该位将开启一个扫描周期，可用于启动操作之前给设备提供一个预热时间。

⑤SM0.4：分脉冲，该位输出一个占空比为 50% 的分时钟脉冲，用做时间基准或简易延时。

⑥SM0.5：秒脉冲，该位输出一个占空比为 50% 的秒时钟脉冲，可用做时间基准。

⑦SM0.6：扫描时钟，一个扫描周期为 ON（高电平），另一为 OFF（低电平），两者循环交替。

⑧SM0.7：工作方式开关位置指示，"0" 为 TERM 位置，"1" 为 RUN 位置。其值为 "1" 时，使自由端口通信模式有效。

（2）SMB1 为指令状态位字节，常用于表及数学操作，部分位定义如下：

①SM1.0：零标志，运算结果为 "0" 时，该位置 "1"。

②SM1.1：溢出标志，运算结果溢出或查出非法数值时，该位置 "1"。

③SM1.2：负数标志，数学运算结果为负时，该位置 "1"。

4）局部变量存储器（L）

局部变量存储器与变量存储器相似，但是只能局部使用，即主程序、子程序、中断程序有各自独立的局部变量存储器，可按位、字节、字、双字的形式存取。S7 - 200 PLC 有 64 个字节的局部变量存储器，编址范围为 LB0.0 ~ LB63.7，其中 60 个字节可以用作暂时存储器或者给子程序传递参数，最后 4 个字节为系统保留字节。

5）定时器（T）（相当于时间继电器）

S7 - 200 PLC CPU 中的定时器是对内部时钟累计时间增量的设备，用于时间控制；编址范围为 T0 ~ T255（22X），T0 ~ T127（21X）。

6）计数器（C）

计数器主要用来累计输入脉冲个数，有 16 位预置值和当前值寄存器各一个，以及 1 位状态位，当前值寄存器用以累计脉冲个数，计数器当前值大于或等于预置值时，状态位置 "1"。S7 - 200 PLC CPU 提供有三种类型的计数器：增计数、减计数、增/减计数；编址范围为 C0 ~ C255（22X），C0 ~ C127（21X）。

7）模拟量输入映像寄存器（AI）

S7 - 200 PLC 的模拟量输入电路将外部输入的模拟量（如温度、电压）等转换成 1 个字长（16 位）的数字量，存入模拟量输入映像寄存器。模拟量输入映像寄存器编址范围为 AIW0、AIW2、…、AIW62，起始地址定义为偶数字节地址，共有 32 个模拟量输入点。

8）模拟量输出映像寄存器（AQ）

S7 - 200 PLC 模拟量输出电路用来将模拟量输出映像寄存器的 1 个字长（16 位）数字值转换为模拟电流或电压输出。模拟量输出映像寄存器编址范围为 AQW0、AQW2、…、AQW62，起始地址也采用偶数字节地址，共有 32 个模拟量输出点。

9）累加器（AC）

累加器是用来暂存数据，S7 - 200 PLC 提供了 4 个 32 位累加器 AC0 ~ AC3。累加器支持以字节（B）、字（W）和双字（D）的存取。

10）高速计数器（HC）

CPU224 提供了 6 个高速计数器 HC0、HC1、…、HC5（每个高速计数器最高频率为 30 kHz）用来累计比 CPU 扫描速率更快的事件。高速计数器的当前值为双字长的符号整数。

思考与练习

1. S7 - 200 PLC 有哪几种寻址方式？
2. S7 - 200 PLC 有哪些内部元件？各元件地址分配和操作数范围怎么确定？
3. 试用边沿触发指令来实现两台电动机顺序启动、同时停止的控制电路。

3.4　电动机顺序启动的 PLC 控制

学习目标

1）要求掌握定时器指令。
2）要求了解与定时器工作有关的概念、原理及分类知识。
3）要求熟悉几种典型的定时器应用。

3.4.1　项目任务

某系统中有 3 台电动机，当按下启动按钮后，第一台电动机 M1 启动，运行 10 s 后，第二台电动机 M2 启动，电动机 M2 运行 10 s 后，第 3 台电动机 M3 启动；当按下停止按钮时，三台电动机全部停止。

这是一个时间控制系统，需要用到 PLC 内部的定时器。

3.4.2　准备知识

S7 - 200 PLC 的定时器为增量型定时器，主要用于定时控制，其按照工作方式和时间基准，可分为 6 种类型。

1. 按照工作方式分类

按照工作方式，定时器可分为得电延时型（TON）、有记忆得电延时型（保持型，TONR）、失电延时型（TOF）三种定时器。

2. 按照时基标准分类

按照时基标准，定时器可分为 1 ms、10 ms、100 ms 共 3 种类型定时器。不同的时基标准，定时器的定时精度、定时范围和刷新方式不同。

1）定时精度

定时器的工作原理是定时器使能端输入有效后，当前值寄存器对 PLC 内部的时基脉冲增"1"计数，最小计时单位为时基脉冲的宽度。故时间基准代表着定时器的定时精度，又称分辨率。

2）定时范围

定时器使能端输入有效后，当前值寄存器对时基脉冲递增计数，当计数值大于或等于定时器的预置值后，状态位置"1"。从定时器输入有效到状态位输出有效经过的时间为定时时间。

定时时间 T 等于时基乘以预置值，在预置值不变的情况下，时基越大，定时时间越长，但精度越差。

3）定时器的刷新方式

定时器刷新与扫描周期和程序处理无关，1 ms 定时器每隔 1 ms 刷新一次。扫描周期较长时，定时器一个周期内可能多次被刷新（多次改变当前值）。10 ms 定时器在每个扫描周期开始时刷新。每个扫描周期之内，当前值不变。100 ms 定时器是定时器指令执行时被刷新，下一条执行的指令即可使用刷新后的结果。但应当注意，如果该定时器的指令不是每个周期都执行，定时器就不能及时刷新，可能会导致出错。

S7 - 200 CPU22X 系列 PLC 的 256 个定时器分属 TON/TOF 和 TONR 工作方式，TON 和 TOF 工作方式共享一组定时器，不能重复使用。定时器的工作方式及类型见表 3 - 4 - 1。

表 3 - 4 - 1　定时器的工作方式及类型

工作方式	分辨率/ms	最大定时时间/s	定时器号
TONR	1	32.767	T0，T64
	10	327.67	T1 ~ T4，T65 ~ T68
	100	3 276.7	T5 ~ T31，T69 ~ T95
TON/TOF	1	32.767	T32，T96
	10	327.67	T33 ~ T36，T97 ~ T100
	100	3 276.7	T37 ~ T63，T101 ~ T225

3. 定时器指令格式

定时器的指令格式及功能见表 3 - 4 - 2 所示。其中，IN 为使能端；PT 是预置值输入端，其数据类型为 INT，最大预置值为 32 767。定时器的编程范围为 T0 ~ T255。

表 3 - 4 - 2　定时器的指令格式及功能

LAD	STL	功能
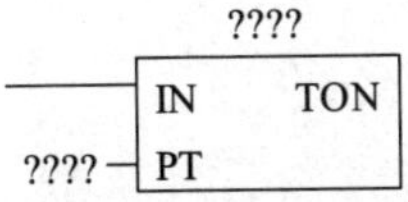 ????　IN TON　????-PT	TON	得电延时型
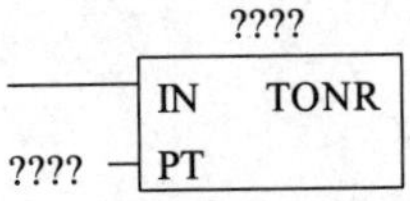 ????　IN TONR　????-PT	TONR	有记忆得电延时型
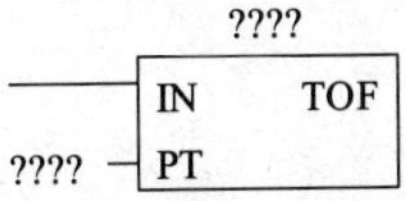 ????　IN TOF　????-PT	TOF	失电延时型

4. 定时器工作原理分析

1）得电延时型（TON）定时器

使能端（IN）输入有效时，定时器开始计时，当前值从 0 开始递增，大于或等于预置值（PT）时，定时器输出状态位置"1"（输出触点有效），当前值的最大值为 32 767。使能端无效（断开）时，定时器复位（当前值清零，输出状态位置"0"）。得电延时型定时器应用程序梯形图及时序图示例如图 3 - 4 - 1 所示。

2）有记忆得电延时型（TONR）定时器

使能端（IN）输入有效时，定时器开始计时，当前值递增，当前值大于或等于预置值（PT）时，输出状态位置"1"。使能端输入无效时，当前值保持，使能端（IN）再次接通有效时，在原记忆值的基础上递增计时。

有记忆得电延时型（TONR）定时器采用复位线圈的复位（R）指令进行复位操作，当复位线圈有效时，定时器当前值清零，输出状态位置"0"。有记忆得电延时型应用程序梯形图及时序图示例如图 3 - 4 - 2 所示。

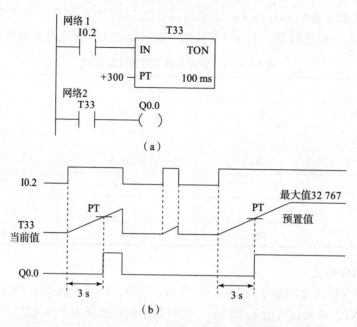

图 3 - 4 - 1　得电延时型定时器应用程序梯形图及时序图示例

(a) 梯形图；(b) 时序图

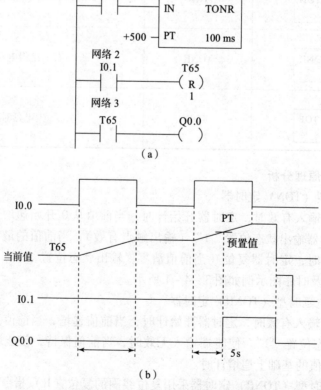

图 3 - 4 - 2　有记忆得电延时型定时器应用程序梯形图及时序图示例

(a) 梯形图；(b) 时序图

3）失电延时型（TOF）定时器

使能端（IN）输入有效时，定时器输出状态位置"1"，当前值复位为"0"。使能端（IN）断开时，开始计时，当前值从 0 递增，当前值达到预置值时，定时器状态位复位（置"0"），并停止计时，当前值保持。失电延时型定时器应用程序梯形图及时序图示例如图 3 - 4 - 3 所示。

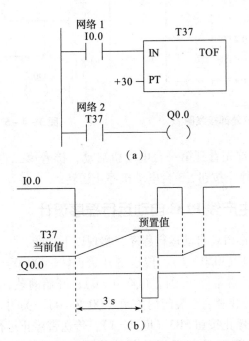

图 3 - 4 - 3　失电延时型定时器应用程序梯形图及时序图示例

(a) 梯形图；(b) 时序图

3.4.3　任务实施

1. 分配 I/O 地址

电动机顺序启动 PLC 控制系统有 3 个输入，分别是启动按钮、停止按钮还有电动机的过载保护；输出为 3 台电动机。其 PLC 控制系统外部接线图如图 3 - 4 - 4 所示。

2. 程序设计

电动机顺序启动 PLC 控制系统的控制程序梯形图如图 3 - 4 - 5 所示，按下启动按钮（I0.0 = 1），第一台电动机启动（Q0.0 = 1），同时定时器 T37 开始定时；10 s 以后，定时时间到，T37 的常开触点闭合，第二台电动机启动（Q0.1 = 1），同时定时器 T38 开始定时；10 s 以后，定时时间到，T38 的常开触点闭合，第三台电动机启动（Q0.2 = 1）。停止时，按下停止按钮（I0.1 = 1），所有线圈失电，3 台电动机停止。

3. 运行调试

运行调试的步骤如下。

（1）按照图 3 - 4 - 4 将电路正确连接，连接时注意 3 个热继电器的常闭触点要串联在一起，然后接入 PLC 的输入端子 I0.2 上。

（2）将程序用软件编程并下载到 PLC 中。

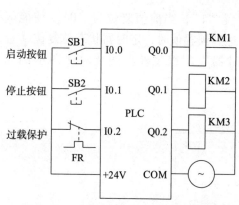

图 3 - 4 - 4　PLC 控制系统外部接线图

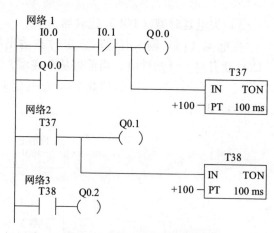

图 3 - 4 - 5　控制程序梯形图

（3）按下启动按钮，首先看到第一台电动机启动，接着第二台电动机启动，再接着是第三台电动机启动，按下停止按钮，3 台电动机停止运转。

3.4.4　自动灌装生产线 PLC 自动运行程序设计

编写自动灌装生产线的 PLC 自动运行程序，实现以下功能。

按下正转启动按钮 SB1（I0.0 = 1），传送带开始正转（Q0.0 = 1）；灌装位置光电开关检测到瓶子（I1.1 = 1），传送带停止运行（Q0.0 = 0）；开始灌装，灌装阀门打开（Q0.2 = 1），灌装 2 s 以后，瓶子灌装满后灌装阀门关闭（Q0.2 = 0），关闭 2 s 后传送带继续正向向前运行（Q0.0 = 1）。按下停止按钮 SB3（I0.2 = 1），传送带停止运行（Q0.0 = 0）。

结合之前本节设计的 PLC 控制系统外部接线图，编写出的自动运行程序梯形图如图 3 - 4 - 6 所示。

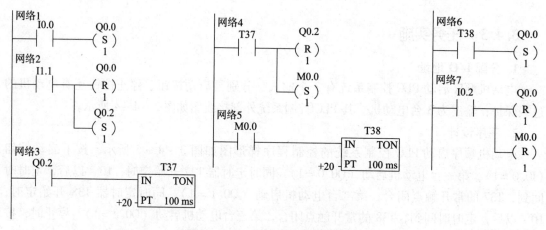

图 3 - 4 - 6　自动运行程序梯形图

3.4.5　相关链接——定时器应用电路

1. 闪烁电路

闪烁电路也称为振荡电路。闪烁电路实际上就是一个时钟电路，它可以是等间隔的通断，也可以是不等间隔的通断。

　　闪烁电路的梯形图及时序图示例如图 3-4-7 所示，当 I0.0 接通后，T37 定时器首先开始定时，2 s 后定时时间到，T37 的常开触点闭合，T38 定时器开始定时，同时 Q0.0 接通；1 s 后 T38 定时时间到，T38 的常闭触点断开（断开后又处于常闭状态），T37、T38 复位，同时 Q0.0 失电。由于 I0.0 一直处于接通状态，T37 定时器又开始定时，此后 Q0.0 线圈将这样周期性地通、失电，直到 I0.0 断开。

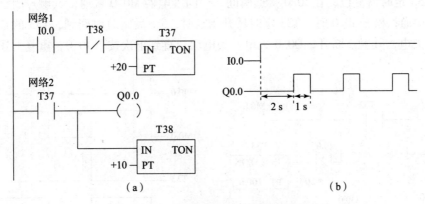

图 3-4-7　闪烁电路的梯形图及时序图示例

(a) 梯形图；(b) 时序图

2. 顺序脉冲发生器

　　顺序脉冲发生器的梯形图及时序图示例如图 3-4-8 所示，当 I0.1 接通后，Q0.0 接通，同时 T33 定时器开始定时，1 s 后定时时间到，T33 的常开触点闭合，T34 定时器开始定时，T33 的常闭触点断开，Q0.0 失电，Q0.1 接通；1 s 后 T34 定时时间到，T34 的常闭触点断开，

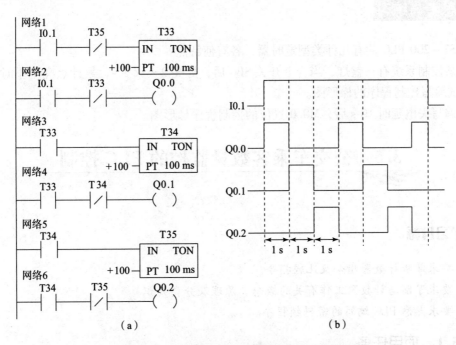

图 3-4-8　顺序脉冲发生器的梯形图及时序图示例

(a) 梯形图；(b) 时序图

Q0.1 失电，T34 的常开触点闭合，T35 定时器开始定时，同时 Q0.2 接通；1 s 后 T35 定时时间到，T35 的常闭触点断开，Q0.2 失电，T33 复位。由于 I0.1 一直处于接通状态，T33 定时器又开始定时，此后 3 个输出线圈将这样周期性地通、失电，直到 I0.1 断开，三个线圈全失电。

3. 用接通延时定时器实现延时断开功能

用接通延时定时器实现延时断开功能的梯形图及时序图示例如图 3 – 4 – 9 所示，按下 I0.0 时，T33 定时器复位，在 I0.0 接通瞬间，中间继电器 M0.0 接通，其触点闭合，实现自锁，Q0.0 接通；松开 I0.0 时，T33 定时器开始定时，5 s 后定时时间到，T33 的常闭触点断开，M0.0 失电，其触点断开，Q0.0 失电。失电后，直到下次按下 I0.0，重复上述过程。

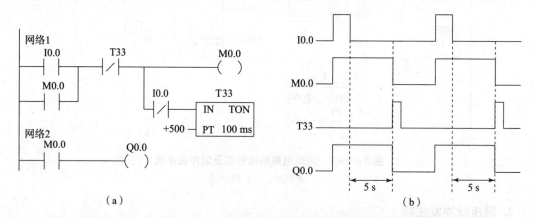

图 3 – 4 – 9　用接通延时定时器实现延时断开功能的梯形图及时序图示例
（a）梯形图；（b）时序图

思考与练习

1. S7 – 200 PLC 共有几种类型定时器，各有何特点？

2. 某控制系统有一盏灯，当合上开关 SB0 后，灯亮 2 s 灭 1 s，累计点亮半小时后自行关闭，试编写控制程序的梯形图。

3. 编写失电延时 10 s 后，M0.0 置位的控制程序梯形图。

3.5　公交车乘客数量监控的 PLC 控制

学习目标

1）要求掌握计数器指令及比较指令。

2）要求了解与计数器工作有关的概念、原理及分类知识。

3）要求熟悉 PLC 编写的密码锁程序。

3.5.1　项目任务

公交车在运行中，可以对上下车乘客数量进行统计。在上车门处和下车门处均设置有检测乘客的光电传感器。专门统计车上实际乘客数量的计数器，在有乘客上车时加 1，在有乘客下车时减 1，当车上乘客数量超过核定载客量时，报警指示灯亮，司机根据实际情况进行处理。

该控制任务需要对乘客进行统计计数，这需要用到 PLC 的另一编程元件——计数器。

3.5.2　准备知识

1. 计数器

1）指令格式

计数器利用输入脉冲上升沿累计脉冲个数。S7 – 200 PLC 有增计数（CTU）、增/减计数（CTUD）、减计数（CTD）等三类计数器，编程范围为 C0 ~ C255。

计数器的使用方法和基本结构与定时器基本相同，主要由预置值寄存器、当前值寄存器、状态位等组成，计数器指令格式及功能见表 3 – 5 – 1，计数器指令的操作数见表 3 – 5 – 2。

表 3 – 5 – 1　计数器指令格式及功能

LAD			STL	功能
			CTU CTUD CTD	增计数器 增/减计数器 减计数器

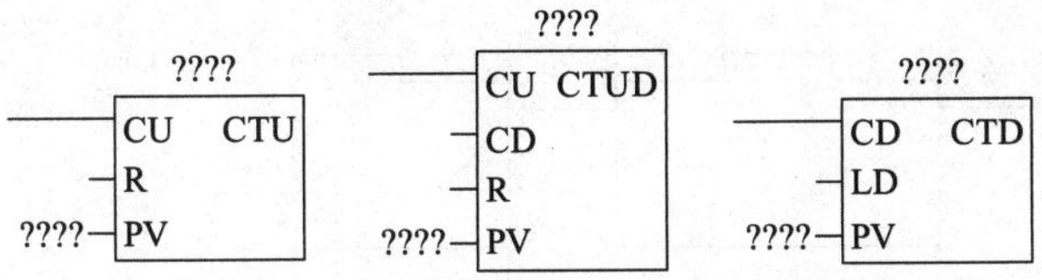

注：CU 为增 1 计数脉冲输入端；CD 为减 1 计数脉冲输入端；R 为复位脉冲输入端；LD 为减计数器的复位输入端；PV 为预置值（INT）输入端，最大值为 32 767。

表 3 – 5 – 2　计数器指令的操作数

输入/输出	操作数	数据类型
Cxxx	C0 ~ C255	WORD
CU、CD、LD、R（LAD）	能流	BOOL
CU、CD、LD、R（FBD）	I、Q、M、SM、V、T、C、S、L、能流	BOOL
PV	常数、IW、QW、MW、SMW、VW、T、C、SW、LW、AIW、AC、* VD、* AC、* LD	INT

2）工作原理分析

（1）增计数器（CTU）。在 CU 端输入脉冲的上升沿，增计数器的当前值增 1 计数。当前值大于或等于预置值（PV）时，增计数器状态位置"1"。当前值累加的最大值为 32 767。

复位脉冲输入（R）有效时，计数器状态位复位（置"0"），当前计数值清零。增计数器的应用可以参考图 3 – 5 – 1 的增/减计数器中递增部分来理解。

（2）增/减计数器（CTUD）。增/减计数器的 CU 端用于递增计数，CD 端用于递减计数。指令执行时，在 CU/CD 端输入脉冲的上升沿当前值增 1/减 1。当前值大于或等于预置值（PV）时，增/减计数器状态位置"1"。复位输入脉冲（R）有效或执行复位指令时，增/减计数器状态位复位，当前值清零。

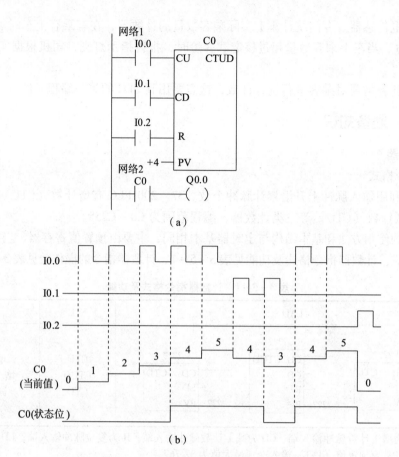

图 3 – 5 – 1　增/减计数器应用程序梯形图及时序图

(a) 梯形图；(b) 时序图

达到最大值 32 767 后，下一个 CU 端输入脉冲的上升沿将使计数值变为最小值 – 32 678。同样达到最小值后，下一个 CD 端输入脉冲的上升沿将使计数值变为最大值。

增/减计数器应用程序梯形图及时序图示例如图 3 – 5 – 1 所示。

（3）减计数器（CTD）。复位输入脉冲（LD）有效时，计数器把预置值（PV）装入当前值存储器，计数器状态位复位。

从 CD 端每一个输入脉冲上升沿开时，减计数器的当前值从预置值开始递减计数，当前值等于 0 时，计数器状态位置位，并停止计数。

减计数器应用程序梯形图及时序图示例如图 3 – 5 – 2 所示。

2. 比较指令

比较指令用于两个操作数按一定条件的比较。操作数可以是整数，也可以是实数（浮点数）。在梯形图中用带参数和运算符的触点表示比较指令，比较条件满足时，触点闭合，否则打开。

1）字节比较指令

字节比较是无符号的，字节比较指令包含：等于（==）、不等于（<>）、大于（>）、大于等于（>=）、小于（<）、小于等于（<=）。字节比较指令格式见表 3 – 5 – 3。

字节比较指令的触点与左母线相连时使用 LD 指令，若字节比较指令的触点与其他触点串联或并联时，需使用 A 或 O 指令代替 LD 指令（例如 AB =，AB <>，OB =，OB <> 等）。

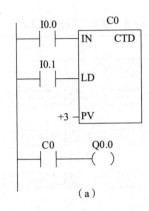

(a)

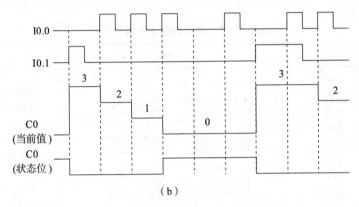

(b)

图 3 - 5 - 2　减计数器应用程序梯形图及时序图

(a) 梯形图；(b) 时序图

表 3 - 5 - 3　字节比较指令格式

LAD		FBD		STL
IN1 —⊣ ==B ⊢— IN2	IN1 —⊣ <>B ⊢— IN2	IN1 —□ ==B □ IN2	IN1 —□ <>B □ IN2	LDB =　IN1，IN2 LDB <>　IN1，IN2
IN1 —⊣ > B ⊢— IN2	IN1 —⊣ < B ⊢— IN2	IN1 —□ >B □ IN2	IN1 —□ <B □ IN2	LDB >　IN1，IN2 LDB <　IN1，IN2
IN1 —⊣ >=B ⊢— IN2	IN1 —⊣ <=B ⊢— IN2	IN1 —□ >=B □ IN2	IN1 —□ <=B □ IN2	LDB >=　IN1，IN2 LDB <=　IN1，IN2

2）整数比较指令

整数比较是有符号数的比较。整数的范围在 16#8000 与 16#7FFF 之间。整数比较指令格式见表 3 - 5 - 4。

整数比较指令的触点与左母线相连时使用 LD 指令，若整数比较指令的触点与其他触点串联或并联时，需使用 A 或 O 指令代替 LD 指令（例如 AW = ，AW <> ，OW = ，OW <> 等）。

3）双字整数比较指令

双字整数比较是有符号数的比较。双字整数的范围在 16#80000000 与 16#7FFFFFFF 之间。双字整数比较指令格式见表 3 - 5 - 5。

表 3 - 5 - 4　整数比较指令格式

LAD	FBD	STL
IN1　　　　IN1 ┤==I├　　┤<>I├ IN2　　　　IN2 IN1　　　　IN1 ┤>I├　　　┤<I├ IN2　　　　IN2 IN1　　　　IN1 ┤>=I├　　┤<=I├ IN2　　　　IN2	IN1—[==I]　IN1—[<>I] IN2　　　　　IN2 IN1—[>I]　　IN1—[<I] IN2　　　　　IN2 IN1—[>=I]　IN1—[<=I] IN2　　　　　IN2	LDW =　 IN1, IN2 LDW <>　 IN1, IN2 LDW >　 IN1, IN2 LDW <　 IN1, IN2 LDW >=　 IN1, IN2 LDW <=　 IN1, IN2

表 3 - 5 - 5　双字整数比较指令格式

LAD	FBD	STL
IN1　　　　IN1 ┤==D├　　┤<>D├ IN2　　　　IN2 IN1　　　　IN1 ┤>D├　　　┤<D├ IN2　　　　IN2 IN1　　　　IN1 ┤>=D├　　┤<=D├ IN2　　　　IN2	IN1—[==D]　IN1—[<>D] IN2　　　　　IN2 IN1—[>D]　　IN1—[<D] IN2　　　　　IN2 IN1—[>=D]　IN1—[<=D] IN2　　　　　IN2	LDD =　 IN1, IN2 LDD <>　 IN1, IN2 LDD >　 IN1, IN2 LDD <　 IN1, IN2 LDD >=　 IN1, IN2 LDD <=　 IN1, IN2

　　双字整数比较指令的触点与左母线相连时使用 LD 指令, 若双字整数比较指令的触点与其他触点串联或并联时, 需使用 A 或 O 指令代替 LD 指令 (例如 AD = , AD <> , OD = , OD <> 等)。

　　4) 实数比较指令

　　实数比较是有符号的比较, 实数比较指令包含: 等于 (==)、不等于 (<>)、大于 (>)、大于等于 (>=)、小于 (<)、小于等于 (<=)。实数比较指令格式见表 3 - 5 - 6。

表 3 - 5 - 6　实数比较指令格式

LAD	FBD	STL
IN1　　　　IN1 ┤==R├　　┤<>R├ IN2　　　　IN2 IN1　　　　IN1 ┤>R├　　　┤<R├ IN2　　　　IN2 IN1　　　　IN1 ┤>=R├　　┤<=R├ IN2　　　　IN2	IN1—[==R]　IN1—[<>R] IN2　　　　　IN2 IN1—[>R]　　IN1—[<R] IN2　　　　　IN2 IN1—[>=R]　IN1—[<=R] IN2　　　　　IN2	LDR =　 IN1, IN2 LDR <>　 IN1, IN2 LDR >　 IN1, IN2 LDR <　 IN1, IN2 LDR >=　 IN1, IN2 LDR <=　 IN1, IN2

　　实数比较指令的触点与左母线相连时使用 LD 指令, 若实数比较指令的触点与其他触点串联或并联时, 需使用 A 或 O 指令代替 LD 指令 (例如 AR = , AR <> , OR = , OR <> 等)。

3.5.3 任务实施

1. 分配 I/O 地址

公交车乘客数量监控 PLC 控制系统有 3 个输入，分别是上车检测光电传感器、下车检测光电传感器，以及计数器的复位按钮；输出为报警指示灯。其 PLC 控制系统外部接线图如图 3-5-3 所示。

2. 程序设计

公交车乘客数量监控 PLC 控制系统的控制程序梯形图如图 3-5-4 所示，每当有乘客上车时，光电传感器（T）闭合（I0.0 = 1），计数器的数值增 1；每当有乘客下车时，光电传感器（T）闭合（I0.1 = 1），计数器的数值减 1；当计数器的数值超过了预置值 80 时，计数器的输出触点闭合，报警指示灯得电（Q0.0 = 1），报警指示灯亮。

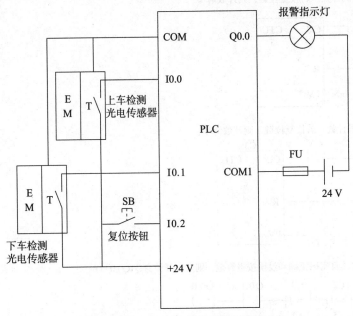

图 3-5-3 PLC 控制系统外部接线图

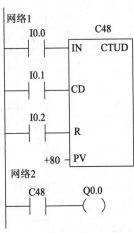

图 3-5-4 控制程序梯形图

3. 运行调试

运行调试的具体步骤为：

（1）按照图 3-5-3 将电路正确连接，需要配备光电传感器；

（2）将程序用软件编程并下载到 PLC 中；

（3）模拟实际的上下车情况，反复调试直至满足控制要求。

3.5.4 相关链接——密码锁程序

设计一个密码锁程序，密码为"352"，即第一个按键按 3 次，第二个按键按 5 次，第三个按键按两次。要求：

（1）当开锁密码正确且有开锁信号（代表有钥匙）时，则发出开锁命令；

（2）当开锁密码错误或有开锁信号但按键错误时，则发出报警命令，同时还设有专用的报警键；

（3）设有复位键，操作结束应复位，报警时可以复位；

（4）密码锁设有 6 个按键。

密码锁程序梯形图如图 3－5－5 所示。

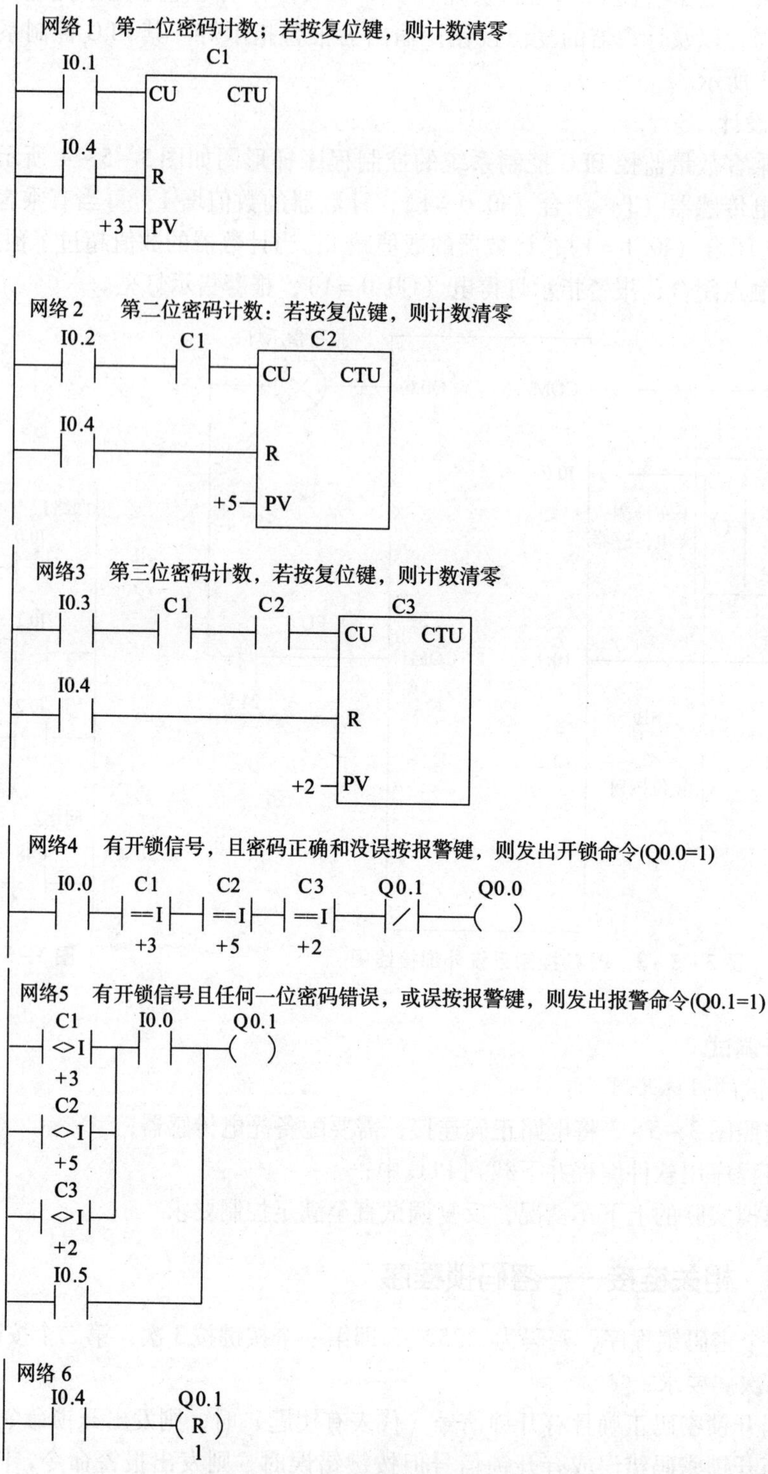

网络 1　第一位密码计数；若按复位键，则计数清零
I0.1
C1
CU　CTU
I0.4
R
+3 PV
网络 2　第二位密码计数：若按复位键，则计数清零
I0.2
C1
C2
CU　CTU
I0.4
R
+5 PV
网络3　第三位密码计数，若按复位键，则计数清零
I0.3
C1
C2
C3
CU　CTU
I0.4
R
+2 PV
网络4　有开锁信号，且密码正确和没误按报警键，则发出开锁命令(Q0.0=1)
I0.0
C1 ==I +3
C2 ==I +5
C3 ==I +2
Q0.1
Q0.0
网络5　有开锁信号且任何一位密码错误，或误按报警键，则发出报警命令(Q0.1=1)
C1 <>I +3
I0.0
Q0.1
C2 <>I +5
C3 <>I +2
I0.5
网络 6
I0.4
Q0.1
R
1

图 3－5－5　密码锁程序梯形图

思考与练习

1. 请简述计数器的分类、用途，并回答计数器的计数范围是多少？

2. 利用计数器设计一个控制电路，用一个按钮控制 3 台电动机。第一次按下按钮，电动机 M1 启动；第二次按下按钮，电动机 M2 启动；第三次按下按钮，电动机 M3 启动；第四次按下按钮，3 台电动机都停止。

3.6　彩灯的 PLC 控制

学习目标

1）要求掌握数据传送、字节交换/填充指令。

2）要求了解各种移位指令。

3.6.1　项目任务

有一组指示灯 HL1 ~ HL8，要求隔灯显示，每 1 s 变换一次，反复进行。用一个开关实现启停控制。

3.6.2　准备知识

1. 数据传送指令

1）单一数据传送

单一数据传送指令格式如表 3 - 6 - 1 所示。

表 3 - 6 - 1　单一数据传送指令格式

LAD	STL

MOV_B　MOV_W　MOV_DW　MOV_R
EN ENO　EN ENO　EN ENO　EN ENO
IN OUT　IN OUT　IN OUT　IN OUT
	MOVB IN, OUT
	MOVW IN, OUT
	MOVD IN, OUT
	MOVR IN, OUT

字节传送（MOVB）指令把输入字节（IN）传送到输出字节（OUT）；字传送指令（MOVW）把输入字（IN）传送到输出字（OUT）；双字传送（MOVD）指令把输入双字（IN）传送到输出双字（OUT）；实数传送（MOVR）指令把输入实数（IN）传送到输出实数（OUT）。

字传送指令将变量存储器 VW100 中内容送到 VW200 中，其应用程序梯形图及语句表如图 3 - 6 - 1 所示。

2）数据块传送

数据块传送指令格式如表 3 - 6 - 2 所示。

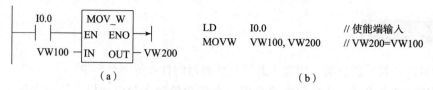

图 3 - 6 - 1　字传送指令应用程序梯形图及语句表

（a）梯形图；（b）语句表

表 3 - 6 - 2　数据块传送指令格式

LAD			STL
BLKMOV_B ─EN　ENO─ ─IN　OUT─ ─N	BLKMOV_W ─EN　ENO─ ─IN　OUT─ ─N	BLKMOV_D ─EN　ENO─ ─IN　OUT─ ─N	BMB　IN, OUT, *N* BMW　IN, OUT, *N* BMD　IN, OUT, *N*

　　字节块传送指令（BMB）把从输入字节（IN）开始的 *N* 个字节值传送到从输出字节开始的 *N* 个字节（OUT）；字块传送指令（BMW）把从输入字（IN）开始的 *N* 个字值传送到从输出字开始的 *N* 个字（OUT）；双字块传送指令（BMD）把从输入地址（IN）开始的 *N* 个双字值传送到从输出地址开始的 *N* 个双字（OUT）。*N* 可取 1 ~ 255。

　　图 3 - 6 - 2 是字节块传送指令的应用程序梯形图及语句表实例。假设某个 2 × 2 矩阵的 4 个元素存放在从 VB20 开始的 4 个字节中，现要将其传送到从 VB200 开始的 4 个字节中去，则执行 *N* = 4 的字节块传送指令。

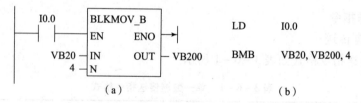

图 3 - 6 - 2　字节块传送指令应用程序梯形图及语句表实例

（a）梯形图；（b）语句表

3）字节传送立即读和立即写指令

字节传送立即读和立即写指令格式如表 3 - 6 - 3 所示。

表 3 - 6 - 3　字节传送立即读和立即写指令格式

LAD		STL
MOV_BIR ─EN　ENO─ ─IN　OUT─	MOV_BIW ─EN　ENO─ ─IN　OUT─	BIR　IN, OUT BIW　IN, OUT

　　字节传送立即读指令（BIR）读取输入的物理值（IN），将结果写入输出（OUT）；字节传送立即写指令（BIW）将从输入读取的值（IN）写入输出（OUT）。

2. 字节交换/填充指令

字节交换/填充指令格式及功能如表 3 - 6 - 4 所示。

表 3 - 6 - 4　字节交换/填充指令格式及功能

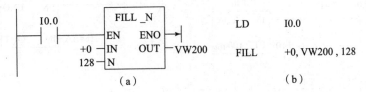

LAD		STL	功能
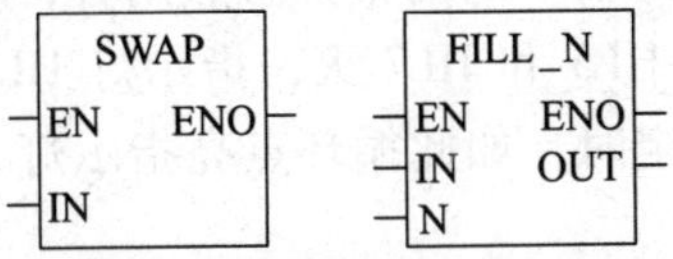 SWAP ─EN　ENO─ ─IN	FILL_N ─EN　ENO─ ─IN　OUT─ ─N	SWAP　IN FILL　IN, OUT, N	字节交换 字节填充

字节交换指令在使能端（EN）输入有效时，将输入字的高、低字节交换的结果（IN）输出到存储器单元（IN）；字节填充指令在使能端（EN）输入有效时，字型输入数据（IN）填充从输出（OUT）指定单元开始的 N 个字存储单元，N 的数据范围为 0 ~ 255。

字节填充指令将从 VW200 开始的 256 个字节（128 个字）存储单元清零，其应用程序梯形图及语句表如图 3 - 6 - 3 所示。

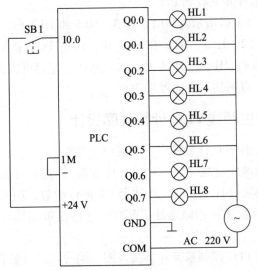

图 3 - 6 - 3　字节填充指令应用程序梯形图及语句表

（a）梯形图；（b）语句表

3.6.3　任务实施

1. 分配 I/O 地址

彩灯 PLC 控制系统有一个输入，8 个输出，其 PLC 控制系统外部接线图如图 3 - 6 - 4 所示。

图 3 - 6 - 4　PLC 控制系统外部接线图

2. 程序设计

彩灯 PLC 控制系统的控制程序梯形图如图 3 – 6 – 5 所示，按下按钮 SB1，定时器 T40 开始定时，1 s 以后定时时间到，定时器 T40 的常开触点闭合，通过数据传送指令，把 55H 送到输出口，此时指示灯 HL1、HL3、HL5 和 HL7 亮，指示灯 HL2、HL4、HL6 和 HL8 灭；与此同时定时器 T41 开始定时，1 s 以后定时时间到，定时器 T41 的常开触点闭合，通过数据传送指令，把 AAH 送到输出口，指示灯 HL1、HL3、HL5 和 HL7 灭，指示灯 HL2、HL4、HL6 和 HL8 亮。与此同时定时器 T40 复位，重新开始定时，如此循环点亮指示灯，直到再次按下按钮 SB1，所有指示灯熄灭。

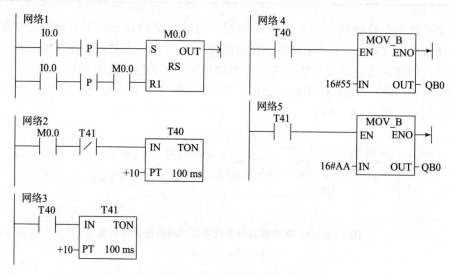

图 3 – 6 – 5　控制程序梯形图

3. 运行调试

运行调试的具体步骤为：

（1）按照图 3 – 6 – 4 将电路正确连接；

（2）将程序用软件编程并下载到 PLC 中；

（3）按下按钮 SB1，1 s 后指示灯 HL1、HL3、HL5 和 HL7 亮，再过 1 s 后指示灯 HL1、HL3、HL5 和 HL7 灭，HL2、HL4、HL6 和 HL8 亮，再过 1s 后指示灯 HL1、HL3、HL5 和 HL7 亮，指示灯 HL2、HL4、HL6 和 HL8 灭，如此循环，直到再次按下按钮 SB1，所有指示灯熄灭。不断调试程序，直到达到上述效果为止。

3.6.4　自动灌装生产线 PLC 计数程序设计

编写自动灌装生产线的 PLC 计数程序，实现以下功能。

初始位置光电开关检测到空瓶（I1.0 =1），计数器 C1 进行计数，用来统计空瓶数；终检位置光电开关检测到满瓶（I1.2 =1），计数器 C2 进行计数，用来统计满瓶数；空瓶数送往存储地址 VW100，满瓶数送往存储地址 VW200。（传送带连续运送的总瓶数设定不超过 100）

结合本节之前设计的 PLC 控制系统外部接线图，编写出的计数程序梯形图如图 3 – 6 – 6 所示。

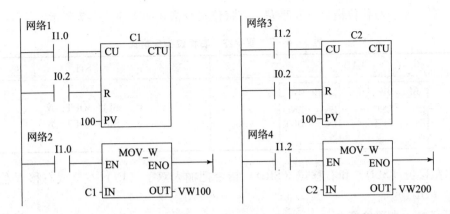

图 3 - 6 - 6 计数程序梯形图

3.6.5 相关链接——移位指令

移位指令分为左、右移位。循环左、右移位，以及寄存器移位指令 3 大类。左、右移位和循环左、右移位指令按移位数据的长度又分为字节型、字型、双字型 3 种。

1. 左、右移位指令

左、右移位指令在使能端输入有效时，将输入的字节、字或双字（IN）左、右移 N 位后（右、左端补 0），将结果输出到所指定的存储单元（OUT），最后一次移出位保存在特殊存储器中（SM1.1 = 1）。移位指令中，被移位的数据是无符号的，移位次数 N 与移位数据长度有关。

（1）字节左、右移位指令。字节左、右移位指令格式如表 3 - 6 - 5 所示。

表 3 - 6 - 5 字节左、右移位指令格式

LAD	STL
SHL_B SHR_B —EN ENO— —EN ENO— —IN OUT— —IN OUT— —N —N	SLB OUT, N SRB OUT, N

字节左移位（SLB）和右移位（SRB）指令把输入字节（IN）左移或右移 N 位后，输出到字节（OUT）。移位指令对移出位自动补 0。

（2）字左、右移位指令。字左、右移位指令格式如表 3 - 6 - 6 所示。

表 3 - 6 - 6 字左、右移位指令格式

LAD	STL
SHL_W SHR_W —EN ENO— —EN ENO— —IN OUT— —IN OUT— —N —N	SLW OUT, N SRW OUT, N

字左移位（SLW）和右移位（SRW）指令把输入字（IN）左移或右移 N 位后，输出到字（OUT）。

（3）双字左、右移位指令。双字左、右移位指令格式如表 3 – 6 – 7 所示。

表 3 – 6 – 7　双字左、右移位指令格式

LAD	STL
SHL_DW　　　SHR_DW ─EN　ENO─　　─EN　ENO─ ─IN　OUT─　　─IN　OUT─ ─N　　　　　　─N	SLD　OUT, *N* SRD　OUT, *N*

双字左移位（SLD）和右移位（SRD）指令把输入双字（IN）左移或右移 *N* 位后，输出到双字（OUT）。

2. 循环左、右移位指令

循环左、右移位指令在使能端输入有效时，字节、字或双字数据（IN）循环左、右移 *N* 位后（右、左端补 0），将结果输出到所指定的存储单元（OUT），并将最后一次移出位送特殊存储器（SM1.1 = 1）。

（1）字节循环左、右移位指令。字节循环左、右移位指令格式如表 3 – 6 – 8 所示。

表 3 – 6 – 8　字节循环左、右移位指令格式

LAD	STL
ROL_B　　　ROR_B ─EN　ENO─　　─EN　ENO─ ─IN　OUT─　　─IN　OUT─ ─N　　　　　　─N	RLB　OUT, *N* RRB　OUT, *N*

字节循环左移位（RLB）和字节循环右移位（RRB）指令把输入字节（IN）左移或右移 *N* 位后，输出到字节（OUT）。

（2）字循环左、右移位指令。字循环左、右移位指令格式如表 3 – 6 – 9 所示。

表 3 – 6 – 9　字循环左、右移位指令格式

LAD	STL
ROL_W　　　ROR_W ─EN　ENO─　　─EN　ENO─ ─IN　OUT─　　─IN　OUT─ ─N　　　　　　─N	RLW　OUT, *N* RRW　OUT, *N*

字循环左移位（RLW）和字循环右移位（RRW）指令把输入字（IN）左移或右移 *N* 位后，输出到字（OUT）。

（3）双字循环左、右移位指令。双字循环左、右移位指令格式如表 3 – 6 – 10 所示。

表 3 – 6 – 10　双字循环左、右移位指令格式

LAD	STL
ROL_DW　　　ROR_DW ─EN　ENO─　　─EN　ENO─ ─IN　OUT─　　─IN　OUT─ ─N　　　　　　─N	RLD　OUT, *N* RRD　OUT, *N*

双字循环左移位（RLD）和双字循环右移位（RRD）指令把输入双字（IN）左移或右移 N 位后，输出到双字（OUT）。

字循环右移位和字左移位指令的应用实例及指令执行过程如图 3-6-7 所示。

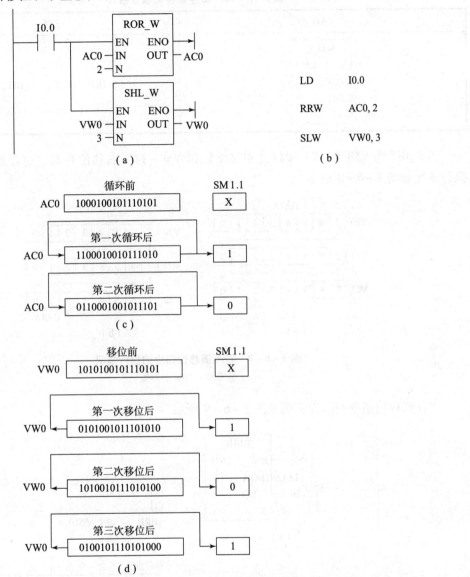

图 3-6-7　字循环右移位和字左移位指令的应用实例及指令执行过程

(a) 梯形图；(b) 语句表；(c) 字循环右移位指令的执行过程；(d) 字左移位指令的执行过程

3. 寄存器移位指令

寄存器移位指令是一个移位长度可指定的移位指令。指令执行时，DATA 位的值移入移位寄存器。寄存器移位指令格式如表 3-6-11 所示。

在表 3-6-11 中，S_BIT 为移位寄存器的最低位，N 为移位寄存器的长度（1~64）。每次使能端有效时，整个移位寄存器移动 1 位。N 为正值时，左移位（由低位到高位），DATA 的值从 S_BIT 移入，移出位进入特殊存储器（SM1.1 = 1）；N 为负值时右移位（由高位到低位），S_BIT 移出到特殊存储器（SM1.1 = 1），高端补充 DATA 移入位的值。最高位的计算方法为：［N 的绝对值 – 1 + （S_BIT 的位号）］/8，余数即是最高位的位号，商与 S_BIT 的字节号之和即是最高位的字节号。移位寄存器最多移位长度为 64 位。

表 3 – 6 – 11　寄存器移位指令格式

LAD	STL
SHRB ─EN　　ENO─ ─DATA ─S_BIT ─N	SHRB　DATA, S_BIT, N

当 S_BIT 为 V20.5，N = +14 （左移位）和 N = –14 （右移位）时，寄存器移位指令的执行情况如图 3 – 6 – 8 所示。

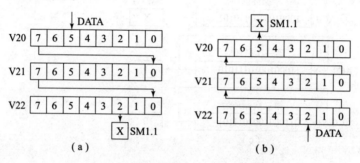

图 3 – 6 – 8　寄存器移位指令的执行情况

（a）左移位；（b）右移位

寄存器移位指令的编程实例如图 3 – 6 – 9 所示。

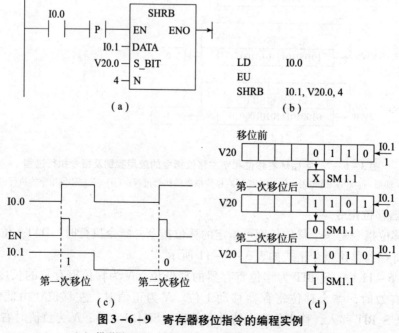

图 3 – 6 – 9　寄存器移位指令的编程实例

（a）梯形图；（b）语句表；（c）时序图；（d）移位过程

4. 任务扩展

有一组指示灯 HL1～HL8，要求按下启动按钮后，能左右单灯循环显示，用一个开关控制循环的启动和停止，另一个开关控制循环方向，循环移动周期为 1 s。指示灯循环显示控制梯形图如图 3-6-10 所示。

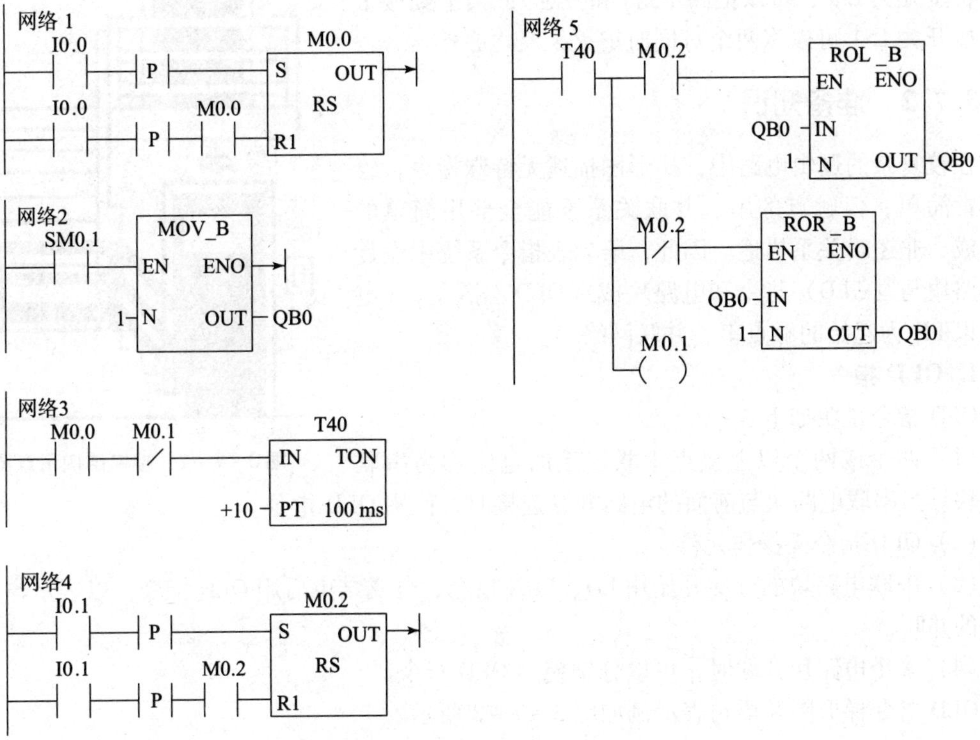

图 3-6-10　指示灯循环显示控制梯形图

思考与练习

1. 用数据传送指令编写一段梯形图，使 3 台电动机相隔 10 s 依次启动。

2. 分析寄存器移位指令和左、右移位指令的区别。

3. 编写出将 IB0 字节的高低 4 位数据交换，然后送入定时器 T38 作为定时器预置值的梯形图。

3.7　楼梯照明的 PLC 控制

学习目标

1）要求掌握电路块与、电路块或指令。

2）要求熟悉梯形图特点及编程规则。

3.7.1　项目任务

图 3 - 7 - 1 为一个楼梯结构示意图，楼上和楼下分别有两个开关 LS1 和 LS2，它们共同控制灯 LP1 和 LP2。在楼下，按开关 LS2，可以把两个灯同时点亮；当上到楼上时，按开关 LS1 可以将两个灯同时熄灭，反之亦然。

3.7.2　准备知识

在较复杂的逻辑电路中，梯形图描述无特殊指令，绘制非常简单，但触点的串、并联关系不能全部用简单的与、或、非逻辑关系描述。因此，语句表指令系统中设计了电路块与（ALD）指令和电路块或（OLD）指令。（电路块以 LD 为起始的触点串、并联网络。）

1. OLD 指令

OLD 指令说明如下。

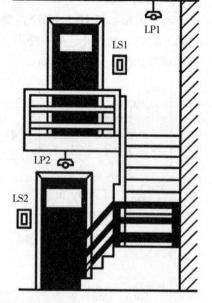

图 3 - 7 - 1　楼梯结构示意图

（1）两个或两个以上接点串联连接的电路称为串联电路块。当串联电路块与前面的电路并联连接时，使用 OLD 指令。

（2）OLD 指令无操作元件。

（3）串联电路块的分支开始用 LD、LDN 指令，分支结束后用 OLD 指令，以表示与前面电路的并联。

（4）多个电路块并联时，可以分别使用 OLD 指令。

OLD 指令梯形图及语句表示例如图 3 - 7 - 2 所示。

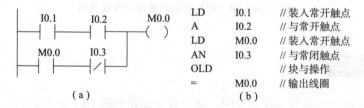

LD	I0.1	//装入常开触点
A	I0.2	//与常开触点
LD	M0.0	//装入常开触点
AN	I0.3	//与常闭触点
OLD		//块与操作
=	M0.0	//输出线圈

（a）　　　　　　　　　　　　　（b）

图 3 - 7 - 2　OLD 指令梯形图及语句表示例

（a）梯形图；（b）语句表

2. ALD 指令

ALD 指令说明如下。

（1）两个或两个以上接点并联连接的电路称为并联电路块。当并联电路块与前面的电路串联连接时，使用 ALD 指令。

（2）ALD 指令无操作元件。

（3）并联电路块的分支开始用 LD、LDN 指令，分支结束后需使用 ALD 指令，以表示与前面电路的串联。

（4）多个电路块串联时，可以分别使用 ALD 指令。

ALD 指令梯形图及语句表示例如图 3 - 7 - 3 所示。

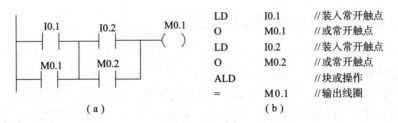

LD	I0.1	//装入常开触点
O	M0.1	//或常开触点
LD	I0.2	//装入常开触点
O	M0.2	//或常开触点
ALD		//块或操作
=	M0.1	//输出线圈

（a）　　　　　　　　（b）

图 3 - 7 - 3　ALD 指令梯形图及语句表示例

（a）梯形图；（b）语句表

3.7.3　任务实施

1. 分配 I/O 地址

图 3 - 7 - 4 为楼梯照明 PLC 控制系统外部接线图，两个按钮输入，两盏灯由同一输出驱动。

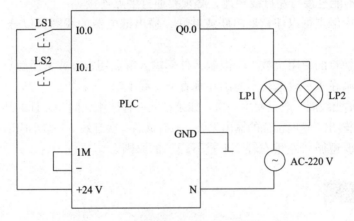

图 3 - 7 - 4　楼梯照明 PLC 控制系统外部接线图

2. 程序设计

楼梯照明 PLC 控制的控制系统的梯形图和语句表如图 3 - 7 - 5 所示，当灯是熄灭的时候，在楼上或楼下任何一个地方改变该处开关状态，灯都会被点亮；同理，当灯是点亮的时候，在楼上或楼下任何一个地方改变该处开关状态，灯都会熄灭。该例子模拟实际生活中的开关按钮，即开关处于闭合状态，一直维持为 "1"；开关处于打开状态，一直维持为 "0"。

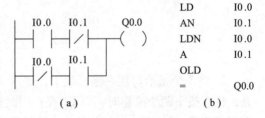

LD	I0.0
AN	I0.1
LDN	I0.0
A	I0.1
OLD	
=	Q0.0

（a）　　　　　　（b）

图 3 - 7 - 5　控制系统的梯形图及语句表

（a）梯形图；（b）语句表

3. 运行调试

运行调试的具体步骤如下：

（1）按图 3 - 7 - 4 将 PLC 的输入和输出接线连接好，两个灯是并联状态。

（2）把编好的程序下载到 PLC 中。

（3）准备上楼时，在楼下按下开关，则灯亮，上楼后再按下楼上的开关，灯熄灭；准备下楼时，在楼上按下开关，则灯亮，下楼后再按下楼下的开关，灯熄灭。按照要求，进行调试。

3.7.4　相关链接——梯形图的编程规则

1. 梯形图的特点

梯形图的特点如下。

（1）梯形图按网络从上到下排列，程序按从上到下、从左到右的顺序执行。

（2）梯形图中，用存储器中的一位来表示继电器状态，当存储器状态为"1"，表示该继电器的线圈得电，其常开触点闭合或常闭触点断开（即触点动作）。

（3）梯形图中左端母线可看成是电路的起点，但并非实际电路电源，而是能流，能流只能从左到右流动。

（4）梯形图中，除了输入继电器没有线圈，只有触点，其他继电器既有线圈，又有触点。

2. 梯形图的编程规则

梯形图的编程规则如下。

（1）每一个网络要起于左母线，然后连接触点，中止于输出线圈。触点不能接在线圈的右边；线圈也不能直接与左母线相连，必须要通过触点连接。

（2）梯形图中触点可以任意地串联或并联，输出继电器的线圈可以分支并联但不可以串联。

（3）同一个触点的使用次数不受限制，外部输入触点用常开或常闭触点均可。

（4）触点应画在水平线上，不能画在垂直分支线上。

（5）同一个输出线圈一般只使用一次，如果在同一程序中，同一元件的线圈使用两次或多次，则称为双线圈输出。这时前面的输出无效，只有最后一次有效。一般不应出现双线圈输出。

（6）编程时要遵循"左重右轻，上重下轻"的原则。

思考与练习

1. 根据下列语句表，画出其对应的梯形图。

```
LD I0.0          O  I0.4
AN I0.1          A  I0.5
LD I0.2          OLD
A  I0.3          =  Q0.0
```

2. 将 3 个指示灯接在输出端上，要求 3 个按钮 SB0、SB1、SB2 任意按下一个时，灯 L0 亮；任意按下两个按钮时，灯 L1 亮；同时按下 3 个按钮时，灯 L2 亮；没有按下按钮时，所有灯都不亮。试用 PLC 来实现上述控制要求。

3.8　电动机Y – △降压启动的 PLC 控制

学习目标

1）要求掌握栈操作指令。

2）要求熟悉 I/O 扩展模块。

3.8.1　项目任务

设计一个电动机 Y - △降压启动 PLC 控制系统，当按下启动按钮时，电动机以 Y 形连接启动，10 s 后，电动机以△形连接运行。当按下停止按钮时，电动机停止。

3.8.2　准备知识

LD 指令是从梯形图最左侧母线画起的，如果要生成一条分支的母线，则需要利用语句表的栈操作指令来描述。

1. 逻辑推入栈指令（堆栈指令，LPS 指令）

LPS 指令复制栈顶的值并将这个值推入栈，栈底的值被推出并丢失。

2. 逻辑弹出栈指令（弹栈指令，LPP 指令）

LPP 指令弹出栈顶的值，堆栈的第二个值成为新的栈顶值，其余值依次上移。

3. 逻辑读栈指令（读栈指令，LRD 指令）

LRD 指令复制堆栈中的第二个值到栈顶，旧的栈顶值被新的复制值取代，其余值不变。

图 3 - 8 - 1 为上述 3 种栈操作指令的执行过程。

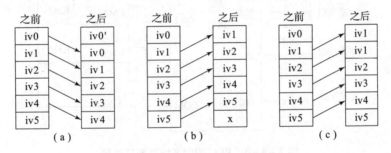

图 3 - 8 - 1　栈操作指令的执行过程
（a）LPS 指令的执行过程；（b）LPP 指令的执行过程；
（c）LRD 指令的执行过程

LPS 指令执行时将断点的地址压入栈区，栈区内容自动下移（栈底内容丢失）；LPP 指令执行时，栈区内容依次按照后进先出的原则弹出，将栈顶内容弹入程序的地址指针寄存器，栈区内容依次上移；LRD 指令执行时将存储器栈区顶部的内容读入程序的地址指针寄存器，栈区内容保持不变。

4. 栈操作指令应用程序梯形图及语句表

栈操作指令应用程序梯形图及语句表示例如图 3 - 8 - 2 所示。

LPS 指令可以嵌套使用，最多为 9 层。为保证程序地址指针不发生错误，LPS 和 LPP 指令必须成对使用，最后一次 LRD 指令应使用 LPP 指令。

3.8.3　任务实施

1. 分配 I/O 地址

电动机 Y - △降压启动 PLC 控制系统有 3 个输入，分别是启动按钮、停止按钮还有电动机的过载保护；输出为 3 个接触器的线圈。其 PLC 控制系统外部接线图如图 3 - 8 - 3 所示。

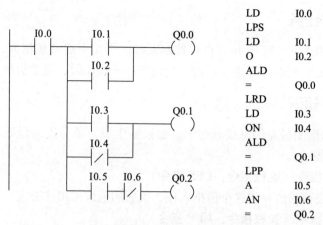

```
LD    I0.0
LPS
LD    I0.1
O     I0.2
ALD
=     Q0.0
LRD
LD    I0.3
ON    I0.4
ALD
=     Q0.1
LPP
A     I0.5
AN    I0.6
=     Q0.2
```

图 3 – 8 – 2　栈操作指令应用程序梯形图及语句表示例

（a）梯形图；（b）语句表

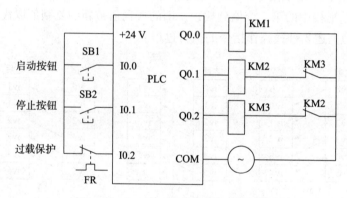

图 3 – 8 – 3　PLC 控制系统外部接线图

2. 程序设计

电动机 Y – △降压启动 PLC 控制系统的控制程序梯形图如图 3 – 8 – 4 所示，按下启动按钮（I0.0 = 1），接触器 KM1、KM2 的线圈得电（Q0.0 = 1，Q0.1 = 1），电动机以 Y 形连接启动，同时定时器 T37 开始定时，10 s 以后，定时时间到，定时器 T37 的常开触点闭合，接触器 KM3 的线圈得电（Q0.2 = 1），同时定时器 T37 的常闭触点断开，接触器 KM2 的线圈失电（Q0.1 = 0），电动机以△形连接运行。按下停止按钮 I0.1 = 1，所有线圈失电，电动机停止运行。（注：编程中未考虑过载保护。）

由于该程序中使用了分支结构，所以其语句表需要栈操作指令，读者可自行分析写出。

3. 运行调试

运行调试的具体步骤如下：

（1）按照图 3 – 8 – 3 将电路正确连接。

（2）将程序用软件编程并下载到 PLC 中。

网络1
```
  I0.0    I0.1              M0.0
 ─┤├──────┤/├──────────────( )
  M0.0
 ─┤├─
```

网络2
```
  M0.0                       Q0.0
 ─┤├───────────────────────( )
  T37     Q0.2              Q0.1
 ─┤/├─────┤/├──────────────( )
                      T37
                  ┌──IN   TON──┐
                  │            │
           +100 ──┤PT   100 ms │
                  └────────────┘
  T37     Q0.1              Q0.2
 ─┤├──────┤/├──────────────( )
```

图 3 – 8 – 4　控制程序梯形图

（3）按下启动按钮，电动机以 Y 形连接启动，10 s 以后，电动机以 △ 形连接运行。最后按下停止按钮，电动机停止运行。

3.8.4　相关链接——I/O 扩展模块

1. I/O 扩展模块

S7 - 200 PLC CPU226 主机基本单元 I/O 点数为 40。PLC 内部映像寄存器资源的最大数字量 I/O 映像区的输入点 I0 ~ I15 为 16 个字节，输出点 Q0 ~ Q15 也为 16 个字节，共 32 个字节，256 点。最大模拟量 I/O 点数为 64 点，AIW0 ~ AIW62 共 32 个输入点，AQW0 ~ AQW62 共 32 个输出点。最多可扩展 7 个模块。

I/O 扩展模块的使用，可以增加 PLC 的 I/O 点数，也可以增加 PLC 的控制功能。常用的 I/O 扩展模块有数字量 I/O 扩展模块、模拟量 I/O 扩展模块和特殊功能模块 3 种。

1）数字量 I/O 扩展模块

数字量 I/O 扩展模块有输入模块、输出模块、混合扩展模块 3 类。典型的数字量 I/O 扩展模块有 EM221、EM222 和 EM223。

2）模拟量 I/O 扩展模块

模拟量输入扩展模块有模拟量输入、热电阻温度测量、热电偶温度测量模块 3 种，其输入电压为 DC 0 ~ 10 V 或电流 5 A。模拟量输出拓展模块只有一种电信号，可以是 DC - 10 ~ + 10V 模拟电压或 0 ~ 20 mA 模拟电流。模拟量转换精度为 12 位。

典型的模拟量 I/O 扩展模块有 EM231、EM232、EM235。

3）特殊功能模块

特殊功能模块有 EM253 定位模块、EM277 Profibus - DP 接口模块、EM241 调制解调器模块、CP243 - 1IT 以太网模块、CP243 - 2 AS - i 接口模块等。

S7 - 200 PLC 扩展模块的分类、型号等信息见表 3 - 8 - 1。

表 3 - 8 - 1　S7 - 200 PLC 扩展模块

分类	型号	I/O 规格	功能用途
数字量 I/O 扩展模块	EM221	DI8 × DC 24 V	8 路数字量 DC 24 V 输入
	EM222	DO4 × DC 24 V - 5 A	4 路数字量 DC 24 V 输出（固态 MOSFET）
		DO4 × 继电器 - 10 A	4 路数字量继电器输出
		DO8 × DC 24 V - 0. 75	8 路数字量 DC 24 V 输出（固态 MOSFET）
		DO8 × 继电器 - 2 A	8 路数字量继电器输出
		DO8 × AC 120/230 V	8 路 AC 120/230 V 输出
	EM223	DI4/DO4 × DC 24 V	4 路数字量 DC 24 V 输入输出（固态）
		DI4/DO4 × DC 24 V 继电器	4 路数字量 DC 24 V 输入 4 路数字量继电器输出
		DI8/DO8 × DC 24 V	8 路数字量 DC 24 V 输入输出（固态）
		DI8/DO8 × DC 24 V 继电器	8 路数字量 DC 24 V 输入 8 路数字量继电器输出
		DI16/DO16 × DC 24 V	16 路数字量 DC 24 V 输入输出（固态）
		DI16/DO16 × DC 24 V 继电器	16 路数字量 DC 24 V 输入 16 路数字量继电器输出

续表

分类	型号	I/O 规格	功能用途
模拟量 I/O 扩展模块	EM231	AI4 × 12 位	4 路模拟量输入，12 位 A/D 转换
		AI4 × 热电偶	4 路热电偶模拟量输入
		AI4 × RTD	4 路热电阻模拟量输入
	EM232	AQ2 × 12 位	2 位模拟量输出
	EM235	AI4/AQ1 × 12 位	4 路模拟量输入，1 路模拟量输出
通信模块	EM227	Profibus – DP 接口模块	将 S7 – 200 PLC 作为从站连接到网络
	EM241	Modem 模块	将 S7 – 200 PLC 直接与模拟电话线连接
	CP243 – 1	以太网模块	将 S7 – 200 PLC 与工业以太网连接
	CP243 – 1 IT	因特网模块	兼容 CP243 – 1，在互联网运行
	CP243 – 2	AS – i 接口模块	远程 I/O 接口模块，用于远程 I/O 控制或构成分布式系统
现场设备模块	EM253	定位模块	生成用于步进电动机或伺服电动机转速和位置开环控制装置的脉冲串

2. I/O 扩展编址

CPU 主机的 I/O 点具有固定的 I/O 地址，可以把 I/O 扩展模块接至主机右侧来增加 I/O 点数，I/O 扩展模块的 I/O 地址由 I/O 扩展模块在 I/O 链中的位置决定。I/O 扩展模块的地址不会冲突，模拟量 I/O 扩展模块地址也不会影响数字量 I/O 扩展模块地址。图 3 – 8 – 5 是 CPU224 为主机，扩展了 5 块数字量、模拟量 I/O 扩展模块时的控制连接。表 3 – 8 – 2 为模块编址表。

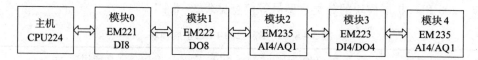

图 3 – 8 – 5　扩展了 5 块数字量、模拟量 I/O 扩展模块时的控制连接

表 3 – 8 – 2　模块编址表

主机		模块0	模块1	模块2		模块3		模块4	
I0.0	Q0.0	I2.0	Q2.0	AIW0	AQW0	I3.0	Q3.0	AIW8	AQW4
I0.1	Q0.1	I2.1	Q2.1	AIW2		I3.1	Q3.1	AIW10	
I0.2	Q0.2	I2.2	Q2.2	AIW4		I3.2	Q3.2	AIW12	
I0.3	Q0.3	I2.3	Q2.3	AIW6		I3.3	Q3.3	AIW14	
I0.4	Q0.4	I2.4	Q2.4						
I0.5	Q0.5	I2.5	Q2.5						
I0.6	Q0.6	I2.6	Q2.6						
I0.7	Q0.7	I2.7	Q2.7						
I1.0	Q1.0								
I1.1	Q1.1								
I1.2									
I1.3									
I1.4									
I1.5									

续表

主机	模块 0	模块 1	模块 2	模块 3	模块 4
可用作位存储器标志位区的 I/O 映像寄存器					
—	Q1.2 ⋮ Q1.7	—	—	I4.0 ⋮ I15.7　　Q3.4 ⋮ Q15.7	—
不能用的 I/O 映像寄存器					
I1.6 I1.7	—	—	—	AQW2　　I3.4 ⋮ I3.7	AQW6

如果 I/O 点与映像寄存器字节内的位数不对应，映像寄存器字节剩余位就不会再分配给 I/O 链中的后续模块，如表 3 - 8 - 2 中的 Q1.2、I1.6、I4.0、Q3.4、I3.4、AQW2 等。

输出映像寄存器的多余位和输入映像寄存器的多余字节可以作为位存储器标志位区使用，如表 3 - 8 - 2 中的 Q1.2、I4.0、Q3.4 等。

输入模块在每次输入更新时都把保留字节的未用位清零，因此，输入映像寄存器已用字节的多余位不能作为位存储器标志位区，如表 3 - 8 - 2 中的 I1.6、I3.4 等。

模拟量 I/O 扩展模块总是以两点递增方式来分配空间，默认的模拟量 I/O 点不分配模拟量 I/O 映像存储空间，所以后续模拟量 I/O 扩展模块无法使用未用的模拟量 I/O 点，如表 3 - 8 - 2 中的 AQW2、AQW6。

3. I/O 扩展模块的安装连接

I/O 扩展模块有导轨安装和直接安装两种方法，其典型安装方式如图 3 - 8 - 6 所示。

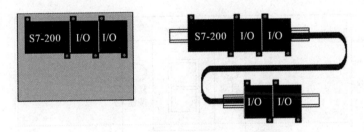

图 3 - 8 - 6　I/O 扩展模块典型安装方式

导轨安装是在 DIN 导轨上的安装，I/O 扩展模块装在紧靠 CPU 右侧的导轨上，具有安装方便、拆卸灵活等优点；直接安装是将螺钉通过安装固定螺孔把 I/O 扩展模块固定在配电盘上，具有安装可靠、防震性好的特点。当需要扩展的模块较多时，可以使用扩展连接电缆重叠排布（分行安装）。I/O 扩展模块需从主机上获取 + 5 V 的电源损耗，必要时，需查询校验主机电源的电流驱动能力。

思考与练习

根据下列语句表，画出其对应的梯形图。

LD I0.0	LPS
AN I0.1	A I0.6
LD I0.2	= Q0.1
A I0.3	LPP
O I0.4	A I0.7
A I0.5	= Q0.2
OLD	A I0.7
= Q0.0	= Q0.3

3.9　抢答器的 PLC 控制

学习目标

1）要求掌握与子程序编程相关的各种指令。
2）要求了解子程序调用时，有无参数的区别。
3）要求熟悉数据转换指令的格式及用法。

3.9.1　项目任务

设计一个用 LED 数码管显示的 4 人竞赛抢答器。抢答器模板示意图如图 3－9－1 所示。抢答系统设有主持人席及各个选手席。主持人席设有启动及复位按钮。选手席设有抢答按钮和抢答指示灯。系统要求如下。

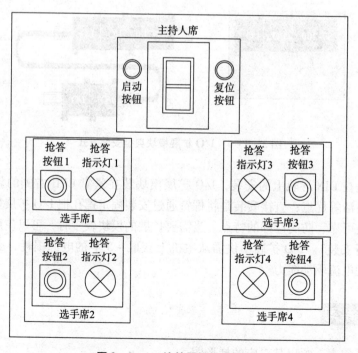

图 3－9－1　抢答器模板示意图

（1）系统上电后，主持人在主持人席上按下启动按钮后，允许各选手席人员开始抢答，即各选手席抢答按钮有效。

（2）抢答过程中，1~4选手席中的任何一个抢先按下抢答按钮（SB1、SB2、SB3、SB4）后，该选手席的抢答指示灯（L1、L2、L3、L4）点亮，同时LED数码管显示当前的选手席的号码，并联锁其他选手席，继续抢答无效。

（3）主持人对抢答状态确认后，单击复位按钮，清除LED数码管上的号码，系统又继续允许各选手席人员开始抢答；直至又有一个选手席抢先按下抢答按钮。

3.9.2　准备知识

1. 跳转（JMP）与标号（LBL）指令

跳转和标号指令有LAD和STL格式，如表3-9-1所示。

表3-9-1　跳转和标号指令的LAD和STL格式

LAD	STL
n —(JMP) n —[LBL]	JMP　n LBL　n

跳转和标号指令配合实现程序的跳转。使能端输入有效时，跳转指令可使程序流程转到同一程序中的跳转标号 n 处（在同一程序内），跳转标号 n = 0~255；标号指令标记跳转目的地的位置 n。使能端输入无效时，程序按顺序执行。

跳转和标号指令编程示例如图3-9-2所示。

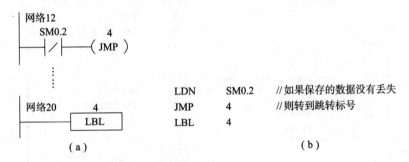

```
网络12
 SM0.2        4
 —|/|——( JMP )
   :
   :
网络20      4
 ———[ LBL ]
      (a)
```

```
LDN    SM0.2    //如果保存的数据没有丢失
JMP    4        //则转到跳转标号
LBL    4
              (b)
```

图3-9-2　跳转和标号指令编程示例
（a）梯形图；（b）语句表

2. 循环（FOR/NEXT）指令

循环指令用于描述一段程序的重复循环执行。由循环指令构成程序的循环体。FOR标记循环开始，NEXT为循环体结束。循环指令为指令盒格式，主要参数有使能端（EN）、当前值计数器（INDX）、循环次数初始值（INIT）、循环计数终值（FINAL）。

1）循环指令工作原理

工作原理为：使能端输入有效，循环体开始执行，执行到NEXT时返回，每执行一次循环体，当前值计数器增1，达到循环计数终值时，循环结束。循环指令的LAD和STL格式及功能如表3-9-2所示。

表 3 - 9 - 2　循环指令的 LAD 和 STL 格式及功能

LAD	STL	功能
FOR EN ENO INDX INIT FINAL	FOR INDX, INIT, FINAL	执行 FOR 和 NEXT 之间的循环体
—(NEXT)	NEXT	循环结束

2）循环指令的规则

使用循环指令的规则如下。

（1）如果允许循环指令循环，循环体就一直循环直到循环结束，除非在循环体内部修改了循环计数终值。在循环指令执行的过程中可以修改其参数值。

（2）当循环指令再次允许时，它把初始值拷贝到指针值中（当前循环次数）。当下一次允许时，循环指令复位它自己。

（3）循环指令可以嵌套使用，即一个循环指令循环在另一个循环指令之内。循环指令嵌套的深度可达 8 层。

循环指令编程示例如图 3 - 9 - 3 所示。

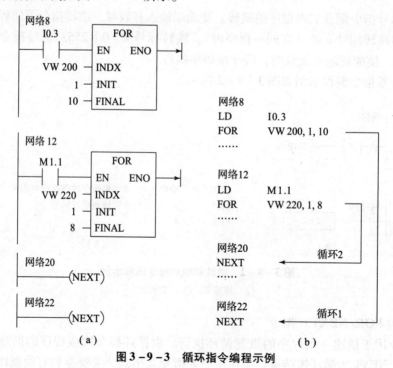

图 3 - 9 - 3　循环指令编程示例
（a）梯形图；（b）语句表

3. 子程序调用、子程序返回指令

通常将具有特定功能，并且多次使用的程序段作为子程序。子程序有子程序调用和子程序返回两大类指令，子程序返回指令又分子程序条件返回指令和子程序无条件返回指令两种。

建立子程序是通过编程软件来完成的。在编程软件的程序数据窗口的下方有主程序（OB1）、子程序（SUB0）、中断服务程序（INT0）的标签，单击子程序标签即可进入子程序显示区，也可以通过指令树的项目进入子程序显示区。添加一个子程序时，可以用编辑菜单的插入项增加一个子程序，子程序编号 n 从 0 开始自动向上生成。子程序调用和子程序条件返回指令的格式及功能如表 3 - 9 - 3 所示。

表 3 - 9 - 3　子程序调用和子程序条件返回指令的格式及功能

LAD	STL	功能
SBR_0 EN	CALL　SBR_0	子程序调用
—(RET)	CRET	子程序条件返回

子程序可以多次被调用，也可以嵌套（最多 8 层），还可以递归调用（自己调自己）。语句表表达时，CRET 指令对应子程序条件返回指令，RET 指令对应子程序无条件返回指令，RET 指令无须输入，由编程软件 STEP 7 - Micro/WIN 32 自动在程序末尾添加。

4. 带参数的子程序调用指令

子程序可能有要传递的参数（变量和数据），这时可以在子程序调用指令中包含相应参数，它可以在子程序与调用程序之间传送。子程序最多可传递 16 个参数，传递的参数在局部变量表中定义。局部变量表在子程序显示区上方。局部变量表如图 3 - 9 - 4 所示，其变量有 IN、OUT、IN/OUT 和 TEMP 共 4 种类型，具体如下。

（1）IN 类型：将指定位置的参数传入子程序。

（2）OUT 类型：子程序的结果值（数据）传入到指定参数位置。

（3）IN/OUT 类型：将指定位置的参数传到子程序，从子程序来的结果值被返回到同样的地址。

（4）TEMP 类型：局部变量存储器只用做子程序内部的暂时存储器，不能用来传递参数。

	符号	变量类型	数据类型	注释
	EN	IN	BOOL	
L0.0	IN1	IN	BOOL	
LB1	输入2	IN	BYTE	
L2.0	in3	IN	BOOL	
LD3	传入数据	IN	DWORD	
		IN		
LW7	inout1	IN_OUT	WORD	
		IN_OUT		
LD9	out1	OUT	DWORD	
		OUT		
		TEMP		

图 3 - 9 - 4　局部变量表

在局部变量表中插入变量可以通过这样的方法进行：将光标选中所需插入的变量类型行，双击变量名称（符号）空白区，填写变量名称，选择数据类型即可。初始状态下每种变量类型只有一行可用，当添加一个变量后，系统会自动增加一个相同变量类型的行。

局部变量表的数据类型可以是能流、布尔（位）、字节、字、双字、整数、双整数和实数型。

局部变量表中的变量名称可以是英文或中文（需汉化版软件支持）。

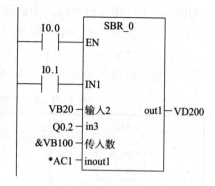

图 3 - 9 - 5　带参数子程序
调用指令的示例

子程序调用时，输入参数被拷贝到局部变量存储器
（L）中，局部变量表最左列是每个被传递参数的局部变
量存储器地址。子程序完成时，从局部变量存储器拷贝
并输出到指定的输出参数地址。

在局部变量表输入变量名称、变量类型、数据类型
后，即可在主程序（或上一级子程序）中使用子程序调
用指令，从而在梯形图显示区中显示出带参数子程序调
用指令盒。若添加完子程序调用指令后，局部变量表发
生了改变，则需要删掉该指令重新添加。

图 3 - 9 - 5 为带参数子程序调用指令的示例。其中
EN 和 IN1 的输入为布尔型能流输入，地址参数 &VB100
是将一个双字无符号的值（VB100 的地址）传递到子程序。

3.9.3　任务实施

1. 分配 I/O 地址

抢答器 PLC 控制系统的 I/O 端口分配如表 3 - 9 - 4 所示，抢答器 PLC 控制系统外部接
线图如图 3 - 9 - 6 所示，其中 LED 数码管是按照共阳极接法连接的。

表 3 - 9 - 4　抢答器 PLC 控制系统的 I/O 端口分配

输入			输出	
输入映像寄存器	输入元件	功能	输出映像寄存器	控制对象
I0. 0	SB5	启动按钮	Q0. 0 ~ Q0. 6	LED 数码管 a ~ g 段显示
I0. 1	SB6	复位按钮	Q1. 0 ~ Q1. 3	抢答指示灯
I0. 2 ~ I0. 5	SB1 ~ SB4	抢答按钮		

2. 程序设计

抢答器的传送数据如表 3 - 9 - 5 所示。未使用的 Q0.7 可一直输出高电平。

表 3 - 9 - 5　抢答器的传送数据

显示数字	十六进制	g（Q0.6）	f（Q0.5）	e（Q0.4）	d（Q0.3）	c（Q0.2）	b（Q0.1）	a（Q0.0）
1	F9H	1	1	1	1	0	0	1
2	A4H	0	1	0	0	1	0	0
3	B0H	0	1	1	0	0	0	0
4	99H	0	0	1	1	0	0	1

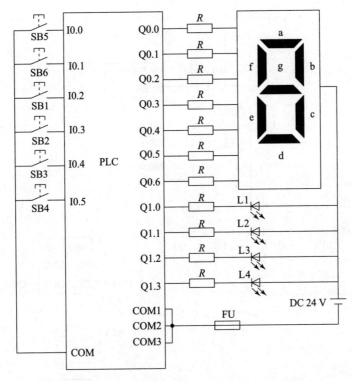

图 3 - 9 - 6　抢答器 PLC 控制系统外部接线图

抢答器 PLC 控制系统的控制程序梯形图如图 3 - 9 - 7 所示，主程序中，主持人按下启动按钮后，进入各选手席抢答子程序，主持人按下复位按钮时，实现 LED 数码管显示选手席的号码及各选手席抢答指示灯的复位功能。在调用子程序时，必须采用中间寄存器自锁。这样可以在每个扫描周期中都执行抢答子程序，让各选手席人员有足够的时间进行抢答。

在子程序设计中，主要考虑用 LED 数码管显示各选手席的号码。程序中采用的是用 PLC 编制程序进行译码来控制显示 LED 数码管 a ~ g 段，显示数字的对应编码采用十六进制数，采用数据传递指令将编码送到输出映像寄存器中，驱动 LED 数码管相应段点亮，显示对应数字，同时用置位指令点亮选手席的抢答指示灯。由于 4 人竞赛抢答器要求一旦有人先抢答，其他人再抢答无效，所以在每个选手席的输出前面都串联其他 3 个选手席的输出常闭触点，以实现相互之间的联锁。

3. 运行调试

运行调试的具体步骤如下。

（1）按照图 3 - 9 - 6 将电路正确连接。

（2）将程序用软件编程并下载到 PLC 中。

（3）按下启动按钮 SB1，允许 4 位选手抢答，然后分别按下各自的抢答按钮，模拟抢答过程，观察并记录系统工作情况，调试直至符合要求为止。

3.9.4　相关链接——数据转换指令

数据转换指令可对操作数据类型进行转换，并将其输出到指定的目标地址。数据转换指令包括数据类型转换、数据的编码和译码及字符串转换指令。

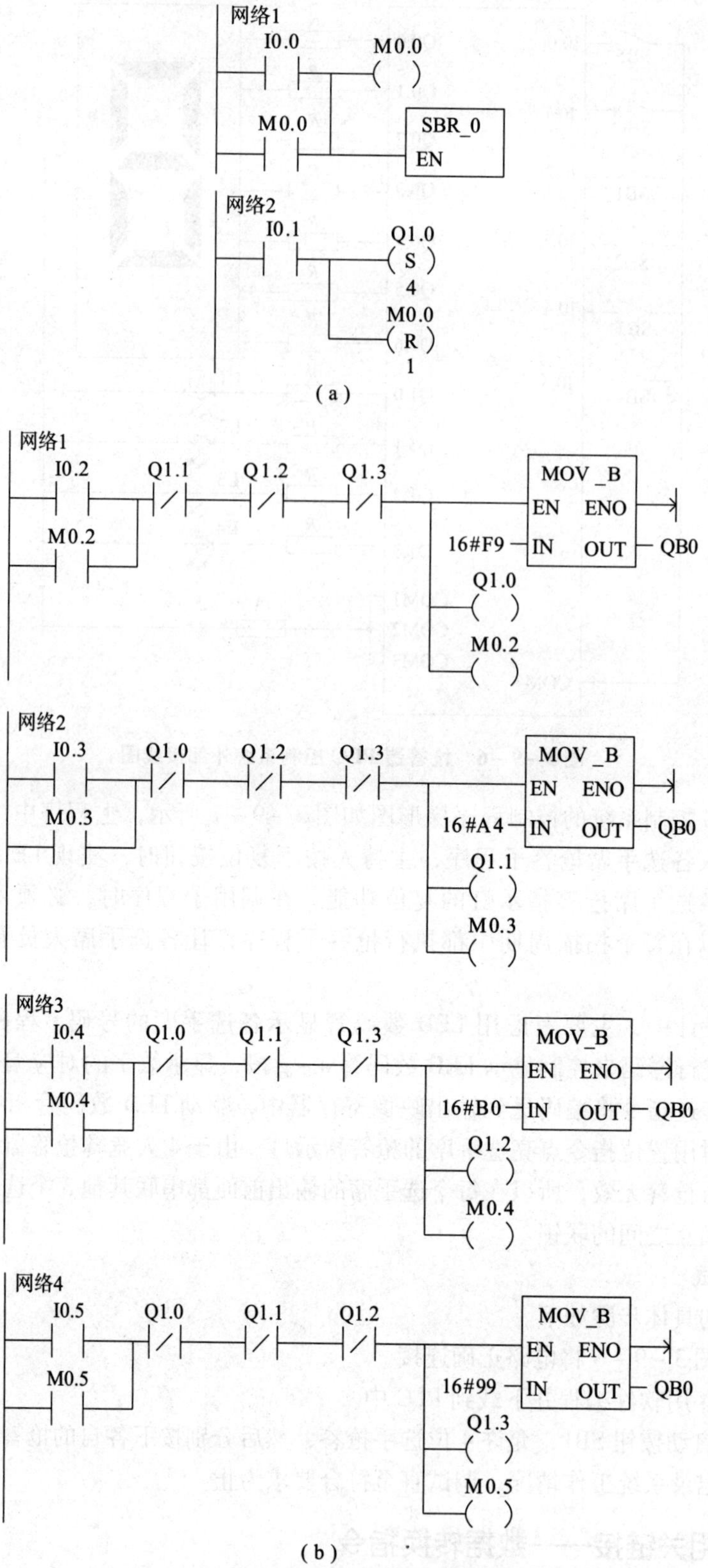

网络1

```
      I0.0              M 0.0
      ─┤ ├──────────────( )

      M 0.0           ┌──────────┐
      ─┤ ├────────────┤ SBR_0    │
                      │ EN       │
                      └──────────┘
```

网络2

```
      I0.1              Q1.0
      ─┤ ├──────────────( S )
                         4
                        M 0.0
                        ( R )
                         1
```

（a）

网络1

```
      I0.2    Q1.1   Q1.2   Q1.3              ┌──────────┐
      ─┤ ├────┤/├────┤/├────┤/├──────────────┤ MOV_B    │
                                              │ EN   ENO ├──
      M 0.2                          16#F9 ───┤ IN   OUT ├── QB0
      ─┤ ├                                    └──────────┘
                                              Q1.0
                                              ( )
                                              M 0.2
                                              ( )
```

网络2

```
      I0.3    Q1.0   Q1.2   Q1.3              ┌──────────┐
      ─┤ ├────┤/├────┤/├────┤/├──────────────┤ MOV_B    │
                                              │ EN   ENO ├──
      M 0.3                          16#A4 ───┤ IN   OUT ├── QB0
      ─┤ ├                                    └──────────┘
                                              Q1.1
                                              ( )
                                              M 0.3
                                              ( )
```

网络3

```
      I0.4    Q1.0   Q1.1   Q1.3              ┌──────────┐
      ─┤ ├────┤/├────┤/├────┤/├──────────────┤ MOV_B    │
                                              │ EN   ENO ├──
      M 0.4                          16#B0 ───┤ IN   OUT ├── QB0
      ─┤ ├                                    └──────────┘
                                              Q1.2
                                              ( )
                                              M 0.4
                                              ( )
```

网络4

```
      I0.5    Q1.0   Q1.1   Q1.2              ┌──────────┐
      ─┤ ├────┤/├────┤/├────┤/├──────────────┤ MOV_B    │
                                              │ EN   ENO ├──
      M 0.5                          16#99 ───┤ IN   OUT ├── QB0
      ─┤ ├                                    └──────────┘
                                              Q1.3
                                              ( )
                                              M 0.5
                                              ( )
```

（b）

图 3 – 9 – 7　控制程序梯形图

（a）主程序梯形图；（b）子程序梯形图

1. 数据类型转换指令

PLC 的数据类型有字节、字整数、双字整数和实数，数据类型转换指令可以将固定的一个数据用到不同类型要求的指令中。

1）BCD 码与字整数的转换指令

BCD 码与字整数之间的转换为双向转换，BCD 码与字整数的转换指令格式及功能见表 3 – 9 – 6。数据类型（IN）的范围为 0 ~ 9 999。

表 3 – 9 – 6　BCD 码与字整数的转换指令格式及功能

LAD	STL	功能
BCD_I EN ENO IN OUT	BCDI　OUT	BCDI 指令：使能端输入有效时，将 BCD 码型输入数据（IN）转换成字整数型，并将结果送到输出（OUT）
I_BCD EN ENO IN OUT	IBCD　OUT	IBCD 指令：使能端输入有效时，将字整数型输入数据（IN）转换成 BCD 码型，并将结果送到输出（OUT）

2）字节与字整数的转换指令

字节型数据是无符号数，字节与字整数的转换指令格式及功能见表 3 – 9 – 7。ITB 指令中输入数据范围为 0 ~ 255，超出范围会造成溢出，使 SM1.1 = 1。

表 3 – 9 – 7　字节与字整数的转换指令格式及功能

LAD	STL	功能
B_I EN ENO IN OUT	BTI　IN, OUT	BTI 指令：使能端输入有效时，将字节型输入数据（IN）转换成字整数型，并将结果送到输出（OUT）
I_B EN ENO IN OUT	ITB　IN, OUT	ITB 指令：使能端输入有效时，将字整数型输入数据（IN）转换成字节型，并将结果送到输出（OUT）

3）字整数与双字整数的转换指令

字整数（16 位）与双字整数（32 位）的转换指令格式及功能见表 3 – 9 – 8。DTI 指令中输入数据超出范围会产生溢出。

4）双字整数与实数的转换指令

双字整数与实数的转换指令格式及功能见表 3 – 9 – 9。ROUND 指令和 TRUNC 指令都能将实数转换为双字整数，但前者将小数部分四舍五入，而后者将小数部分直接舍去取整。将实数转换为双字整数过程超出范围会产生溢出。

表 3 - 9 - 8 字整数与双字整数的转换指令格式及功能

LAD	STL	功能
DI_I EN ENO IN OUT	DTI IN, OUT	DTI 指令：使能端输入有效时，将双字整数型输入数据（IN）转换成字整数型，并将结果送到输出（OUT）
I_DI EN ENO IN OUT	ITD IN, OUT	ITD 指令：使能端输入有效时，将字整数型输入数据（IN）转换成双字整数型，并将结果送到输出（OUT）

表 3 - 9 - 9 双字整数与实数的转换指令格式及功能

LAD	STL	功能
ROUND EN ENO IN OUT	ROUND IN, OUT	ROUND 指令：使能端输入有效时，将实数型输入数据（IN）转换成双字整数型，并将结果送到输出（OUT）
TRUNC EN ENO IN OUT	TRUNC IN, OUT	TRUNC 指令：使能端输入有效时，将 32 位实数型输入数据（IN）转换成 32 位有符号整数，并将结果送到输出（OUT）（只有实数的整数部分被转换）
DI_R EN ENO IN OUT	DTR IN, OUT	DTR 指令：使能端输入有效时，将双字整数型输入数据（IN）转换成实数型，并将结果送到输出（OUT）

2. 数据的编码和译码

在 PLC 中，字型数据可以是 16 位二进制数，也可以是 4 位十六进制数。编码就是把字型数据中最低有效位的位号进行编码，而译码则是根据执行数据所表示的位号将所指定单元的字型数据的对应位置 "1"。数据的编码和译码指令包括编码指令、译码指令、七段显示译码指令。

1）编码指令

编码指令的格式及功能见表 3 - 9 - 10。

表 3 - 9 - 10 编码指令的格式及功能

LAD	STL	功能
ENCO EN ENO IN OUT	ENCO IN, OUT	使能端输入有效时，将字型输入数据（IN）的最低有效位（值为 "1" 的位）的位号输出到所指定的字节单元的低 4 位（OUT）

2）译码指令

译码指令的格式及功能见表 3 - 9 - 11。

表 3 − 9 − 11　译码指令的格式及功能

LAD	STL	功能
DECO EN　ENO IN　OUT	DECO　IN, OUT	使能端输入有效时, 根据字节型输入数据（IN）的低 4 位所表示的位号将所指定的字单元（OUT）的对应位置 "1", 其他位置 "0"

3）七段显示译码指令

七段显示译码指令的格式及功能见表 3 − 9 − 12。

表 3 − 9 − 12　七段显示译码指令的格式及功能

LAD	STL	功能
SEG EN　ENO IN　OUT	SEG　IN, OUT	使能端输入有效时, 将字节型输入数据（IN）的低 4 位有效数字产生相应的七段显示码, 并将其输出到指定的单元（OUT）

LED 数码管（七段显示数码管）各管脚与数字的对应关系见表 3 − 9 − 13。其中, 每段置 1 时亮, 置 0 时灭。OUT 端输出的 8 位数据码（a 为最低位, 最高位补 0）称为七段显示码。例如, 显示结果 0 时的赋值代码应为 3F, 即数码管 a ~ g 各段的亮灭依次为 011 1111（g 管灭, 其余各管均亮）, 将高位补 0 后为 0011 1111。

表 3 − 9 − 13　LED 数码管各管脚与数字的对应关系

显示结果	赋值代码	显示结果	赋值代码	显示结果	赋值代码	显示结果	赋值代码
0	3F	4	66	8	7F	C	39
1	06	5	6D	9	6F	D	5E
2	5B	6	7D	A	77	E	79
3	4F	7	07	B	7C	F	71

3. 字符串转换指令

字符串转换指令是将标准字符编码 ASCII 码字符串与十六进制数、整数、双整数及实数之间进行转换, 字符串转换指令的格式及功能见表 3 − 9 − 14。

表 3 − 9 − 14　字符串转换指令的格式及功能

LAD	STL	功能
ATH EN　　ENO IN LEN　OUT	ATH　IN, OUT, LEN	使能端输入有效时, 将从 IN 字符开始, 长度为 LEN 的 ASCII 码字符串转换成从 OUT 开始的十六进制数

续表

LAD	STL	功能
HTA — EN　ENO — — IN — LEN　OUT —	HTA　IN, OUT, LEN	使能端输入有效时，将从 IN 字符开始，长度为 LEN 的十六进制数转换成从 OUT 开始的 ASCII 码字符串
ITA — EN　ENO — — IN — FMT　OUT —	ITA　IN, OUT, FMT	使能端输入有效时，把输入端（IN）的整数转换成一个 ASCII 码字符串
DTA — EN　ENO — — IN — FMT　OUT —	DTA　IN, OUT, FMT	使能端输入有效时，把输入端（IN）的双整数转换成一个 ASCII 码字符串
RTA — EN　ENO — — IN — FMT　OUT —	RTA　IN, OUT, FMT	使能端输入有效时，把输入端（IN）的实数转换成一个 ASCII 码字符串

 思考与练习

1. S7 – 200 PLC 有哪几类 I/O 扩展模块？最大可扩展的 I/O 地址范围是多大？
2. 用循环指令编写一段控制程序，使 4 个指示灯从左向右依次点亮（间隔时间为 1 s），要求任何时刻只有一个指示灯亮，到达最右端后，再从左到右依次点亮，每按动一次启动按钮，循环显示 10 次。
3. 跳转指令和子程序调用指令有什么区别？

3.10　自动售货机的 PLC 控制

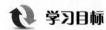

学习目标

1）要求掌握算术运算指令和逻辑运算指令。
2）要求了解自动售货机的 PLC 控制系统。

3.10.1　项目任务

自动售货机的模拟面板如图 3 – 10 – 1 所示，其内容包括：
（1）此自动售货机可以投入五角、一元的硬币；

（2）如果顾客投入硬币在限定的时间（2 min）内不按任何按钮，自动售货机将退还所投硬币；

（3）当投入硬币的总值等于或超过物品的价值时，物品对应的指示灯亮绿灯；

（4）当物品对应的指示灯亮绿灯时，按下相应的按钮，相应的物品排出，同时指示灯绿灯闪烁；

（5）如果顾客投入硬币总值超过所选物品的价值时，自动售货机会自动将余款退还顾客；

（6）当顾客成功购买完一件物品后 20 s 内无操作，自动售货机会自动将余款退还顾客；

（7）如果顾客投入硬币后又不想买物品，按下找零按钮，自动售货机会自动将余款退还顾客；

（8）找零时顾客可选择退一元的硬币还是五角的硬币。

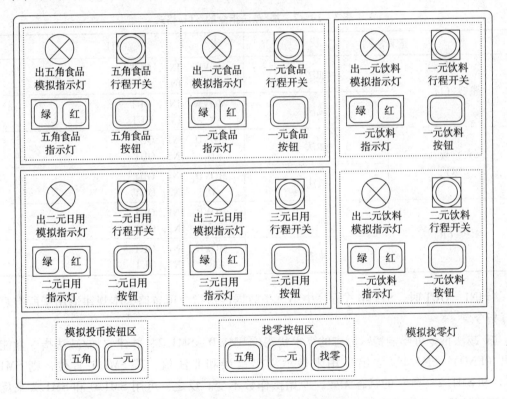

图 3 - 10 - 1　自动售货机的模拟面板

3.10.2　准备知识

此处我们介绍算术运算指令，其包括加/减法指令，乘/除法指令，平方根、指数和自然对数指令，三角函数指令，以及增/减计数指令。

1. 加/减法指令

加/减法指令盒由指令类型、使能端（EN）、操作数输入端（IN1、IN2）、运算结果输出端（OUT）、逻辑结果输出端（ENO）等组成。加/减法指令的 LAD 格式及功能如表 3 - 10 - 1 所示。

表 3 – 10 – 1　加/减法指令的 LAD 格式及功能

LAD	功能
ADD_I 〔EN ENO / IN1 OUT / IN2〕　ADD_DI 〔EN ENO / IN1 OUT / IN2〕　ADD_R 〔EN ENO / IN1 OUT / IN2〕 SUB_I 〔EN ENO / IN1 OUT / IN2〕　SUB_DI 〔EN ENO / IN1 OUT / IN2〕　SUB_R 〔EN ENO / IN1 OUT / IN2〕	使能端（EN）有效时，实现两个整数、双整数或实数之间的加/减法

使用 STL 格式编写加/减法指令时，需要使用两条语句，如表 3 – 10 – 2 所示。

表 3 – 10 – 2　加/减法指令的 STL 格式

运算法则		STL
整数（I）	加法	MOVW　IN1, OUT + I　　IN2, OUT
	减法	MOVW　IN1, OUT – I　　IN2, OUT
双整数（DI）	加法	MOVD　IN1, OUT + D　　IN2, OUT
	减法	MOVD　IN1, OUT – D　　IN2, OUT
实数（R）	加法	MOVR　IN1, OUT + R　　IN2, OUT
	减法	MOVR　IN1, OUT – R　　IN2, OUT

当 IN1 = OUT 时，STL 格式程序中第一条数据传送指令可省略，本规律适用于所有算术运算指令。

加/减法指令可影响特殊标志的算术状态位 SM1.0 ~ SM1.2，并建立加/减法指令盒能流输出（ENO）。SM1.1（溢出）用来指示溢出错误和非法值，若 SM1.1 置位，则 SM1.0（零）和 SM1.2（负）的状态无效，原始操作数不变。反之，可用 SM1.0 和 SM1.2 来反映算术运算结果。当使能端（EN）输入有效、运算结果无错误时，ENO = 1，否则 ENO = 0。

将 VW200 中的数据与 50 相加，结果存入 VW300 中，其应用示例的梯形图和语句表如图 3 – 10 – 2 所示。

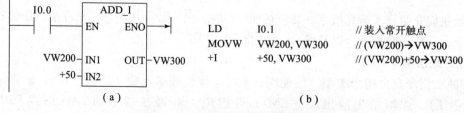

（a）　　　　　　　　　　　　　　　　　　（b）

图 3 – 10 – 2　加法指令的应用示例

（a）梯形图；（b）语句表

2. 乘/除法指令

乘/除法指令分为整数乘/除法（MUL I/DIV I）、双整数乘/除法（MUL DI/DIV DI）、整数乘/除双整数输出乘/除法（MUL/DIV）和实数乘/除法（MUL R/DIV R）8 种类型。乘/除法指令的 LAD 格式及功能如表 3 - 10 - 3 所示。

表 3 - 10 - 3　乘/除法指令的 LAD 格式及功能

LAD	功能
MUL_I　MUL_DI　MUL　MUL_R EN ENO　EN ENO　EN ENO　EN ENO IN1 OUT　IN1 OUT　IN1 OUT　IN1 OUT IN2　IN2　IN2　IN2 DIV_I　DIV_DI　DIV　DIV_R EN ENO　EN ENO　EN ENO　EN ENO IN1 OUT　IN1 OUT　IN1 OUT　IN1 OUT IN2　IN2　IN2　IN2	使能端（EN）有效时，实现 IN1 和 IN2 之间的乘/除法

与加/减法指令类似，使用 STL 格式编写乘/除法指令时，也需要使用两条语句，如表 3 - 10 - 4 所示。

表 3 - 10 - 4　乘/除法指令的 STL 格式

运算法则		STL
整数（I）	乘法	MOVW　IN1, OUT ＊I　IN2, OUT
	除法	MOVW　IN1, OUT /I　IN2, OUT
双整数（DI）	乘法	MOVD　IN1, OUT ＊D　IN2, OUT
	除法	MOVD　IN1, OUT /D　IN2, OUT
整数乘/除双整数输出（I/DI）	乘法	MOVW　IN1, OUT MUL　IN2, OUT
	除法	MOVW　IN1, OUT DIV　IN2, OUT
实数（R）	乘法	MOVR　IN1, OUT ＊R　IN2, OUT
	除法	MOVR　IN1, OUT /R　IN2, OUT

乘/除法指令可影响特殊标志的算术状态位 SM1.0 ~ SM1.3，乘法运算过程中 SM1.1（溢出）被置位，就不写输出，并且所有其他的算术状态位置 0（MUL 指令不会产生溢出）。如果除法运算过程中 SM1.3（被 0 除）被置位，其他算术状态位保留不变，原始输入操作数不变。

乘/除法指令的应用示例如图 3 – 10 – 3 所示（输出地址与输入地址有包含关系时，语句表不需使用数据传动指令）。

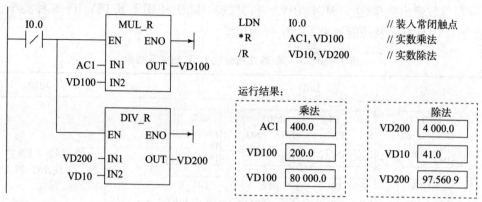

图 3 – 10 – 3　乘/除法指令的应用示例

3. 平方根、指数和自然对数指令

平方根、指数和自然对数指令是把一个双字长 32 位的实数（IN）开方（取以 e 为底的指数、取自然对数），得到 32 位的实数运算结果，通过指定的存储器单元输出（OUT）。平方根、指数和自然对数指令的格式及功能如表 3 – 10 – 5 所示。

表 3 – 10 – 5　平方根、指数和自然对数指令的格式及功能

LAD	STL	功能
SQRT　EXP　LN EN ENO　EN ENO　EN ENO IN OUT　IN OUT　IN OUT	SQRT　IN, OUT EXP　IN, OUT LN　IN, OUT	求平方根 求指数 求自然对数

求以 10 为底，150 的常用对数，150 存于 VD100，结果放到 AC1 $\left(\text{应用对数的换底公式}\right.$

$\lg_{10}150 = \dfrac{\ln 150}{\ln 10}$ 求解$\bigg)$。自然对数指令的应用示例如图 3 – 10 – 4 所示。

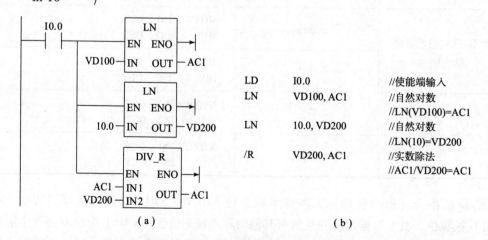

(a)　　　　　　　　　　　　(b)

图 3 – 10 – 4　自然对数指令的应用示例

(a) 梯形图；(b) 语句表

4. 三角函数指令

三角函数指令包括正弦（SIN）、余弦（COS）和正切（TAN）指令，三角函数指令把一个双字长 32 位的实数弧度值（IN）取正弦、余弦或正切，得到 32 位实数运算结果，通过指定的存储器输出（OUT）。三角函数指令的格式及功能如表 3 – 10 – 6 所示。

表 3 – 10 – 6　三角函数指令的格式及功能

LAD	STL	功能
SIN　COS　TAN EN ENO　EN ENO　EN ENO IN OUT　IN OUT　IN OUT	SIN　IN, OUT COS　IN, OUT TAN　IN, OUT	求正弦 求余弦 求正切

求 65°的正切值，三角函数指令的应用示例如图 3 – 10 – 5 所示。

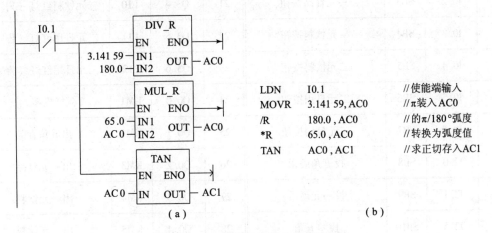

LDN	I0.1	//使能端输入
MOVR	3.141 59, AC0	//π装入 AC0
/R	180.0 , AC0	//的π/180°弧度
*R	65.0 , AC0	//转换为弧度值
TAN	AC0 , AC1	//求正切存入 AC1

（a）　　　　　　　　　　　　　　　　（b）

图 3 – 10 – 5　三角函数指令的应用示例
(a) 梯形图；(b) 语句表

平方根、指数、自然对数和三角函数指令执行的结果将影响特殊存储器位：SM1.0（零）、SM1.1（溢出）、SM1.2（负）、SM1.3（被 0 除）。

5. 增/减计数指令

增/减计数指令用于自增、自减操作，以实现累加计数和循环控制等程序的编制。增/减计数指令的 LAD 格式及功能如表 3 – 10 – 7 所示。

表 3 – 10 – 7　增/减计数指令的 LAD 格式及功能

LAD	功能
INC_B　INC_W　INC_DW EN ENO　EN ENO　EN ENO IN OUT　IN OUT　IN OUT DEC_B　DEC_W　DEC_DW EN ENO　EN ENO　EN ENO IN OUT　IN OUT　IN OUT	使能端输入有效时，将一个字节、字或双字长数据（IN）加 1 或减 1，结果存入指定存储器（OUT）

3.10.3 任务实施

1. 分配 I/O 地址

自动售货机 PLC 控制系统的 I/O 端口分配如表 3 – 10 – 8 所示，其 PLC 控制系统外部接线图如图 3 – 10 – 6 所示。

表 3 – 10 – 8　I/O 端口分配

序号	定义点	符号	功能	序号	定义点	符号	功能
1	I0.0	SB1	找零按钮	19	Q3.2	L8	一元食品红灯（售完）
2	I0.1	SB2	五角食品按钮	20	Q3.3	L9	一元饮料红灯（售完）
3	I0.2	SB3	一元食品按钮	21	Q3.4	L10	二元饮料红灯（售完）
4	I0.3	SB4	一元饮料按钮	22	Q3.5	L11	二元日用红灯（售完）
5	I0.4	SB5	二元饮料按钮	23	Q3.6	L12	三元日用红灯（售完）
6	I0.5	SB6	二元日用按钮	24	Q0.0	KM1	找零
7	I0.6	SB7	三元日用按钮	25	Q0.1	KM2	出五角食品
8	I2.0	SB8	投五角硬币	26	Q0.2	KM3	出一元食品
9	I2.1	SB9	投一元硬币	27	Q0.3	KM4	出一元饮料
10	I2.5	SB10	找零五角	28	Q0.4	KM5	出二元饮料
11	I2.6	SB11	找零一元	29	Q0.5	KM6	出二元日用
12	I3.1	SB12	五角食品行程开关	30	Q0.6	KM7	出三元日用
13	I3.2	SB13	一元食品行程开关	31	Q2.1	L1	五角食品绿灯（可购买）
14	I3.3	SB14	一元饮料行程开关	32	Q2.2	L2	一元食品绿灯（可购买）
15	I3.4	SB15	二元饮料行程开关	33	Q2.3	L3	一元饮料绿灯（可购买）
16	I3.5	SB16	二元日用行程开关	34	Q2.4	L4	二元饮料绿灯（可购买）
17	I3.6	SB17	三元日用行程开关	35	Q2.5	L5	二元日用绿灯（可购买）
18	Q3.1	L7	五角食品红灯（售完）	36	Q2.6	L6	三元日用绿灯（可购买）

2. 程序设计

自动售货机 PLC 控制系统的控制程序梯形图如图 3 – 10 – 7 所示，各段程序的功能在梯形图中进行了标注。

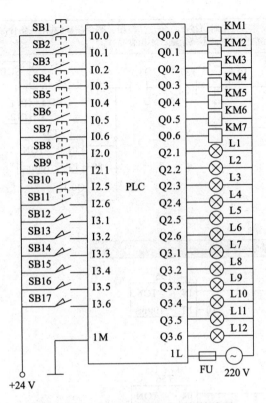

图 3 - 10 - 6　PLC 控制系统外部接线图

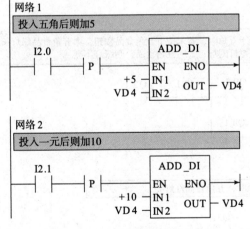

图 3 - 10 - 7　控制程序梯形图

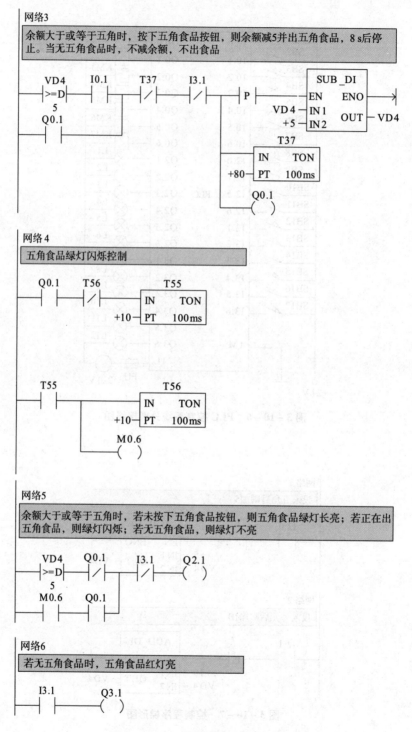

图 3 – 10 – 7　控制程序梯形图（续）

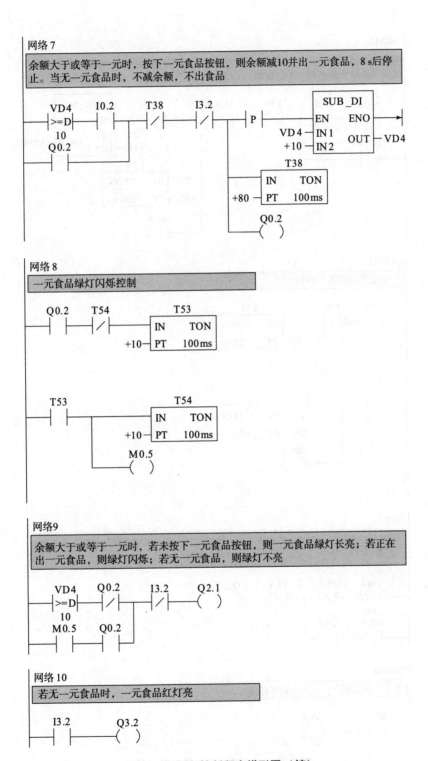

图 3-10-7　控制程序梯形图（续）

网络11

余额大于或等于一元时，按下一元饮料按钮，则余额减10并出一元饮料，8 s后停止。当无一元饮料时，不减余额，不出饮料

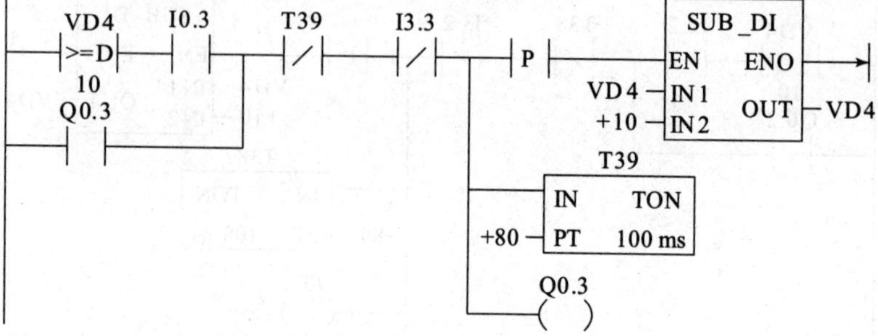

```
   VD4      I0.3    T39     I3.3                    SUB_DI
  |>=D|    | |     |/|     |/|      | P |      ┌──────────┐
   10                                          │ EN    ENO├──
   Q0.3                              VD4 ──────┤ IN1      │
  | |                                +10 ──────┤ IN2   OUT├── VD4
                                              └──────────┘
                                          T39
                                     ┌──────────┐
                                     │ IN    TON│
                              +80 ───┤ PT  100 ms│
                                     └──────────┘
                                          Q0.3
                                         ─( )─
```

网络 12

一元饮料绿灯闪烁控制

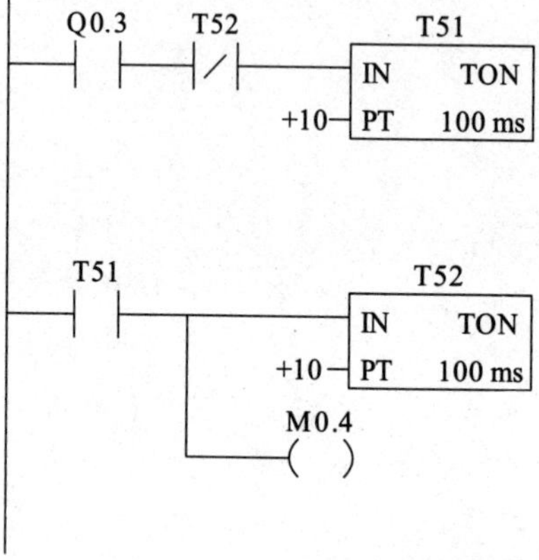

```
   Q0.3     T52                      T51
  | |      |/|                ┌──────────┐
                              │ IN    TON│
                       +10 ───┤ PT  100 ms│
                              └──────────┘

   T51                               T52
  | |            ┌──────────┐
                 │ IN    TON│
          +10 ───┤ PT  100 ms│
                 └──────────┘
                      M0.4
                     ─( )─
```

网络 13

余额大于或等于一元时，若未按下一元饮料按钮，则一元饮料绿灯长亮；若正在出一元饮料，则绿灯闪烁；若无一元饮料，则绿灯不亮

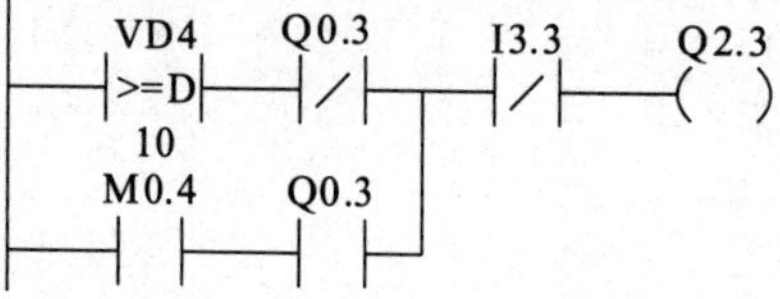

```
   VD4     Q0.3    I3.3    Q2.3
  |>=D|   |/|     |/|     ─( )─
   10
   M0.4    Q0.3
  | |     | |
```

网络 14

若无一元饮料时，一元饮料红灯亮

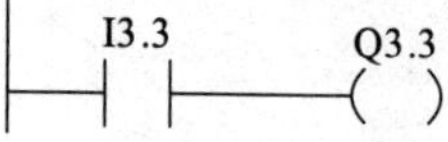

```
   I3.3     Q3.3
  | |      ─( )─
```

图 3 - 10 - 7　控制程序梯形图（续）

网络 15

余额大于或等于二元时，按下二元饮料按钮，则余额减20并出二元饮料，8 s后停止。当无二元饮料时，不减余额，不出饮料

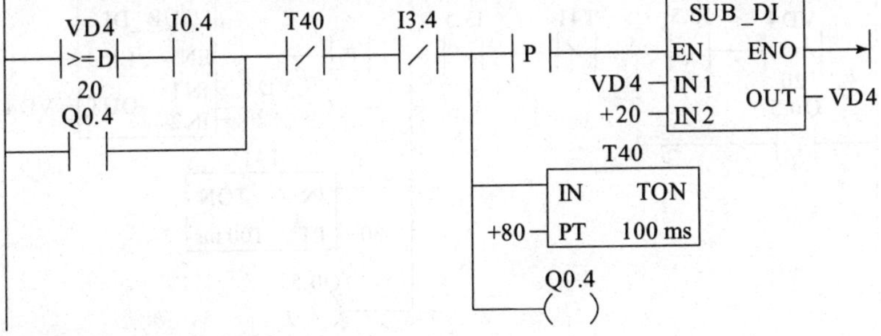

网络 16

二元饮料绿灯闪烁控制

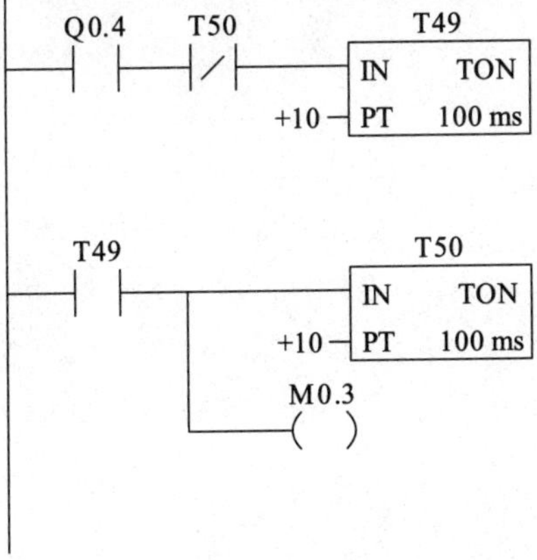

网络17

余额大于或等于二元时，若未按下二元饮料按钮，则二元饮料绿灯长亮；若正在出二元饮料，则绿灯闪烁；若无二元饮料，则绿灯不亮

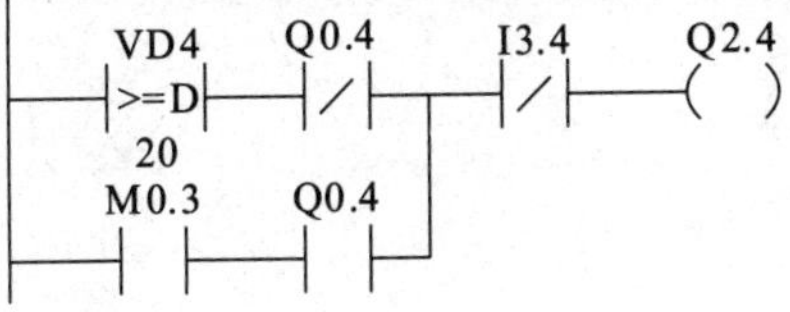

网络18

若无二元饮料时，二元饮料红灯亮

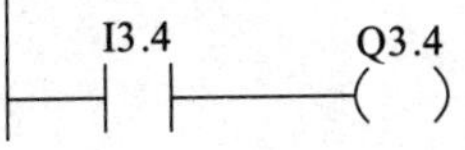

图 3 - 10 - 7　控制程序梯形图（续）

网络19

余额大于或等于二元时，按下二元日用按钮，则余额减20并出二元日用，8 s后停止。当无二元日用时，不减余额，不出日用

网络 20

二元日用绿灯闪烁控制

网络21

余额大于或等于二元时，若未按下二元日用按钮，则二元日用绿灯长亮；若正在出二元日用，则绿灯闪烁；若无二元日用，则绿灯不亮

网络 22

若无二元日用时，二元日用红灯亮

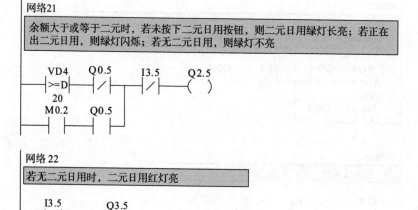

图 3 – 10 – 7　控制程序梯形图（续）

网络23

余额大于或等于三元时，按下三元日用按钮，则余额减30并出三元日用，8 s后停止。当无三元日用时，不减余额，不出日用

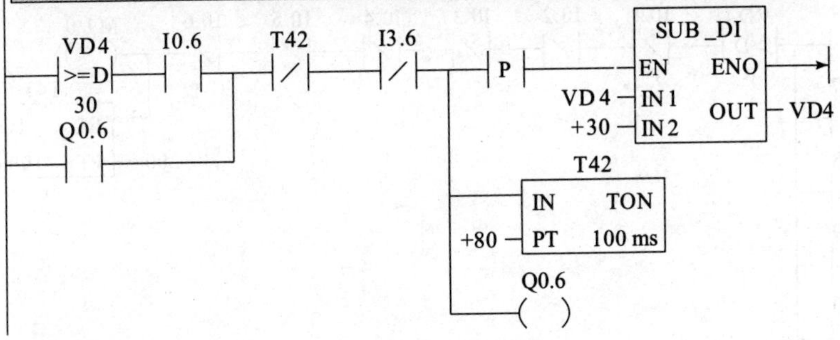

网络24

三元日用绿灯闪烁控制

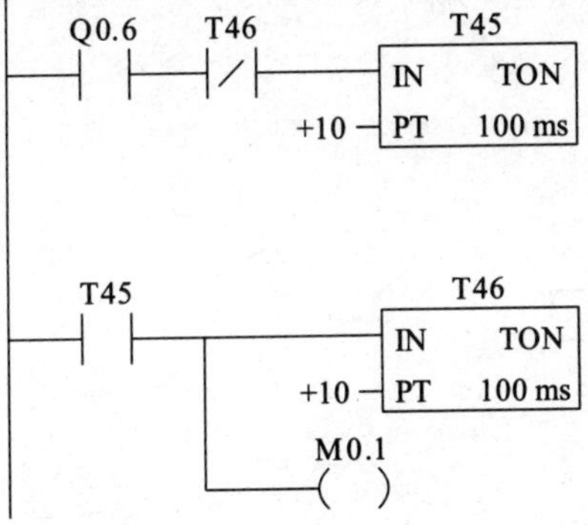

网络25

余额大于或等于三元时，若未按下三元日用按钮，则三元日用绿灯长亮；若正在出三元日用，则绿灯闪烁；若无三元日用，则绿灯不亮

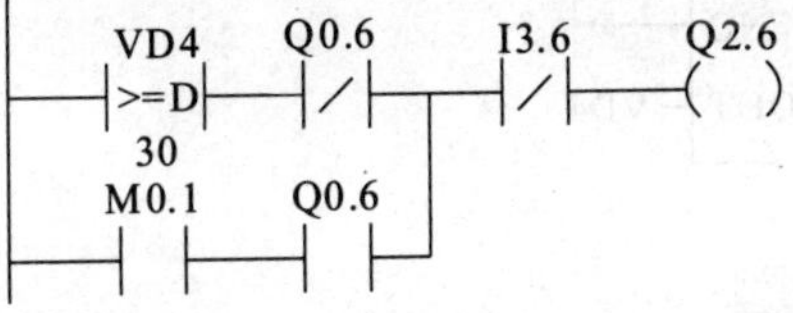

网络26

若无三元日用时，三元日用红灯亮

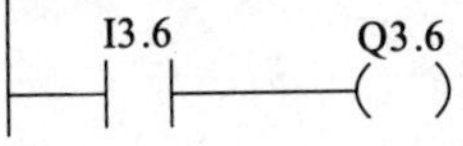

网络27

2 min无操作计时

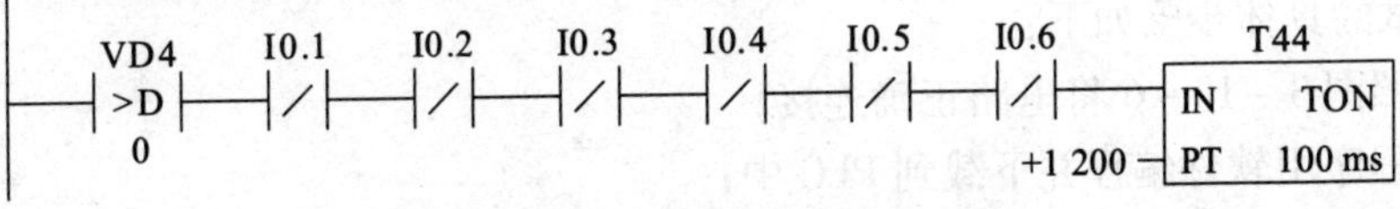

图3-10-7　控制程序梯形图（续）

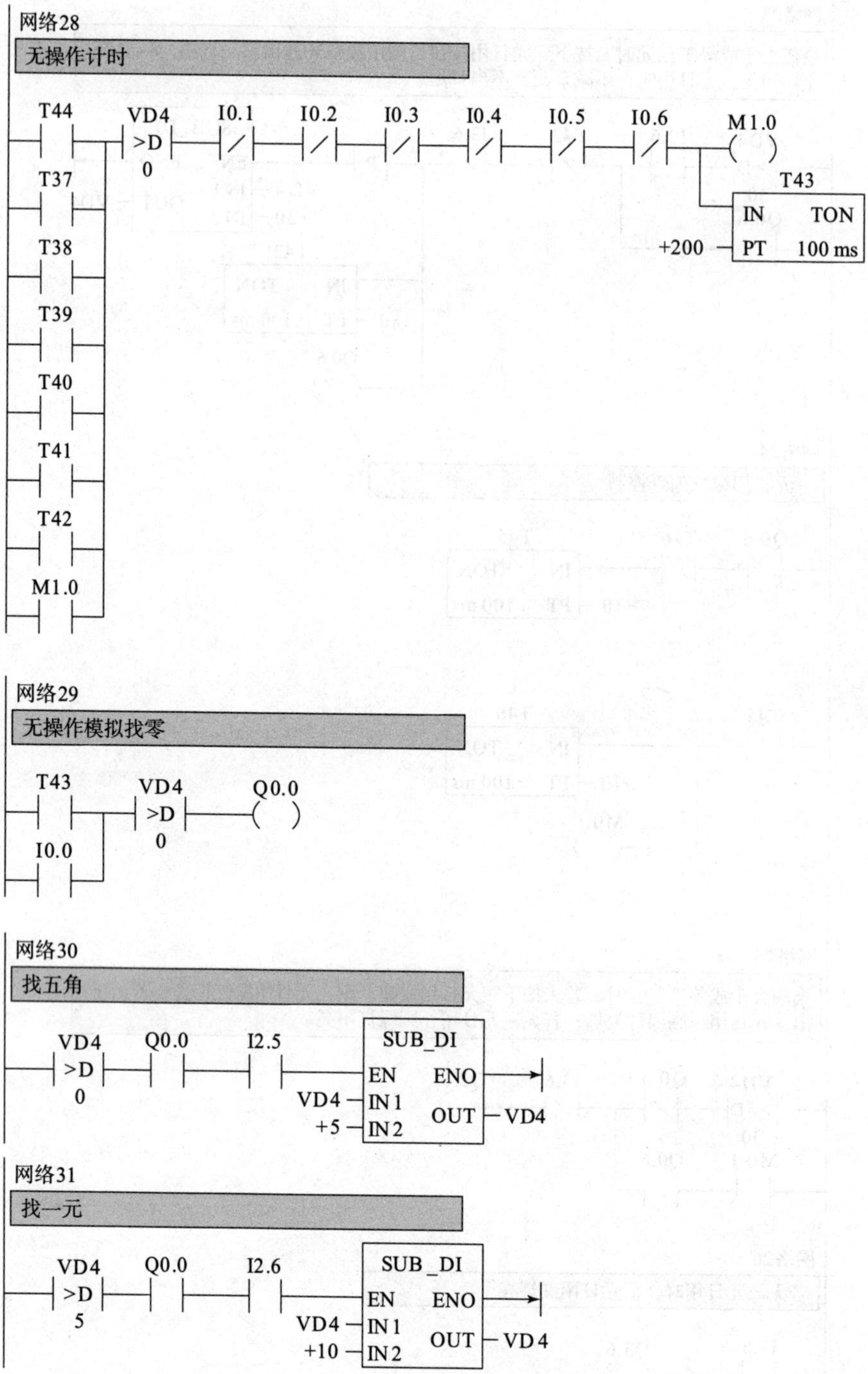

网络28

无操作计时

```
T44    VD4   I0.1  I0.2  I0.3  I0.4  I0.5  I0.6   M1.0
─┤├──┬──┤>D├──┤/├──┤/├──┤/├──┤/├──┤/├──┤/├───( )
 T37 │    0                                      
─┤├──┤                                    ┌──────────┐
 T38 │                                     │ T43      │
─┤├──┤                              +200 ─┤IN    TON │
 T39 │                                     │PT  100 ms│
─┤├──┤                                     └──────────┘
 T40 │
─┤├──┤
 T41 │
─┤├──┤
 T42 │
─┤├──┤
 M1.0│
─┤├──┘
```

网络29

无操作模拟找零

```
T43   VD4    Q0.0
─┤├──┤>D├───( )
 I0.0   0
─┤├──┘
```

网络30

找五角

```
VD4   Q0.0  I2.5     SUB_DI
┤>D├──┤├────┤├───┤EN    ENO├
  0                  ┤IN1      ├
               VD4 ─┤IN1  OUT├─ VD4
                +5 ─┤IN2      │
```

网络31

找一元

```
VD4   Q0.0  I2.6     SUB_DI
┤>D├──┤├────┤├───┤EN    ENO├
  5                  
              VD4 ─┤IN1  OUT├─ VD4
              +10 ─┤IN2      │
```

图 3 – 10 – 7　控制程序梯形图（续）

3. 运行调试

运行调试的具体步骤如下：

（1）按照图 3 – 10 – 6 将电路正确连接；

（2）将程序用软件编程并下载到 PLC 中；

（3）模拟自动售货机的工作过程，观察并记录系统工作情况，调试系统直至符合要求为止。

3.10.4 自动灌装生产线 PLC 统计程序设计

编写自动灌装生产线的 PLC 统计程序，实现以下功能。

空瓶数存在为 VW100，满瓶数存在为 VW200，通过这两个数值计算废瓶数（VW300），以及废瓶率，并保存在 VD400 里。即有：

$$废瓶率 = \frac{废瓶数}{空瓶数} \times 100\% = \frac{空瓶数 - 满瓶数}{空瓶数} \times 100\%$$

当废瓶率超过 10% 时，指示灯 HL 亮；直到废瓶率低于 10%，指示灯灭。当按下复位按钮 SB5（I0.4 = 1）时，空瓶数、满瓶数和废瓶率都清零。

结合本节之前设计的 PLC 控制系统外部接线图，编写出的 PLC 统计程序梯形图如图 3 - 10 - 8 所示。

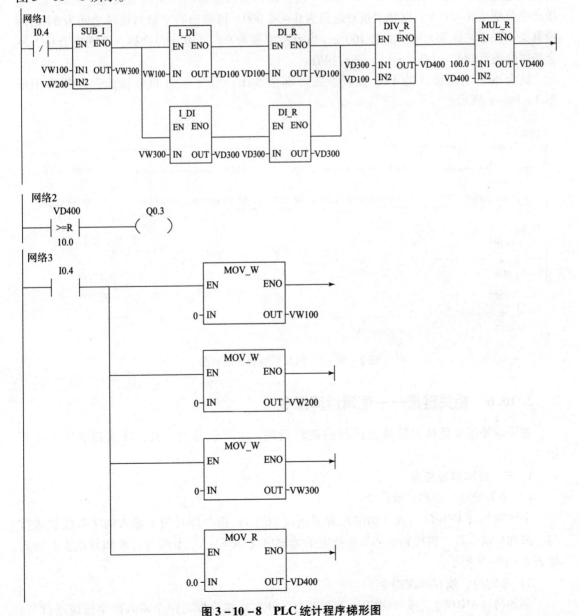

图 3 - 10 - 8　PLC 统计程序梯形图

3.10.5　自动灌装生产线 PLC 合格检验程序设计

一般称重传感器的信号输出都是与重量载荷成正比的毫伏级电压信号，普通 PLC 的模拟量输入模块无法直接处理，故需附加称重放大器将微弱的传感器信号调理放大到 0 ~ 10 V 或者 4 ~ 20 mA 的标准工业信号，以供 PLC 的模拟量输入模块进行处理，在这个过程中要进行多次模数和数模转换，而这损失了测量的精度。因此，也可以使用西门子称重模块直接接收传感器的毫伏级电压信号，将其转换为重量，该方法精度高，响应速度快，而且它可以对称重传感器供电电压进行动态补偿，进一步保证了测量的精度。

编写自动灌装生产线的 PLC 合格检验程序，实现以下功能。

称重传感器检测出满瓶的重量，并进行重量和电压信号之间的转化，送入 EM235 模块的输入端（AIW0），且每隔 500 ms 采集一次。设称重传感器的测量值范围是 0 ~ 500 g，电压转换范围是 0 ~ 10 V，则数字量对应值为 0 ~ 32 000，可得出数字量与重量之间为 64 倍的换算关系。工艺要求为瓶子灌装 100 g，当灌装重量为 90 ~ 110 g 时合格，否则不合格，不合格时蜂鸣器响起（Q0.4 = 1），进行报警。

结合本节之前设计的 PLC 控制系统外部接线图，编写出的 PLC 检验程序梯形图如图 3 – 10 – 9 所示。

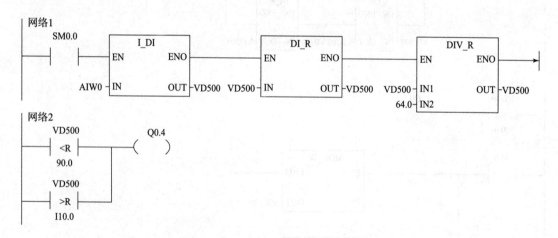

图 3 – 10 – 9　PLC 检验程序梯形图

3.10.6　相关链接——逻辑运算指令

逻辑运算指令是对无符号数进行的逻辑处理，主要包括与、或、异或和取反等运算指令。

1. 与、或和异或指令

1）字节的与、或和异或指令

字节的与（ANDB）、或（ORB）和异或（XORB）指令即对两个输入的字节按位进行与、或和异或运算，将得到的字节送指定单元输出（OUT）。字节的与、或和异或指令格式如表 3 – 10 – 9 所示。

2）字的与、或和异或指令

字的与（ANDW）、或（ORW）和异或（XORW）指令即对两个输入的字按位进行与、或和异或运算，将得到的字送指定单元输出（OUT）。字的与、或和异或指令格式如表3-10-10所示。

表3-10-9　字节的与、或和异或指令格式

LAD	STL
WAND_B　　WOR_B　　WXOR_B EN　ENO　EN　ENO　EN　ENO IN1　　　IN1　　　IN1 IN2　OUT　IN2　OUT　IN2　OUT	ANDB　IN1, OUT ORB　IN1, OUT XORB　IN1, OUT

表3-10-10　字的与、或和异或指令格式

LAD	STL
WAND_W　　WOR_W　　WXOR_W EN　ENO　EN　ENO　EN　ENO IN1　　　IN1　　　IN1 IN2　OUT　IN2　OUT　IN2　OUT	ANDW　IN1, OUT ORW　IN1, OUT XORW　IN1, OUT

图3-10-10为字的与、或和异或指令的应用示例。

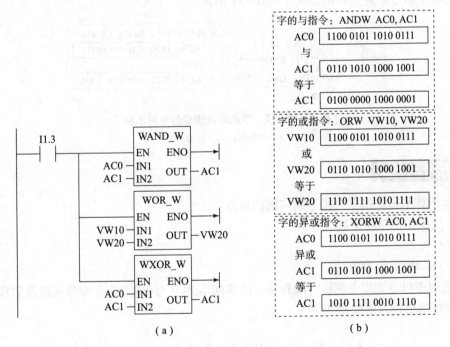

图3-10-10　字的与、或和异或指令的应用示例
（a）梯形图；（b）运算说明

3）双字的与、或和异或指令

双字的与（ANDD）、或（ORD）和异或（XORD）指令即对两个输入的双字按位进行与、或和异或运算，将得到的双字送指定单元输出（OUT）。双字的与、或和异或指令格式如表3-10-11所示。

表 3 – 10 – 11　双字的与、或和异或指令格式

LAD	STL
WAND_DW　WOR_DW　WXOR_DW EN ENO　EN ENO　EN ENO IN1 OUT　IN1 OUT　IN1 OUT IN2　　　IN2　　　IN2	ANDD IN1, OUT ORD IN1, OUT XORD IN1, OUT

2. 取反指令

取反指令是对一个字节（字节的取反指令，INVB 指令）、字（字的取反指令，INVW 指令）或双字（双字的取反指令，INVD 指令）的数据按位取反，得到的一个字节、字或双字的逻辑运算结果，并送指定存储器输出（OUT）。取反指令格式如表 3 – 10 – 12 所示。

表 3 – 10 – 12　取反指令格式

LAD	STL
INV_B　INV_W　INV_DW EN ENO　EN ENO　EN ENO IN OUT　IN OUT　IN OUT	INVB OUT INVW OUT INVD OUT

字的取反指令的应用示例如图 3 – 10 – 11 所示。

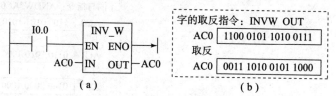

图 3 – 10 – 11　字的取反指令的应用示例

（a）梯形图；（b）运算说明

思考与练习

1. 运用算术运算指令完成下列问题的运算：

（1）$[(200 + 300) \times 10]/5$；

（2）6^{78}；

（3）$\cos 35°$的函数值。

2. 运用逻辑运算指令编写一段程序，使累加器 AC0 与 VW100 存储单元数据实现或指令操作，并将结果存入累加器 AC0。

3.11　红绿灯顺序显示的 PLC 控制

学习目标

1）要求掌握顺序控制继电器指令。

2）要求了解顺序功能图的概念及组成。

3）要求熟悉程序控制类指令。

3.11.1 项目任务

要求设计一个红绿灯顺序显示 PLC 控制系统，当红灯亮时绿灯灭，2 s 后绿灯点亮红灯灭，每间隔 2 s 状态改变一次，如此循环下去。该程序是一个顺序控制，需要用到顺序控制继电器指令。

3.11.2 准备知识

1. 顺序功能图简介

顺序功能图是按照顺序控制的思想，根据工艺过程，将程序的执行分成各个程序步，每一步由进入条件、程序处理、转换条件和程序结束 4 部分组成。通常用顺序控制继电器位 S0.0 ~ S31.7 代表程序的状态步。

1）顺序功能图的组成

顺序功能图由以下几部分组成。

（1）步。将一个复杂的顺序控制程序分解为若干个状态，这些状态称为步。步用单线方框表示，框中编号可以是 PLC 中的位存储（M）或顺序控制继电器（S）的编号。

步又分为活动步和静步。活动步是指当前正在运行的步，静步是没有运行的步。步处于活动状态时，相应的动作被执行。

（2）动作。步方框右边用线条连接的符号为本步的工作对象，简称为动作。当位存储器（M）或顺序控制继电器（S）接通时（ON），工作对象得电动作。

（3）有向连线。有向连线表示状态的转移方向。在画顺序功能图时，将代表各步的方框按先后顺序排列，并用有向连线将它们连接起来。表示从上到下或从左到右这两个方向的有向连线的箭头可以省略。

（4）转换条件。转换条件用与有向连线垂直的短线来表示，将相邻两状态隔开。转换条件标注在短线的旁边。转换条件是与转移逻辑相关的接点，可以是外部输入信号，如按钮、开关等的通断，也可以是 PLC 内部产生的信号，如定时器、计数器的通断等，还可以是若干信号的与或非组合。

2）顺序功能图的表示方法及分类

顺序功能图的表示方法如图 3 – 11 – 1，较完整的顺序功能图构成如图 3 – 11 – 2。

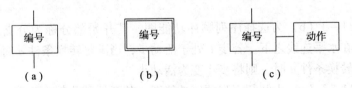

图 3 – 11 – 1 顺序功能图的表示方法

（a）步的图形符号；（b）初始步的图形符号；（c）动作的标识

顺序功能图有单序列顺序功能图、选择序列顺序功能图和并行序列顺序功能图三种，如图 3 – 11 – 3 所示。

（1）图 3 – 11 – 3（a）为单序列顺序功能图，其每一步的后面仅有一个转换，每一个转换的后面仅有一步。

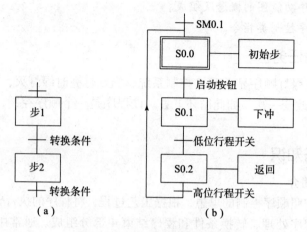

图 3 – 11 – 2　顺序功能图构成
（a）转换符号；（b）冲压机运行过程图

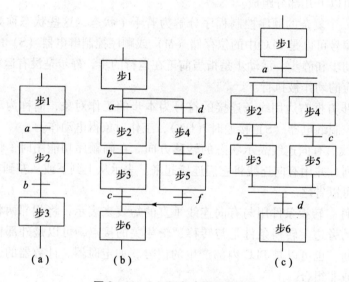

图 3 – 11 – 3　顺序功能图的分类
（a）单序列顺序功能图；（b）选择序列顺序功能图；
（c）并行序列顺序功能图

　　（2）图 3 – 11 – 3（b）为选择序列顺序功能图，其开始部分称为分支，在分支处，转换符号只能标注在水平连线之下。若步 1 处于活动步，当满足转换条件 a 时，则将步 2 变为活动步；当满足转换条件 d 时，则将步 4 变为活动步。

　　（3）图 3 – 11 – 3（c）为并行序列顺序功能图，其开始部分称为分支。当步 1 处于活动步时，转换条件 a 满足时将使步 2 和步 4 同时变为活动步，此时左右两个序列中活动步的发展将是独立的。在表示同步的水平双线之上，只允许有一个转换条件。并行序列的结束部分称为合并，在其表示同步的水平双线之下，只允许有一个转换条件。当直接连接在水平双线上的所有前级步（步 3、步 5）都处于活动步，且满足转换条件 d 时，才会将步 6 变为活动步。

2. 顺序功能图中转换的实现规则

在顺序功能图中，步的活动状态的进展是由转换来完成的，转换的实现必须同时满足以下两个条件：

（1）该转换的所有前级步均为活动步；

（2）对应的转换条件得到满足。

转换实现时应完成以下两个操作：

（1）所有与相应转换条件相连的后续步都变为活动步；

（2）所有与相应转换条件相连的前级步都变为静步。

绘制顺序功能图时需注意以下几点。

（1）两个步是不能直接相连的，必须用一个转换将其分开。

（2）两个转换是不能直接相连的，必须用一个步将其分开。

（3）初始步是必不可少的。初始步一般对应于系统等待启动的初始状态，但初始步可能没有输出，处于 ON 状态；

（4）制动控制系统应能多次重复执行同一生产过程，因此在顺序功能图中一般应为闭环结构，即完成一次全部操作后，应从最后一步返回初始步，系统处于初始状态。若该生产过程为循环工作方式，则顺序功能图应从最后一步返回下一工作周期开始运行的第一步。

以上几点中的第（1）点和第（2）点可作为检查顺序功能图是否正确的依据。

3. 顺序控制继电器指令

S7 – 200 PLC 专门提供了一类用于顺序控制系统设计的指令，即顺序控制继电器（SCR）指令，其包含 LSCR 指令、SCRT 指令和 SCRE 指令。顺序控制继电器指令的格式、功能及操作对象如表 3 – 11 – 1 所示。LSCR 指令标记一个顺序控制继电器 SCR 程序段的开始；SCRT 指令执行 SCR 程序段的转移；SCRE 指令标记一个 SCR 程序段的结束。S7 – 200 PLC CPU 含有 256 个顺序控制继电器，即 S0.0 ~ S31.7。顺序控制继电器指令可以方便地将顺序功能图转换成梯形图，有的 PLC 还为用户提供了顺序功能图语言，这样，用户只需在编程软件中生成顺序功能图后便完成了编程工作。

表 3 – 11 – 1　顺序控制继电器指令的格式、功能及操作对象

STL	LAD	功能	操作对象
LSCR bit	bit —[SCR]	步开始	顺序控制继电器位
SCRT bit	bit —(SCRT)	步转移	顺序控制继电器位
SCRE	—(SCRE)	步结束	无

使用 SCR 指令的规则如下。

（1）不能把同一个顺序控制继电器位用于不同的程序中。例如，如果在主程序中用了 S0.1，在子程序中就不能再使用它。

（2）在 SCR 程序段中不能使用跳转和标号指令，也就是说不允许跳入、跳出或在内部跳转。可以在 SCR 程序段的附近使用跳转和标号指令。

（3）在 SCR 程序段中不能使用循环和结束指令（结束指令在后文进行介绍）。

（4）SCR 指令由 LSCR 与 SCRE 指令之间的全部逻辑组成一个 SCR 程序段，SCRT 指令位于该程序段内部。当程序执行到 SCRT 指令时，将启动下一个 SCR 程序段，并停止本段程序的执行。

3.11.3　任务实施

1. 分配 I/O 地址

红绿灯顺序显示 PLC 控制系统有一个输入启动按钮（I0.0）；输出为红灯（Q0.0）和绿灯（Q0.1）。其 PLC 控制系统外部接线图如图 3 - 11 - 4 所示。

2. 程序设计

红绿灯顺序显示 PLC 控制系统的顺序功能图如图 3 - 11 - 5 所示，转换条件为时间步进型。状态步的处理为点亮红灯、熄灭绿灯，同时启动定时器，转换条件满足时（时间到）进入下一步，关断上一步。

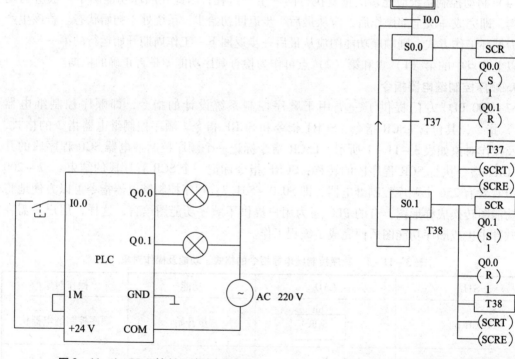

图 3 - 11 - 4　PLC 控制系统外部接线图　　　　图 3 - 11 - 5　顺序功能图

红绿灯顺序显示 PLC 控制系统的控制程序梯形图如图 3 - 11 - 6 所示，按下启动按钮（I0.0 = 1），输出线圈得电，Q0.0 置"1"（点亮红灯），Q0.1 置"0"（熄灭绿灯），同时定时器 T37 开始定时，2 s 以后，定时时间到，T37 的常开触点闭合，步进转移指令使得 S0.1 置"1"，S0.0 置"0"。程序进入第二步，输出线圈得电，Q0.1 置"1"（点亮绿灯），Q0.0 置"0"（熄灭红灯），同时定时器 T38 开始定时，2 s 以后，定时时间到，T38 的常开触点闭合，SCRT 指令使得 S0.0 置"1"，S0.1 置"0"，程序进入第一步执行，如此周而复始，循环工作。

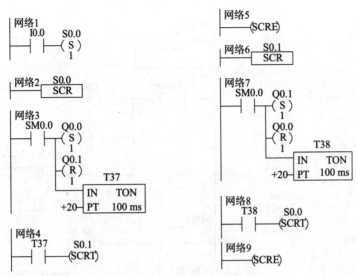

图3-11-6 控制程序梯形图

3. 运行调试

运行调试具体步骤如下：

（1）按照图3-11-4将电路正确连接；

（2）将程序用软件编程并下载到PLC中；

（3）按下启动按钮，红灯亮绿灯灭，2 s以后，绿灯亮红灯灭，再过2 s，红灯亮绿灯灭，如此循环。

3.11.4 自动灌装生产线PLC顺序控制程序设计

自动灌装生产线的PLC顺序控制程序实现的是顺序循环控制，可以使用顺序控制继电器指令来编程，画出顺序功能图如图3-11-7所示，与之对应的控制程序梯形图如图3-11-8所示。在系统允许启动后，当初始位置光电开关检测到空瓶子（I1.0 =1）时，电动机开始正转（Q0.0 =1），传送带开始运行；当灌装位置光电开关检测到瓶子（I1.1 =1）时，传送带停止运行（Q0.0 =0）开始灌装，灌装阀门打开（Q0.2 =1），灌装2 s以后，瓶子灌装满后灌装阀门关闭（Q0.2 =0），关闭2 s后传送带继续正向运行（Q0.0 =1）；当终检位置光电开关检测到满瓶（I1.2 =1）时，称重传感器称重合格（Q0.4 =0），传送带继续运行（Q0.0 =1）；到此一个顺序控制流程完成，初始位置光电开关再次检测到空瓶子，程序开始循环。

3.11.5 相关链接——程序控制类指令

1. 暂停（STOP）指令

使能端输入有效时，STOP指令能够引起CPU方式发生变化，即从RUN模式切换到STOP状态，进而可以立即终止程序的执行。暂停指令的LAD和STL格式及功能如表3-11-2所示。

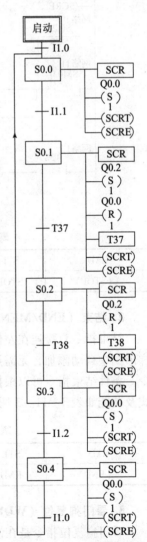

图3-11-7 顺序功能图

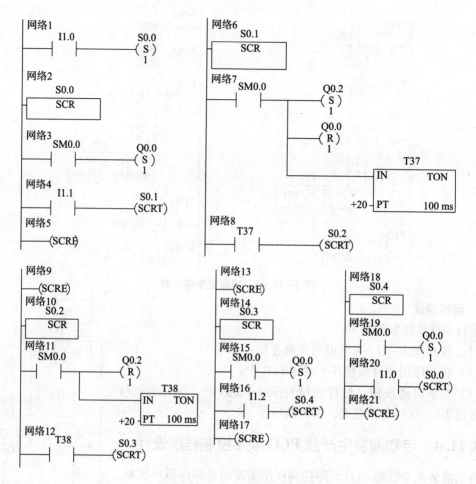

图 3 –11 –8　控制程序梯形图

表 3 –11 –2　暂停指令的 LAD 和 STL 格式及功能

LAD	STL	功能
—（STOP）	STOP	将 CPU 从 RUN（运行）状态切换为 STOP（停止）状态

2. 结束（END/MEND）指令

结束指令直接连在左侧电源母线时，为无条件结束（MEND）指令，无条件结束指令在梯形图中自动添加，无需用户编写。结束指令不连在左侧母线时，为条件结束（END）指令。条件结束指令可以根据前面的逻辑关系，终止用户主程序。结束指令的 LAD 和 STL 格式及功能如表 3 –11 –3 所示。

表 3 –11 –3　结束指令的 LAD 和 STL 格式及功能

LAD	STL	功能
—（END）	END	根据前一个逻辑条件终止用户主程序

3. 看门狗复位（WDR）指令

看门狗复位指令是在使能端输入有效时，将看门狗定时器复位。在看门狗不发生错误的情况下，可以增加一次扫描允许的时间。若使能端输入无效，看门狗定时器定时时间到，则程序将中止当前指令的执行，重新启动，返回到第一条指令重新执行。看门狗复位指令允许 CPU 的看门狗定时器重新被触发，其 LAD 和 STL 格式及功能如表 3 – 11 – 4 所示。

表 3 – 11 – 4　看门狗复位指令的 LAD 和 STL 格式及功能

LAD	STL	功能
—（WDR）	WDR	重新触发 CPU 的看门狗定时器，可以延长扫描周期，避免出现看门狗超时错误

4. 应用示例

程序控制类指令的应用示例如图 3 – 11 – 9 所示。

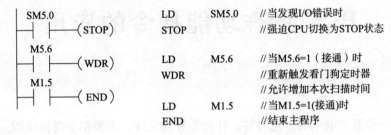

```
SM5.0                    LD      SM5.0    //当发现I/O错误时
 ┤├──（STOP）            STOP             //强迫CPU切换为STOP状态
M5.6
 ┤├──（WDR）             LD      M5.6     //当M5.6=1（接通）时
                         WDR              //重新触发看门狗定时器
M1.5                                      //允许增加本次扫描时间
 ┤├──（END）
                         LD      M1.5     //当M1.5=1（接通）时
                         END              //结束主程序
```

图 3 – 11 – 9　程序控制类指令的应用示例

思考与练习

1. 什么叫顺序功能图，它由哪几部分组成？
2. 顺序控制继电器指令和程序控制类指令各有几条，如何使用？
3. 使用顺序控制继电器指令，编写出实现红、黄、绿 3 种信号灯循环显示的 PLC 控制系统梯形图和语句表，要求循环显示间隔时间为 2 s，并画出该程序的顺序功能图。

第4章

PLC 特殊功能指令的应用

　　基本指令一般基于继电器、定时器、计数器等软元件，主要用于逻辑处理。PLC 作为工业控制计算机，仅有基本指令是远远不够的。现代工业控制的许多场合需要对数据进行处理，因而 PLC 制造商逐步在 PLC 中引入了功能指令（Functional Instruction）或称为应用指令（Applied Instruction），用于数据的传送、运算、变换、程序控制及通信等功能，这使得 PLC 成了真正意义上的计算机。近年来，功能指令又向综合性方向迈进了一大步，出现了许多用一条指令就能实现以往大段程序才能完成某种任务的指令，如表功能、PID 处理、高速计数器、高速脉冲输出指令等。这类指令实际上就是一个功能完整的子程序，其大大提高了 PLC 的实用价值和应用普及率。

　　PLC 的功能指令依据其功能大致可分为数据处理、程序控制、特种功能及外部设备等类型。其中，数据处理类功能指令含传送比较、算术与逻辑运算、移位、循环移位、数据变换、编解码等指令，用于各种运算的实现；程序控制类功能指令含子程序、中断、跳转、循环，以及步进顺控等指令，用于程序结构及流程的控制；特种功能类功能指令含时钟、高速计数器、高速脉冲输出、表功能、PID 处理等指令，用于实现某些专用功能；外部设备类功能指令含输入/输出口设备指令及通信指令等，用于主机内外设备间的数据交换。数据处理类、程序控制类功能指令已在第 3 章中进行了介绍，本章主要介绍表、中断、高速处理、时钟、PID 及通信等特殊功能指令的应用。

　　功能指令和基本指令类似，也具有梯形图及语句表等表达形式。由于功能指令的内涵主要是指令完成的功能，而不含表达梯形图符号间相互关系的成分，因此功能指令的梯形图符号多为指令框。又由于数据处理远比逻辑处理复杂，所以功能指令涉及到的机内元件种类及数据量都比较多。功能指令种类繁多，虽然其助记符与汇编语言相似，略具计算机知识的人不难记忆，但详细了解并记住其功能并不是一件容易的事。因此一般也不必准确记忆其详尽用法，只需大致了解 S7 – 200 PLC 有哪些功能指令，到实际应用时可再去查阅相关手册。

4.1 路灯的 PLC 控制

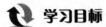 学习目标

1）要求掌握时钟指令的格式及用法。
2）要求了解应用时钟指令的主要场合。
3）要求了解取非指令与空操作指令。

4.1.1 项目任务

通过 PLC 控制路灯的亮灭，要求：每年 6—8 月，每天 19：00 至次日 2：00 路灯全亮，2：00 至 6：00 路灯亮一半；每年的其余月份，每天 18：00 至次日 2：00 路灯全亮，2：00 至 7：00 路灯亮一半，其余时段路灯全灭。

4.1.2 准备知识

S7 - 200 PLC 中 CPU214 以上的型号均具有实时时钟，利用时钟指令，可调用实时时钟。时钟指令主要有读取时钟（TODR）和设定时钟（TODW）两条。

1. 时钟指令的格式及功能

读取时钟指令是指系统读取实时时钟的当前时间和日期，并将其载入以地址 T 起始的 8 个字节的时间缓冲区。设定时钟指令是指将当前时间和日期写入实时时钟，并将其存储在以地址 T 起始的 8 个字节的时间缓冲区中。时钟指令的格式及功能如表 4 - 1 - 1 所示。

表 4 - 1 - 1　时钟指令的格式及功能

LAD	STL	功能
READ_RTC ─EN ENO─ ─T	TODR T	读取实时时钟，使能端输入有效时，读取系统当前时间，并将其存入时间缓冲区
SET_RTC ─EN ENO─ ─T	TODW T	写入实时时钟，使能端输入有效时，系统将时间缓冲区内的当前时间装入实时时钟

2. 关于时钟指令说明

（1）8 个字节的时间缓冲区（T）数据格式如表 4 - 1 - 2 所示。所有日期和时间值均采用 BCD 码表示，例如：对于"年"仅使用年份最低的两个数字，16#05 代表 2005 年；对于"星期"，1 代表星期日，2 代表星期一，7 代表星期六，0 表示禁用星期。

表 4 - 1 - 2　8 个字节的时间缓冲区数据格式

地址	T	T+1	T+2	T+3	T+4	T+5	T+6	T+7
含义	年	月	日	小时	分钟	秒	保留	星期
范围	00~99	01~12	01~31	00~23	00~59	00~59	00	0~7

（2）S7 - 200 PLC CPU 不根据日期核实星期是否正确，不检查无效日期，如 2 月 31 日为无效日期，但可以被系统接受。所以必须确保输入正确的日期。

（3）不能同时在主程序和中断程序中使用时钟（TODR/TODW）指令，否则 SM4.3 置1，即设置为显示对此时钟曾有两个同时访问尝试（非致命错误 0007）。

（4）对于没有使用过时钟指令或长时间失电和内存丢失后的 PLC，在使用时钟指令前，要通过 STEP 7 – Micro/WIN 32 软件"PLC"菜单对 PLC 时钟进行设定，然后才能开始使用时钟指令。实时时钟可以设定成与 PC 系统时间一致，也可用时钟指令中的设定时钟指令自由设定。

4.1.3 任务实施

1. I/O 地址分配与外部接线

根据控制要求分析可知，路灯的 PLC 控制系统只需两个输出：Q0.0、Q0.1，它们分别表示一半路灯的控制线圈。其 PLC 控制系统外部接线图如图 4 – 1 – 1 所示。

2. 程序设计

路灯的 PLC 控制系统梯形图如图 4 – 1 –2 所示。

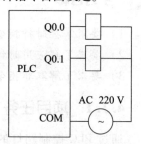

图 4 – 1 – 1　路灯的 PLC 控制系统外部接线图

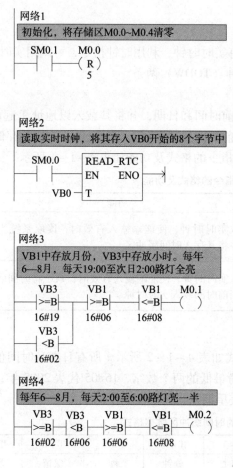
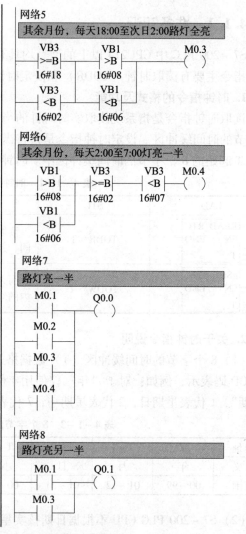

图 4 – 1 – 2　路灯的 PLC 控制系统梯形图

4.1.4　相关链接——取非与空操作指令

1. 取非指令

取非指令的格式及功能如表 4 - 1 - 3 所示。取非指令的含义为：能流到达取非触点时，停止；能流未到达取非触点时，通过。

表 4 - 1 - 3　取非指令的格式及功能

LAD	STL	功能
─┤ NOT ├─	NOT	改变能流的状态

2. 空操作指令

空操作指令的格式及功能如表 4 - 1 - 4 所示，空操作指令不影响程序的执行。操作数为 N = 0 ~ 255（常数）。

表 4 - 1 - 4　空操作指令的格式及功能

LAD	STL	功能
─┤ N NOP ├─	NOP　N	空操作

3. 取非指令和空操作指令应用示例

取非指令和空操作指令的应用示例如图 4 - 1 - 3 所示。

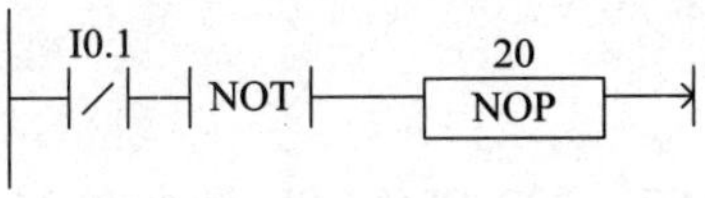

```
 I0.1              20        LDN    I0.1
─┤ / ├─ NOT ─┤ NOP ├─       NOT              //求反
                             NOP    20        //条件满足时,空操作 20 次
```

图 4 - 1 - 3　取非指令与空操作指令的应用示例

4. AENO 指令

梯形图的指令盒右侧的输出连线为使能输出端（ENO），用于指令盒或输出线圈的串联（与逻辑），不串联元件时，作为指令行的结束。

AENO（And ENO）指令的作用是和前面的使能输出端（ENO）相与，只能在语句表中使用。ENO 是 LAD 和 FBD 中指令盒的布尔量输出。如果指令盒的输入有能流，而且执行没有错误，ENO 就把能流传到下一个指令盒。AENO 指令执行栈顶和 ENO 位的逻辑与，操作结果保存在栈顶，AENO 指令没有操作数。

思考与练习

1. 编写程序，要求读取实时时钟并以 BCD 码显示秒钟。

2. S7 - 200 PLC 用 Modbus RTU 协议与计算机通信。VW100 是上位机写入的命令字，上位机设置 PLC 时钟的命令字为 16#0251。VW102 是命令执行标志，发命令时上位机将它清零，PLC 成功执行命令后将它置为"1"。要写入的日期和时间存放在 VB106 起始的 8 个字节中。试编写处理并设置 PLC 时钟命令的梯形图和语句表。

4.2　跑马灯的 PLC 控制

学习目标

1）要求掌握中断指令的格式及用法。

2）要求了解中断指令的主要使用场合。

3）要求熟悉表格存取及查找数的过程。

4.2.1　项目任务

在第 3 章的 3.6 节中，我们使用数据传送命令实现了彩灯的 PLC 控制，本项目我们将利用定时中断来实现 8 位彩灯的循环左移。要求 8 位彩灯初始值显示为 6，然后每隔 1 s 彩灯循环左移一位。控制按钮 SB1 按一次为开始，再按一次为停止，停止后彩灯全灭。

4.2.2　准备知识

该项目主要是使用定时中断来完成系统功能。所谓中断，是当控制系统执行正常程序时，系统中出现某些急需处理的特殊情况，这时系统暂时中断现行程序，转去对随机发生的紧急事件进行处理（即执行中断程序），当该事件处理完成后，再自动回到原来被中断的程序继续执行。执行中断程序前后，系统会自动保护被中断程序的运行环境，故不会造成混乱。

1. 中断源与中断优先级

1）中断源

中断源是指向 PLC 发出中断请求的中断事件。S7 – 200 PLC CPU 最多有 34 个中断源，每个中断源都分配一个编号用于识别，其称为中断事件号。中断源大致分为 3 大类：通信中断、I/O 中断和时间中断。中断事件编号见本书附录 C。

（1）通信中断。PLC 在自由口通信模式下，通信口的状态可由程序来控制，用户通过编程可以设置通信协议、波特率和奇偶校验。

（2）I/O 中断。I/O 中断包括外部输入中断、高速计数器中断和脉冲串输出中断三种。外部输入中断利用 I0.0 ~ I0.3 的上升沿或下降沿产生中断；高速计数器中断可以响应当前值等于预置值、计数方向改变、计数器外部复位等事件引起的中断；脉冲串输出中断可以响应给定数量的脉冲输出完成引起的中断。

（3）时间中断。时间中断包括定时中断和定时器中断。定时中断用来完成一个周期性的活动，周期时间以 1ms 为单位，周期设定时间为 1 ~ 255 ms（CPU21X 系列为 5 ~ 255 ms）。

①定时中断有两个事件，定时中断 0 和定时中断 1，它们把周期设定值分别写入 SMB34 和 SMB35 中。每当达到定时时间值，执行中断程序。定时中断可以用来以固定的时间间隔进行数据采样，也可以用来执行一个 PID 回路。

②定时器中断是利用定时器对一个指定的时间段产生中断。这类中断只能由 T32 和 T96 产生。当定时器中断允许且定时器当前值等于预置值时，执行中断程序。

2）中断优先级

一个 PLC 程序中可以存在多个中断源，当同时向 CPU 申请中断时，CPU 会根据中断源的优先级进行中断程序的顺序处理。西门子 PLC 的中断源优先级由高到低依次是通信中断、I/O 中断、时间中断，每类中断的不同中断事件又有不同的优先权。中断源的优先级见本书附录 C。

3）CPU 响应中断的顺序

CPU 响应中断的顺序有如下几种情况：

（1）不同优先级的中断源同时申请中断时，CPU 优先响应优先级高的中断源；

（2）相同优先级的中断源同时申请中断时，CPU 按先到先服务的原则响应中断；

（3）CPU 在处理某中断时，又有中断源提出中断请求，新出现的中断源按优先级进行排队等候，当前中断服务程序不会被其他甚至更高优先级的中断程序打断。任何时刻 CPU 只能执行一个中断程序，即 PLC 系统中的中断不允许嵌套。

2. 中断控制

中断控制包括两个方面：中断指令和中断程序。下面将介绍这两个方面的具体内容。

1）中断指令

CPU 响应中断时，首先保护现场，即自动保存逻辑堆栈、累加器和某些特殊标志寄存器位，中断程序完成后，进行恢复现场，即自动恢复这些单元保存的数据。中断指令有 4 条，其格式及功能见表 4 - 2 - 1 所示。

表 4 - 2 - 1　中断指令的格式及功能

LAD	STL	功能
—(ENI)	ENI	ENI 指令：开中断，使能端有效时，全局允许所有中断事件中断
—(DISI)	DISI	DISI 指令：关中断，使能端有效时，全局关闭所有被连接的中断事件
ATCH EN ENO INT EVNT	ATCH INT, EVNT	ATCH 指令：中断连接，使能端有效时，将一个中断事件的 EVNT 和一个中断程序的 INT 联系起来，并允许这一中断事件
DTCH EN ENO EVNT	DTCH EVNT	DTCH 指令：中断分离，使能端有效时，切断一个中断事件的 EVNT 和所有中断程序的联系，并禁止这一中断事件

PLC 进入正常运行（RUN 模式）时，CPU 处于禁止所有中断状态，若想使用中断，需利用 ENI 指令允许所有中断。多个中断事件可以调用一个中断程序，但一个中断事件不能同时连接多个中断程序。

2）中断程序

中断程序也称为中断服务程序，是用户为处理中断事件而事先编制的程序。中断程序由中断程序号开始，以无条件返回指令结束。在中断程序中，也可以根据逻辑条件使用条件返回指令返回主程序。

4.2.3　任务实施

1. I/O 地址分配与外部接线

根据控制要求分析可知，跑马灯的 PLC 控制系统共需要 8 个输出 Q0.0 ~ Q0.7，分别连接 8 个彩灯 L1 ~ L8；输入端仅需一个控制按钮 SB，将其分配在 I0.0。其 PLC 控制系统外部接线图如图 4 – 2 – 1 所示。

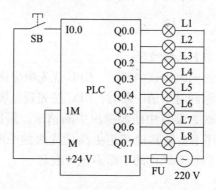

图 4 – 2 – 1　跑马灯的 PLC 控制系统外部接线图

2. 程序设计

跑马灯的 PLC 控制系统梯形图如图 4 – 2 – 2 所示。

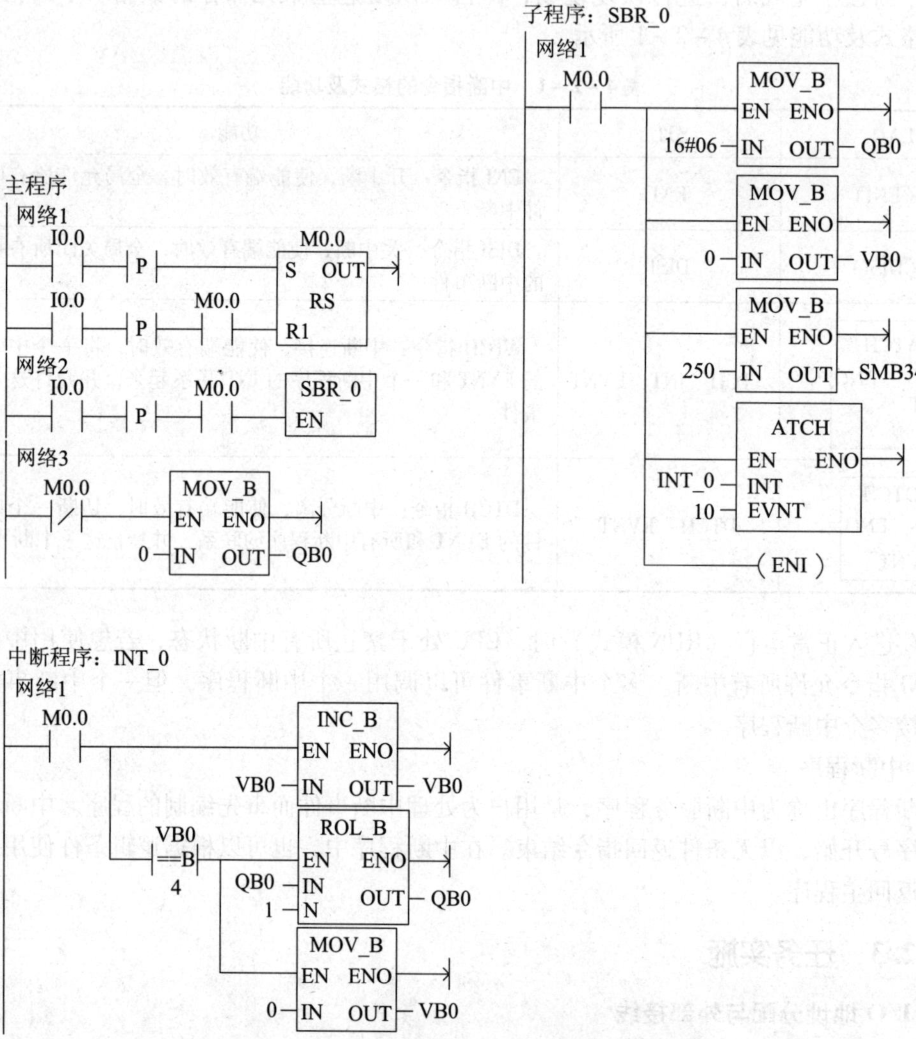

图 4 – 2 – 2 跑马灯的 PLC 控制系统梯形图

图 4 – 2 – 2　跑马灯的 PLC 控制系统梯形图

4.2.4　相关链接——表功能指令

表功能指令用来建立和存取字型的数据表。表功能指令在数据记录、监控方面具有重要作用。数据表的数据存储格式及说明如表 4 - 2 - 2 所示。

表 4 - 2 - 2　数据表的数据存储格式及说明

单元地址	单元内容	说明
VW100	0005	TL = 5，最多可以填 5 个数据，VW100 是数据表的首地址
VW102	0004	EC = 4，表中实际存放有 4 个数据
VW104	1234	数据 0
VW106	5678	数据 1
VW108	9876	数据 2
VW110	5432	数据 3
VW112	＊＊＊＊	无效数据

数据表由表地址、表定义和存储数据三部分构成。表地址是指数据表的首地址；表定义是指数据表的长度值（TL，最大填表个数）和数据长度值（EC，实际填表个数）的定义，其中数据表的长度值由表地址中的数据来定义，数据长度值由数据表中第 2 个地址的数据参数来定义；存储数据从数据表的第 3 个字地址开始，一个表最多可存放 100 个数据。

1. 填表指令

填表（ATT）指令向数据表中增加一个字值。填表指令的格式及功能如表 4 - 2 - 3 所示。DATA 为数据输入端，TBL 为数据表的首地址。指令执行后，新填入的数据放在数据表中最后一个数据的后面，EC 自动加 1。

表 4 - 2 - 3　填表指令的格式及功能

LAD	STL	功能
AD_T_TBL —EN　ENO— —DATA —TBL	ATT　DATA, TBL	使能端有效时，将 DATA 指定的数据添加到数据表中最后一个数据的后面，EC 加 1

2. 查表指令

查表（TBL - FIND）指令在数据表中搜索符合条件的数据在数据表中的位置（用数据编号表示，编号范围为 0 ~ 99）。查表指令的格式及功能如表 4 - 2 - 4 所示。TBL 为所查数据表的首地址；PTN 为指定要查找的参考数据；INDX 用来指定符合查找条件的数据所存放的位置号；CMD 是比较运算符，其操作数为常量 1 ~ 4，分别代表 =、<>、<、>。

表 4 - 2 - 4　查表指令的格式及功能

LAD	STL	功能
TBL_FIND ─ EN　ENO ─ ─ TBL ─ PTN ─ INDX ─ CMD	FND　＝　TBL, PTN, INDX FND　＜＞　TBL, PTN, INDX FND　＜　TBL, PTN, INDX FND　＞　TBL, PTN, INDX	使能端有效时，从数据表中的第一个数据开始搜索符合条件 PTN 和 CMD 所决定的数据，将该数据的位置号存入 INDX 中

　　查表指令执行前，应先将 INDX 的内容清零。使能端输入有效时，从数据表的第 0 个数据开始查找符合条件的数据，若没有发现符合条件的数据，则 INDX 等于 EC；若找到一个符合条件的数据，则将该数据在数据表中的地址存入 INDX 中；若想继续向下查找，则必须对 INDX 加 1，然后重新激活查表指令。

3. 表取数指令

　　从一个数据表中移出一个数据有先进先出（FIFO 指令）和后进先出（LIFO 指令）两种方式，而这两种方式就构成了表取数指令。表取数指令的格式及功能如表 4 - 2 - 5 所示。一个数据从数据表中移出之后，数据表的实际填表个数自动减 1。

表 4 - 2 - 5　表取数指令的格式及功能

LAD	STL	功能
FIFO ─ EN　ENO ─ ─ TBL DATA ─	FIFO　TBL, DATA	FIFO 指令：使能端有效时，从数据表中移出第一个字型数据，并将该数据输出到 DATA，剩余数据依次上移一个位置
LIFO ─ EN　ENO ─ ─ TBL DATA ─	LIFO　TBL, DATA	LIFO 指令：使能端有效时，从数据表中移出最后一个字型数据，并将该数据输出到 DATA，剩余数据位置保持不变

 思考与练习

　　1. 利用中断指令编制一个程序，实现如下功能：当 I0.0 由 OFF→ON，Q0.0 亮 1 s，灭 1 s，如此循环反复直至 I0.0 由 ON→OFF，Q0.0 变为 OFF。
　　2. 建立一个长度值为 6 的数据表，将数据填入数据表，并用不同的信号控制清零、取数，以及查找相应的数据。

4.3　包装箱的 PLC 控制

学习目标

　　1）要求掌握高速计数器指令的使用。
　　2）要求了解使用高速计数器指令时的注意事项。

4.3.1　项目任务

现代工业中经常要对某些箱体进行包装，包装过程由机器自动完成。包装箱的包装过程示意图如图 4 - 3 - 1 所示。

包装箱使用传送带传送，电动机带动传送带转动，同时也带动旋转编码器工作，旋转编码器产生高速脉冲信号。当箱体到达检测传感器 A 时，PLC 开始计数；计数到 2 000 个脉冲

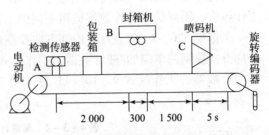

图 4 - 3 - 1　包装箱的包装过程示意图

时，箱体刚好到达封箱机 B 下进行封箱，封箱机 B 封箱时间为 300 个脉冲；然后再计数 1 500 个，到达喷码机 C 进行喷码，喷码共用 5 s，整个过程结束。封箱和喷码的整个过程传送带一直运转。

4.3.2　准备知识

高速计数器指令是 PLC 的功能指令之一，常用来控制位移和速度等。高速计数器不受扫描周期的限制，最高频率可达 30 kHz，可以用来累计 CPU 扫描速率不能控制的高速事件。在硬件连接上，目前大多采用旋转编码器作为 PLC 的高频输入信号，只要将旋转编码器的电源线、脉冲信号线与 PLC 的相应端口接好即可。软件编程时需要确定高速计数器的控制字节、工作模式和高速计数器号。用户可以设置相关特殊存储器控制高速计数器的工作。编程时，可将上述高速计数器的定义内容放置到子程序中，初始化时进行扫描激活，程序正常执行时将不再进行高速计数器的定义，否则高速计数器将无法工作。

S7 - 200 PLC CPU226 提供了 6 个高速计数器（HSC0 ~ HSC5）。

1. 高速计数器指令

高速计数器指令有两条：定义（HDEF）指令和激活（HSC）指令。高速计数器指令的格式及功能如表 4 - 3 - 1 所示。

表 4 - 3 - 1　高速计数器指令的格式及功能

LAD	STL	功能
HDEF ─EN　ENO├ ─HSC ─MODE	HDEF　HSC, MODE	HDEF 指令：使能端有效时，定义指定的高速计数器工作模式
HSC ─EN　ENO├ ─N	HSC　N	HSC 指令：使能端有效时，设置高速计数器并控制其工作

HDEF 指令为指定的高速计数器（HSC）分配一种工作模式（MODE），每个高速计数器只能使用一个 HDEF 指令，可利用 SM0.1 调用一个包含 HDEF 指令的子程序来定义高速计数器。

HSC 指令执行时，根据特殊存储器位的状态，设置和控制高速计数器工作模式，参数 N 用来指定高速计数器号。

1）高速计数器工作模式

高速计数器使用时需要首先通过 HDEF 指令来定义工作模式。高速计数器最多有 12 种工作模式，不同的高速计数器适用不同的工作模式。

工作模式 0、1、2 为具有内部方向控制的单向加/减计数器，工作模式 3、4、5 为具有外部方向控制的单向加/减计数器，工作模式 6、7、8 为具有加/减计数时钟脉冲输入端的双向计数器，工作模式 9、10、11 为 A/B 相正交计数器。高速计数器工作模式及输入点见表 4 - 3 - 2。

表 4 - 3 - 2　高速计数器工作模式及输入点

工作模式	中断描述	输入点			
	HSC0	I0. 0	I0. 1	I0. 2	
	HSC1	I0. 6	I0. 7	I1. 0	I1. 1
	HSC2	I1. 2	I1. 3	I1. 4	I1. 5
	HSC3	I0. 1			
	HSC4	I0. 3	I0. 4	I0. 5	
	HSC5	I0. 4			
0		时钟			
1	具有内部方向控制的单相加/减计数器	时钟		复位	
2		时钟		复位	启动
3		时钟	方向		
4	具有外部方向控制的单相加/减计数器	时钟	方向	复位	
5		时钟	方向	复位	启动
6		增时钟	减时钟		
7	具有加/减计数时钟脉冲输入端的双相计数器	增时钟	减时钟	复位	
8		增时钟	减时钟	复位	启动
9		时钟 A	时钟 B		
10	A/B 相正交计数器	时钟 A	时钟 B	复位	
11		时钟 A	时钟 B	复位	启动
12	HSC0 计数 Q0. 0 输出的脉冲数 HSC3 计数 Q0. 1 输出的脉冲数 （只有 HSC0 和 HSC3 支持工作模式 12）				

高速计数器 HSC0、HSC4 具有工作模式 0、1、3、4、6、7、9、10；HSC1、HSC2 具有工作模式 0 ~ 11；HSC3、HSC5 只具有工作模式 0。

2）高速计数器输入线的连接

使用高速计数器时，还应注意它的输入端连线，系统已经定义了固定的输入端口。

表 4 - 3 - 2 中给出了高速计数器的时钟、方向、复位和启动所使用的输入点，这些输入点都包括在一般数字量输入点的编号范围内，同一个输入点只能有一种功能，如果程序使用了高速计数器，则只有高速计数器没有使用的输入点才能用来作为 I/O 中断或一般 I/O 点。

2. 高速计数器编程

每个高速计数器都有固定的特殊存储器与之配合来完成计数功能。这些存储器包括控制字节、当前值双字、预置值双字、状态字节。高速计数器编程的一般步骤如下：

（1）根据选定的计数器工作模式，设置相应的控制字节；

（2）使用 HDEF 指令定义高速计数器号；

（3）设置计数方向（可选）；

（4）设置初始值（可选）；

（5）设置预置值（可选）；

（6）指定并使能中断程序（可选）；

（7）执行 HSC 指令，激活高速计数器。

可以使用指令向导来配置高速计数器。要启动 HSC 指令向导，可以在命令菜单选择 Tools→Instruction Wizard，然后选择 HSC 指令。向导程序需使用的信息包括：高速计数器的类型和工作模式、高速计数器的预置值、高速计数器的初始值、高速计数器的计数方向。

1）定义控制字

每个高速计数器都有一个控制字节，在执行高速计数器指令前，必须把这些位设定到希望的状态，否则，高速计数器的工作模式为默认设置：复位和启动为高电平有效、正交计数率为 4 倍速率。HSC0～HSC5 控制字节各位定义如表 4-3-3 所示。

表 4-3-3　HSC0～HSC5 控制字节各位定义

HSC0	HSC1	HSC2	HSC3	HSC4	HSC5	描述
SM37.0	SM47.0	SM57.0	SM137.0	SM147.0	SM157.0	复位的有效控制位（无外部复位的计数器无效）：0＝高电平复位有效；1＝低电平复位有效
SM37.1	SM47.1	SM57.1	SM137.1	SM147.1	SM157.1	启动控制（无启动输入的计数器无效）：0＝高电平有效；1＝低电平有效
SM37.2	SM47.2	SM57.2	SM137.2	SM147.2	SM157.2	正交计数器的计数速率选择（不支持正交计数的计数器无效）：0＝4倍计数速率；1＝1倍计数速率
SM37.3	SM47.3	SM57.3	SM137.3	SM147.3	SM157.3	计数方向控制：0＝减计数；1＝增计数
SM37.4	SM47.4	SM57.4	SM137.4	SM147.4	SM157.4	向 HSC 中写入计数方向：0＝不更新；1＝更新计数方向
SM37.5	SM47.5	SM57.5	SM137.5	SM147.5	SM157.5	向 HSC 中写入预置值：0＝不更新；1＝更新预置值
SM37.6	SM47.6	SM57.6	SM137.6	SM147.6	SM157.6	向 HSC 中写入新的初始值：0＝不更新；1＝更新初始值
SM37.7	SM47.7	SM57.7	SM137.7	SM147.7	SM157.7	HSC 允许：0＝禁止 HSC；1＝允许 HSC

2）设置初始值和预置值

每个高速计数器都有一个 32 位的初始值和一个 32 位的预置值，它们都是带符号整数。向高速计数器装入新的初始值和预置值前，必须先设置控制字节，并把初始值和预置值存入特殊存储器中，然后执行 HSC 指令，从而更新其值。HSC0 ~ HSC5 的初始值、预置值和当前值如表 4 - 3 - 4 所示。

表 4 - 3 - 4 HSC0 ~ HSC5 的初始值、预置值和当前值

计数器号	HSC0	HSC1	HSC2	HSC3	HSC4	HSC5
初始值	SMD38	SMD48	SMD58	SMD138	SMD148	SMD158
预置值	SMD42	SMD52	SMD62	SMD142	SMD152	SMD162
当前值	HC0	HC1	HC2	HC3	HC4	HC5

3）指定中断

高速计数器的计数和动作采用中断方式控制，高速计数器的工作模式与中断事件密切相关。高速计数器的中断事件大致有 3 种：当前值等于预置值产生中断、输入方向改变产生中断和外部复位产生中断。其中第一种中断方式是所有高速计数器都支持的。每种中断条件都可以分别使能或禁止。高速计数器产生的中断事件有 14 个，中断源优先级等详细情况请参见本书附录 C。

当使用外部复位产生中断时，不能写入初始值，或在该中断程序中禁止再允许高速计数器，否则会产生一个致命错误，致命错误代码及描述详见附表 F - 1。

4）状态字节

高速计数器都有一个状态字，其存储位指出了当前计数方向，当前值是否大于或者等于预置值。HSC0 ~ HSC5 的状态位如表 4 - 3 - 5 所示。

表 4 - 3 - 5 HSC0 ~ HSC5 的状态位

HSC0	HSC1	HSC2	HSC3	HSC4	HSC5	描述
SM36.0 ~ SM36.4	SM46.0 ~ SM46.4	SM56.0 ~ SM56.4	SM136.0 ~ SM36.4	SM146.0 ~ SM46.4	SM156.0 ~ SM56.4	无效
SM36.5	SM46.5	SM56.5	SM136.5	SM146.5	SM156.5	当前计数方向：0 = 减计数；1 = 增计数
SM36.6	SM46.6	SM56.6	SM136.6	SM146.6	SM156.6	当前值等于预置值：0 = 否；1 = 是
SM36.7	SM46.7	SM56.7	SM136.7	SM146.7	SM156.7	当前值大于预置值：0 = 否；1 = 是

只有在执行中断程序时，状态位才有效。监视高速计数器状态的目的是使其他事件能够产生中断以完成更重要的操作。

4.3.3 任务实施

本节的任务中，利用高速计数器 HSC0，将旋转编码器 A、B 相分别接到 PLC 的 I0.0 和 I0.1 端口。

1. I/O 地址分配

根据控制要求,包装箱的 PLC 控制系统的输入口有传感器输入、启动按钮、停止按钮和旋转编码器 A、B 相脉冲输入共 5 个点;输出口有电动机控制线圈、封箱机控制线圈、喷码机控制线圈共 3 个点。包装箱的 PLC 控制系统 I/O 端口分配如表 4 - 3 - 6 所示。

表 4 - 3 - 6 包装箱的 PLC 控制系统 I/O 端口分配

输入			输出		
元件名称	符号	I/O 点	元件名称	符号	I/O 点
旋转编码器 A 相脉冲输入		I0.0	电动机控制线圈	KM1	Q0.0
旋转编码器 B 相脉冲输入		I0.1	封箱机控制线圈	KM2	Q0.1
启动按钮	SB1	I0.2	喷码机控制线圈	KM3	Q0.2
停止按钮	SB2	I0.3			
传感器输入	SQ1	I0.4			

2. 外部接线

根据表 4 - 3 - 6,进行电路连接,包装箱的 PLC 控制系统外部接线图如图 4 - 3 - 2 所示。

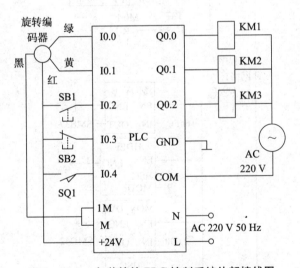

图 4 - 3 - 2 包装箱的 PLC 控制系统外部接线图

3. 程序设计

包装箱的 PLC 控制系统梯形图如图 4 - 3 - 3 所示。使用 0 号高速计数器,高速计数器的定义部分放在子程序中。由于采用 A、B 相正交计数器作为输入信号,并且没有复位信号,因此,HSC0 的工作模式为 9。根据控制要求,HSC 的控制位 SMB37 应定义为 16#FC,预置值 SMD42 为 2 000。由于编码器输出的脉冲速率在数值上远高于 PLC 的扫描速度,因此可使用边沿触发指令来控制计数脉冲个数产生的动作。该系统中也可采用中断指令来完成,具体程序请读者自行编写。

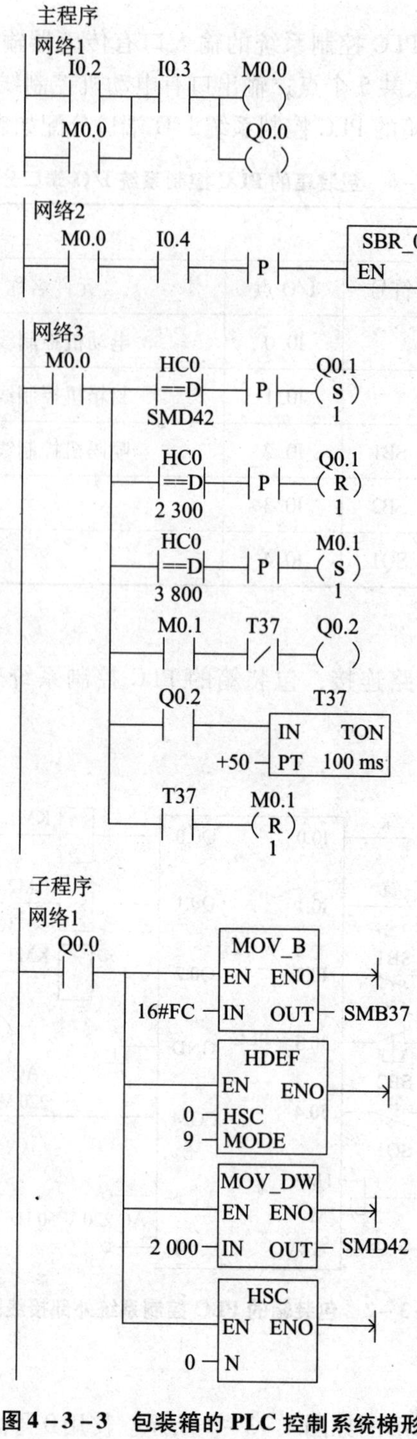

主程序
网络1

```
  I0.2    I0.3         M0.0
──┤├─────┤├─────────( )──
  M0.0                Q0.0
──┤├──               ( )──
```

网络2

```
  M0.0    I0.4    P      ┌──────────┐
──┤├─────┤├────┤├──     │  SBR_0   │
                         │ EN       │
                         └──────────┘
```

网络3

```
  M0.0    HC0          Q0.1
──┤├──┬──┤==D├──┤P├──( S )──
      │  SMD42          1
      │
      │   HC0           Q0.1
      ├──┤==D├──┤P├──( R )──
      │  2 300          1
      │
      │   HC0           M0.1
      ├──┤==D├──┤P├──( S )──
      │  3 800          1
      │
      │  M0.1    T37    Q0.2
      ├──┤├─────┤/├──( )──
      │
      │  Q0.2          ┌──────────────┐
      ├──┤├──          │ IN      TON  │
      │                │              │
      │          +50 ──┤ PT    100 ms │
      │                └──────────────┘
      │  T37           M0.1
      └──┤├──         ( R )──
                        1
```

子程序
网络1

```
  Q0.0          ┌──────────────┐
──┤├──┬────────│   MOV_B      │
      │         │ EN      ENO  ├─
      │  16#FC ─┤ IN      OUT  ├─ SMB37
      │         └──────────────┘
      │         ┌──────────────┐
      ├────────│    HDEF      │
      │         │ EN      ENO  ├─
      │      0 ─┤ HSC          │
      │      9 ─┤ MODE         │
      │         └──────────────┘
      │         ┌──────────────┐
      ├────────│   MOV_DW     │
      │         │ EN      ENO  ├─
      │ 2 000 ─┤ IN      OUT  ├─ SMD42
      │         └──────────────┘
      │         ┌──────────────┐
      └────────│    HSC       │
                │ EN      ENO  ├─
             0 ─┤ N            │
                └──────────────┘
```

图 4 - 3 - 3　包装箱的 PLC 控制系统梯形图

4.3.4　相关链接——高速处理指令

高速处理指令共有 3 种，除了高速计数器指令外，还有高速脉冲输出指令和立即类指令两种。

1. 高速脉冲输出指令

高速脉冲输出（PLS）指令用于产生高速脉冲，实现脉冲串输出（PTO）和脉冲宽度调制（PWM）功能，用来驱动负载，实现高速输出和精确控制。

1）高速脉冲输出指令的格式及功能

高速脉冲输出可用于步进电动机的控制。高速脉冲输出指令的格式及功能见表 4 - 3 - 7 所示。高速脉冲输出指令从特殊存储器 SM 中读取数据，使程序按照其数值控制 PTO/PWM 发生器。SMB67 控制 PTO0 或 PWM0，SMB77 控制 PTO1 或 PWM1，各位的含义请参见本书附录 B。

表 4 - 3 - 7　高速脉冲输出指令的格式及功能

LAD	STL	功能
PLS —EN　ENO— —Q0.X	PLS　Q	使能端有效时，检测特殊功能寄存器数值，激活由控制位定义的脉冲操作，由 Q0.0 或 Q0.1 输出

PTO 可采用中断方式进行控制，而 PWM 只能由 PLS 指令激活。

2）输出线的连接

PTO 主要用来产生指定数量的方波（占空比 50%），用户可以控制方波的周期和脉冲数。PTO 的周期以 μs 和 ms 为单位，是一个 16 位无符号数，周期变化范围为 50 ~ 65 535 μs 或 2 ~ 65 535 ms，编程时周期一般设置成偶数。脉冲串的个数用双字长无符号数表示，脉冲数取值范围为 1 ~ 4 294 967 295。

PWM 主要用来输出占空比可调的高速脉冲串，用户可以控制脉冲的周期和脉冲宽度。PWM 的周期或脉冲宽度以 μs 和 ms 为单位，是一个 16 位无符号数，周期变化范围与 PTO 相同。

每个 CPU 有两个 PTO/PWM 发生器，一个分配在数字输出端 Q0.0，另一个在 Q0.1。PTO/PWM 发生器与输出映像寄存器共用 Q0.0 和 Q0.1，当其设定为 PTO/PWM 功能时，PTO/PWM 发生器控制输出，在输出点禁止使用通用数字输入功能。

2. 立即类指令

立即类指令允许对输入和输出点进行直接读、写操作。在某些特殊条件下，需要尽可能缩短程序响应时间，尽可能采用新的输入点信息和输出点运行结果，这时可使用立即类指令。立即类指令包括立即触点指令和立即输出指令。

1）立即触点指令

立即触点指令只能对输入映像寄存器进行操作。使用立即触点指令读取输入点状态时，它会立即把输入数值读到栈顶，但不刷新相应的输入映像寄存器。这类指令包括 LDI、LD-NI、AI、ANI、OI、ONI，共 6 条。

2）立即输出指令

立即输出指令有立即复位指令、立即置位指令和立即输出指令 3 种。执行立即输出指令时，把栈顶的当前值立即复制到指令所指物理输出点，并同时刷新输出映像寄存器。这类指令包括 = I、SI、RI，共 3 条。

3. 高速计数器指令向导的应用

高速计数器指令和高速脉冲输出指令的程序可以用编程软件的指令向导生成。以高速计数器指令向导为例，编程步骤如下。

（1）打开 STEP 7 – Micro/WIN 32 软件，选择主菜单"工具/指令向导"选项进入"指令向导"对话框，如图 4 – 3 – 4 所示。

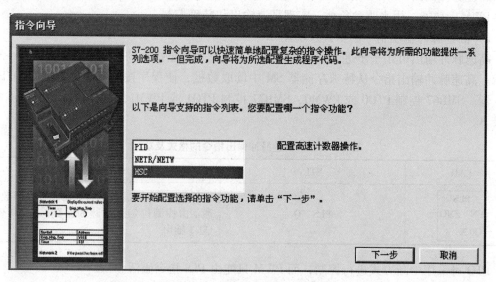

图 4 – 3 – 4　"指令向导"对话框

（2）在对话框中选择"HSC"选项，单击"下一步"按钮，出现"HSC 指令向导"对话框（一），从中可以选择计数器的编号和计数模式。在本例中选择"HSC1"和"模式11"，选择后单击"下一步"按钮，如图 4 – 3 – 5 所示。

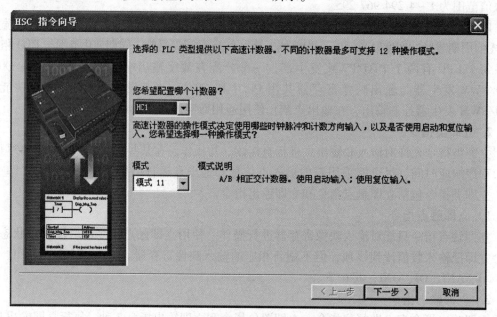

图 4 – 3 – 5　"HSC 指令向导"对话框（一）

（3）接着出现图 4 – 3 – 6 所示的"HSC 指令向导"对话框（二），即高速计数器初始化设定页面，在其中可以分别输入高速计数器初始化子程序的符号名（默认的符号名为"HSC – INIT"）；高速计数器的预置值（本例输入为"10000"）；计数器当前值的初始值（本例输入为"0"）；初始计数方向（本例中选择"增"）；重设输入（即复位信号）的极性

（本例选择"高"，即高电平有效）；起始输入（即启动信号）的极性（本例选择"高"，即高电平有效）；计数器的倍率选择（本例选择4倍频，即"4X"）。完成后单击"下一步"按钮。

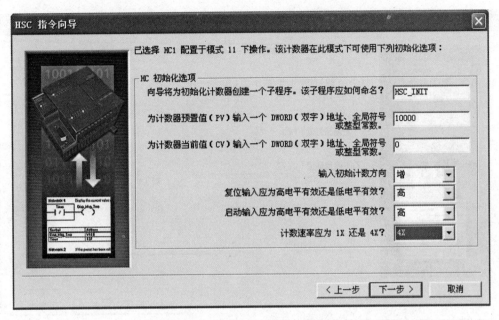

图4－3－6　"HSC指令向导"对话框（二）

（4）在完成高速计数器的初始化设定后，出现"HSC指令向导"对话框（三），即高速计数器中断设置的页面。本例中为当前值等于预置值时产生中断，并输入中断程序的符号名（默认为"COUNT_EQ"）。在"您希望为HC1编程多少步？"文本框中，输入需要中断的步数，本例只需当前值清零一步，故选择"1"。完成后单击"下一步"按钮，如图4－3－7所示。

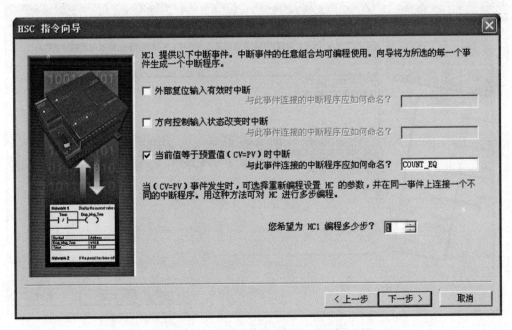

图4－3－7　"HSC指令向导"对话框（三）

（5）进入高速计数器中断处理方式设定页面。在本处假设当 CV = PV 时需要将当前值清零，所以勾选"HSC 指令向导"对话框（四）中"更新当前值（CV）"复选按钮，并在"新 CV"文本框内输入新的当前值"0"。完成后单击"下一步"按钮，如图 4 – 3 – 8 所示。

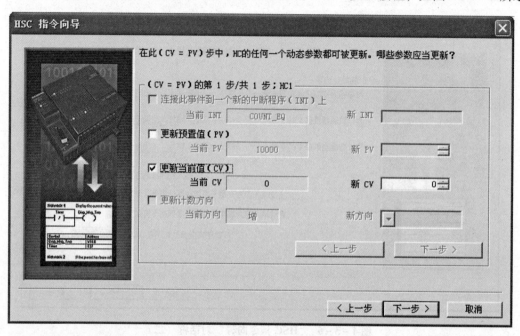

图 4 – 3 – 8　"HSC 指令向导"对话框（四）

（6）高速计数器中断处理方式设定完成后，出现"HSC 指令向导"对话框（五），即高速计数器编程确认页面。该页面显示了由向导编程完成的程序及其使用说明，单击"完成"按钮结束编程，如图 4 – 3 – 9 所示。

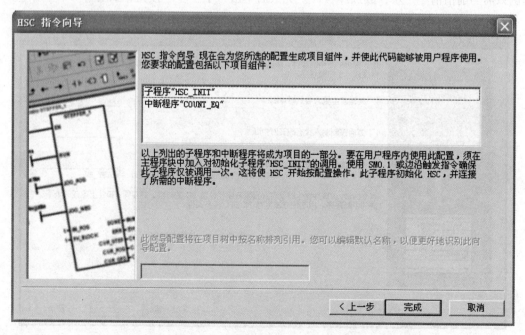

图 4 – 3 – 9　"HSC 指令向导"对话框（五）

（7）向导使用完成后在程序编辑器页面内自动增加了名称为"HSC_INIT"子程序和"COUNT_EQ"中断程序。分别单击"HSC_INIT"子程序和"COUNT_EQ"中断程序标签，就会看到程序具体内容。

思考与练习

1. 用高速计数器 HSC1 实现 20 kHz 的加计数。当计数值达到 200 时，对当前值进行清零操作。

2. 设计程序，从 PLC 的 Q0.0 输出高速脉冲。该串脉冲脉宽的初始值为 0.1 s，周期固定为 1 s，其脉宽每周期递增 0.1 s，当脉宽达到设定的 0.9 s 时，脉宽改为每周期递减 0.1 s，直到脉宽减为 0。以上过程重复执行。

3. 某设备采用位置编码器作为检测元件，需要高速计数器进行位置值的计数，其要求如下：计数信号为 A、B 两相相位差 90°的脉冲输入；使用外部计数器复位与启动信号，高电平有效；位置编码器每转的脉冲数为 2 500，在 PLC 内部计数器选择 4 倍频，计数开始值为"0"，当转动 1 转后，需要清除计数值进行重新计数。设计程序实现以上控制要求。

4.4 基于 PLC 和变频器的恒压供水系统

学习目标

1）要求掌握 PID 指令的使用。
2）要求掌握 EM235 模块的使用。
3）要求了解恒压供水的意义和实现过程。
4）要求熟悉 PLC 在模拟量闭环控制中的应用，用功能指令编写程序。

4.4.1 项目任务

供水系统是国民生产生活中不可缺少的重要一环。传统供水方式占地面积大，水质易污染，基建投资多，而最主要的缺点是水压不能保持恒定，导致部分设备不能正常工作。变频调速技术是一种新型成熟的交流电动机无极调速技术，它以其独特优良的控制性能被广泛应用于速度控制领域，特别是供水行业。由于安全生产和供水质量的特殊需要，对恒压供水压力有着严格的要求，因而变频调速技术得到了更加深入的应用。恒压供水方式、水压恒定、操作方便、运行可靠、节约电能、自动化程度高。

图 4-4-1 是 PLC、变频器控制两台水泵供水的恒压供水系统示意图，在蓄水池中，当水位低于设定水位时，进水电磁阀

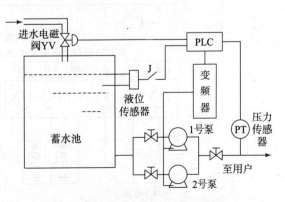

图 4-4-1 恒压供水系统示意图

YV 自动打开往水池注水，水池水满时进水电磁阀 YV 关闭停止注水。水位的高低由液位传感器来测量，同时水位信号可通过水位触点 J 直接送给 PLC，水池水满时 J 闭合，缺水时 J 断开。

恒压供水系统的控制要求如下。

（1）水池缺水时，不允许水泵电动机启动。

（2）系统可进行自动/手动控制，手动控制应在应急或检修时临时使用。

（3）系统自动控制时，按启动按钮，先由变频器启动 1 号泵，使其变频运行，如变频器的工作频率已经达到 50 Hz，而压力仍不足时，经延时将 1 号泵切换成工频运行，再由变频器启动 2 号泵，供水系统处于"1 工 1 变"的运行状态；如供水压力增高，变频器的工作频率已经降至频率下限，而压力仍偏高时，经延时后使 1 号泵停机，2 号泵转为变频运行，供水系统处于 1 台泵变频运行的状态；如供水压力继续降低，变频器的工作频率上升到 50 Hz 后压力仍不足时，可延时后将 2 号泵切换成工频运行，再由变频器去启动 1 号泵，如此循环。

（4）供水压力范围为 0 ~ 1 MPa，要求恒压为 0.8 MPa。压力传感器输出为 4 ~ 20 mA 电流。

4.4.2　准备知识

要实现恒压供水，需采集供水管网的供水压力，再经 PLC 的 PID 算法输出控制变量来控制变频器，使变频器带动供水泵运行。该过程需使用到模拟量输入和模拟量输出，通过 PLC 程序控制两台水泵的切换。

1. 模拟量 I/O 扩展模块 EM235

EM235 能够实现 4 路模拟量输入和 1 路模拟量输出功能，EM235 端子接线图如图 4 - 4 - 2 所示。对于电压信号，按正、负极直接接入 X + 和 X - 其中，X 代表 A、B、C 或 D；对于电流信号，将 RX 和 X + 短接后接入电流输入信号的 " + " 端；未连接传感器的通道要将 X + 和 X - 短接。

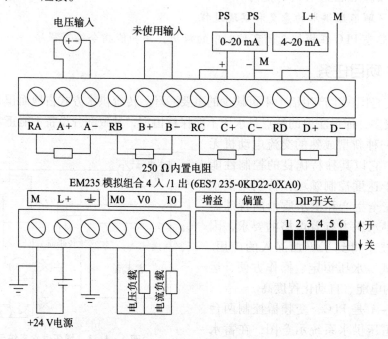

图 4 - 4 - 2　EM235 端子接线图

1）EM235 的设置

EM235 的常用技术参数见表 4-4-1 所示。

表 4-4-1　EM235 的常用技术参数

模拟量输入特性	
模拟量输入点数	4
输入范围	电压（单极性）：0~10 V、0~5 V、0~1 V、0~500 mV、0~100 mV、0~50 mV
	电压（双极性）：±10 V、±5 V、±2.5 V、±1 V、±500 mV、±250 mV、±100 mV、±50 mV、±25 mV
	电流：0~20 mA
数据字格式	双极性，全量程范围为 -32 000~+32 000；单极性，全量程范围为 0~+32 000
分辨率	12 位 A/D 转换器
模拟量输出特性	
模拟量输出点数	1
信号范围	电压输出：±10 V；电流输出：0~20 mA
数据字格式	电压：-32 000~+32 000；电流：0~+32 000
分辨率	电压：12 位；电流：11 位

对于某一模块，只能将输入端同时设置为一种量程和格式，即相同的输入量程和分辨率。6 个 DIP 开关决定了所有的输入设置。也就是说开关的设置应用于整个模块，开关设置也只有在重新上电后才能生效。

表 4-4-2 所示为 EM235 极性、增益和衰减的开关表，开关 SW1 到 SW6 可选择输入模拟量的单/双极性、增益和衰减。

表 4-4-2　EM235 极性、增益和衰减的开关表

EM235 开关						单/双极性选择	增益选择	衰减选择
SW1	SW2	SW3	SW4	SW5	SW6			
					ON	单极性		
					OFF	双极性		
			OFF	OFF			×1	
			OFF	ON			×10	
			ON	OFF			×100	
			ON	ON			无效	
ON	OFF	OFF						0.8
OFF	ON	OFF						0.4
OFF	OFF	ON						0.2

由表 4 - 4 - 2 可知，开关 SW6 决定输入模拟量的单/双极性，当 SW6 为 ON 时，输入模拟量为单极性的，SW6 为 OFF 时，输入模拟量为双极性的。SW4 和 SW5 决定输入模拟量的增益选择，而 SW1、SW2、SW3 共同决定了输入模拟量的衰减选择。将表 4 - 4 - 2 的 6 个 DIP 开关的功能进行排列组合，可得 EM235 模拟量输入范围的分辨率的开关表，如表 4 - 4 - 3 所示。

表 4 - 4 - 3　　EM235 模拟量输入范围和分辨率的开关表

单极性						单极性满量程输入	单极性分辨率
SW1	SW2	SW3	SW4	SW5	SW6		
ON	OFF	OFF	ON	OFF	ON	0 ~ 50 mV	12.5 μV
OFF	ON	OFF	ON	OFF	ON	0 ~ 100 mV	25 μV
ON	OFF	OFF	OFF	ON	ON	0 ~ 500 mV	125 μA
OFF	ON	OFF	OFF	ON	ON	0 ~ 1 V	250 μV
ON	OFF	OFF	OFF	OFF	ON	0 ~ 5 V	1.25 mV
ON	OFF	OFF	OFF	OFF	ON	0 ~ 20 mA	5 μA
OFF	ON	OFF	OFF	OFF	ON	0 ~ 10 V	2.5 mV
双极性						单极性满量程输入	双极性分辨率
SW1	SW2	SW3	SW4	SW5	SW6		
ON	OFF	OFF	ON	OFF	OFF	± 25 mV	1.25 μV
OFF	ON	OFF	ON	OFF	OFF	± 50 mV	25 μV
OFF	OFF	ON	ON	OFF	OFF	± 100 mV	50 μV
ON	OFF	OFF	OFF	ON	OFF	± 250 mV	125 μV
OFF	ON	OFF	OFF	ON	OFF	± 500 mV	250 μV
OFF	OFF	ON	OFF	ON	OFF	± 1 V	500 μV
ON	OFF	OFF	OFF	OFF	OFF	± 2.5 V	1.25 mV
OFF	ON	OFF	OFF	OFF	OFF	± 5 V	2.5 mV
OFF	OFF	ON	OFF	OFF	OFF	± 10 V	5 mV

2) EM235 的输入校准

EM235 使用前应进行输入校准。其实出厂前 EM235 已经进行了输入校准，但如果偏置（OFFSET）和增益（GAIN）电位器已被重新调整，则需要重新进行输入校准。其步骤如下：

（1）切断 EM235 电源，选择需要的输入范围；

（2）接通 CPU 和 EM235 电源，使 EM235 稳定 15 min；

（3）用一个变送器、一个电压源或一个电流源，将零值信号加到一个输入端；

（4）读取适当的输入通道在 CPU 中的测量值；

（5）调节偏置（OFFSET）电位器，直到读数为零，或所需要的数字数据值；

（6）将一个满量程信号接到输入端子，读出送到 CPU 的值；

（7）调节增益（GAIN）电位器，直到读数为 32 000 或所需要的数字数据值；

（8）必要时，重复偏置和增益校准过程。

3）EM235 输入数据字格式

图 4-4-3 给出了 12 位数据值在 EM235 的模拟量输入数据字格式中的位置。

可见，模/数转换器（A/D 转换器，简称 ADC）的 12 位读数是左对齐的。最高有效位是符号位，0 表示正值。在单极性数据中，3 个连续的 0 使得模/数转换器每变化 1 个单位，数据字则变化 8 个单位。在双极性数据中，4 个连续的 0 使得模/数转换器每变化 1 个单位，数据字则变化 16 个单位。

4）EM235 输出数据字格式

图 4-4-4 给出了 12 位数据值在 EM235 的模拟量输出数据字格式中的位置。

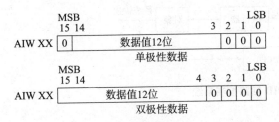

图 4-4-3　EM235 的模拟量输入数据字格式　　　图 4-4-4　EM235 的模拟量输出数据字格式

数/模转换器（D/A 转换器，简称 DAC）的 12 位读数在 EM235 的输出数据字格式中是左对齐的，最高有效位是符号位，0 表示正值。数据在装载到 DAC 寄存器之前，4 个连续的 0 是被裁断的，这些位不影响输出信号值。

5）模拟量值和 A/D 转换值的转换

通过 A/D 转换器，S7-200 PLC CPU 可以将外部输入模拟量（电流或电压）转换成一个字长（16 位）的数字量（0～32 000）。如前所述，每个模拟量占用一个字长（16 位），其中数据值占 12 位，依据输入模拟量的极性数据，数据格式有所不同，对于单极性数据，其最大数据值为 $(0111\ 1111\ 1111\ 1000)_2 = (32\ 760)_{10}$，而数字量最大值为 32 000，其差值 760 可通过调偏置/增益系统完成。

假设模拟量的标准电信号是 $A_0 \sim A_m$（如 4～20mA），A/D 转换后数值为 $D_0 \sim D_m$（如 6 400～32 000），设模拟量的标准电信号是 A，A/D 转换后的相应数值为 D，由于是线性关系，函数关系 $A = f(D)$ 可以表示为数学方程：

$$A = (D - D_0) \times (A_m - A_0)/(D_m - D_0) + A_0$$

根据该方程式，可以方便地根据 D 值计算出 A 值。将该方程式进行逆变换，从而函数关系 $D = f(A)$ 可以表示为数学方程：

$$D = (A - A_0) \times (D_m - D)/(A_m - A_0) + D_0$$

以 S7-200 PLC 和标准电信号 4～20mA 为例，经 A/D 转换后，得到的数值是 6 400～32 000，即 $A_0 = 4$，$A_m = 20$，$D_0 = 6\ 400$，$D_m = 32\ 000$，代入数学方程，得出：

$$A = (D - 6\ 400) \times (20 - 4)/(32\ 000 - 6\ 400) + 4$$

假设该模拟量与 AIW0 的值 M 对应，则当 M 的值为 12 800 时，相应的模拟电信号是 $(12\ 800 - 6\ 400) \times 16/25\ 600 + 4 = 8$ mA。

又如，某温度传感器将温度值 -10～60 ℃与标准电信号 4～20 mA 相对应，以 T 表示温度值，M 为 PLC 模拟量采样值，则将数据直接代入以上的数学方程中得

$$T = 70 \times (M - 6\,400)/25\,600 - 10$$

则可以用 T 直接显示温度值。模拟量值与 D/A 转换值之间的关系与此类似。

2. PID 指令及应用

在模拟控制系统中，模拟量进行采样后，通常会进行 PID（比例 + 积分 + 微分）运算，然后根据运算结果，形成对模拟量的控制作用。PID 三种调节作用中，微分主要用来减少超调量，克服振荡，使系统趋向稳定，加快系统的动作速度，减少超调时间，改善系统的动态特性；积分主要用来消除静态偏差，提高精度，减少超调时间，改善系统的静态特性；比例用来对偏差做出及时响应。图 4 - 4 - 5 为典型 PID 回路控制系统。

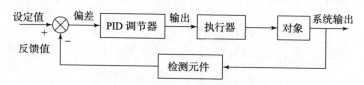

图 4 - 4 - 5　典型 PID 回路控制系统

1）PID 算法

理想的模拟 PID 算式是：

$$M(t) = K_c \left[e(t) + \frac{1}{T_I} \int_0^t e(t)\,\mathrm{d}t + T_D \frac{\mathrm{d}}{\mathrm{d}t} e(t) \right] + M_{\text{initial}}$$

式中，$M(t)$ 为 PID 回路的输出；K_c 为 PID 回路的增益，即比例系数；T_I 为积分时间；T_D 为微分时间；$e(t)$ 为回路偏差；M_{initial} 为 $e = 0$ 时的阀位开度，即 PID 回路输出的初始值。

PLC 在处理这个函数关系式时，需将关系式离散化，对偏差周期采样后，计算输出值，PID 的离散化算式是：

$$M_n = K_c e_n + (K_I e_n + M_X) + K_D (e_n - e_{n-1}) = MP_n + MI_n + MD_n$$

式中，M_n、MP_n、MI_n、MD_n 分别为第 n 次采样时刻的输出值、比例项值、积分项值和微分项值。

控制系统中有时只需要一种或两种回路控制，假如不需要积分回路，可以把积分时间设为无穷大；假如不需要微分回路，可以把微分时间置为零；假如不需要比例回路，可以把增益设为 0.0，系统会在计算积分和微分项时，把比例放大当作 1.0 来处理。

2）PID 指令

S7 - 200 PLC 中的 PID 功能的核心是 PID 指令，PID 指令需要指定一个以 V 为变量存储器区地址开始的 PID 回路表，以及 PID 回路号。PID 回路表提供了给定和反馈，以及 PID 参数等数据入口，PID 算法的结果也在 PID 回路表中输出。PID 指令的格式及功能如表 4 - 4 - 4 所示。

表 4 - 4 - 4　PID 指令的格式及功能

LAD	STL	功能
PID — EN　ENO — — TBL — LOOP	PID　TBL, LOOP	使能端输入有效时，对 TBL 为起始地址的 PID 回路表中的数据进行 PID 算法

PID 指令中 LOOP 为 PID 回路号，可在 0~7 范围内选取。每条 PID 回路必须赋予不同的回路号，即 PLC 共可以提供 8 条 PID 回路；TBL 为与 LOOP 相对应的 PID 回路表的起始地址。

3）PID 回路表

由离散化的 PID 算法可知，PLC 在执行 PID 指令时，需要对算法中的 9 个参数进行运算，为此需要建立一个 PID 回路表，即 PID 指令中的 TBL 所指定的回路表，如表 4-4-5 所示。

表 4-4-5 PID 回路表

偏移地址（VB）	变量名	数据格式	输入/输出类型	取值范围
T+0	反馈值 PV_n	双字实数	输入	0.0~1.0
T+4	设定值 SP_n	双字实数	输入	0.0~1.0
T+8	输出值 M_n	双字实数	输入/输出	0.0~1.0
T+12	增益 K_c	双字实数	输入	比例常数，可正可负
T+16	采样时间 T_s	双字实数	输入	正数，单位为 s
T+20	积分时间 T_I	双字实数	输入	正数，单位为 min
T+24	微分时间 T_D	双字实数	输入	正数，单位为 min
T+28	积分项前值 M_X	双字实数	输入/输出	0.0~1.0
T+32	反馈量前值 PV_{n-1}	双字实数	输入/输出	最近一次 PID 变量值

关于 PID 回路表有以下几点说明。

（1）PLC 可同时对多个生产过程（回路）实行闭环控制。由于每个生产过程的具体情况不同，PID 算法的参数亦不同。因此，需建立每个控制过程的 PID 回路表，用于存放控制算法的参数和过程中的其他数据。当需要执行 PID 算法时，从 PID 回路表中把过程数据送至 PID 工作台，待运算完毕后，将有关数据结果再送至 PID 回路表。

（2）表 4-4-5 中反馈值 PV_n 和设定值 SP_n 为 PID 算法的输入，只可由 PID 指令读取而不可更改。通常反馈值来自模拟量输入模块，设定值来自人机对话设备，如 TD200、触摸屏、组态软件监控系统等。

（3）表 4-4-5 中输出值 M_n 由 PID 指令计算得出，仅当 PID 指令完全执行完毕才予以更新。该值还需用户按工程量标定通过编程转换为 16 位数字值，送往 PLC 的模拟量输出寄存器 AQWX。

（4）表 4-4-5 中增益 K_c、采样时间 T_s、积分时间 T_I 和微分时间 T_D 是由用户事先写入的值，一般是调用一个子程序，在子程序中，对 PID 回路表进行初始化处理，通常也可通过人机对话设备输入。

（5）表 4-4-5 中积分项前值 M_X 由 PID 算法结果更新，且此更新值用作下一次 PID 算法的输入值。M_X 的值必须是 0.0~1.0 之间的实数，若计算结果超出范围，则可根据下式来调整：

$$M_X = 1.0 - (MP_n + MD_n) \quad (M_X > 1.0)$$
$$M_X = MP_n + MD_n \quad (M_X < 1.0)$$

4）输入/输出量的处理

由表 4 – 4 – 5 可知，PID 回路的输入/输出均为 0.0 ~ 1.0 的归一化数据，而设定值、反馈值和输出值通常是一个固定的工程量值，因此在输入端需将模拟量输入值（16 位字整数值）转换为 32 位双字整数，然后再转换为 32 位实数值，最后再将实数值进一步标准化为 0.0 ~ 1.0 之间的实数，完成输入数据的归一化。在输出端需将 PID 算法的结果进行逆处理，转换成相应的实际数值。

5）PID 指令的手动/自动方式切换

PID 指令通过使能端控制执行。所谓的手动方式是指不执行 PID 算法的方式，自动方式是指周期性地执行 PID 算法的方式。

为了保证由手动方式向自动方式的切换没有冲击，切换前应将手动方式中设定的输出值写入到 PID 回路表中的输出值 M_n 中，并使设定值 = 反馈值、反馈量前值 = 反馈值、积分项前值 = 输出值，然后才可切换到自动方式。

4.4.3　任务实施

1. I/O 地址分配

由分析可知，恒压供水系统共有 3 个开关量输入，5 个开关量输出，1 个模拟量输入，1 个模拟量输出。PLC 选用 S7 – 200 PLC CPU226，模拟量 I/O 扩展模块采用 EM235，变频器选用西门子 MM440 变频器。恒压供水系统 I/O 端口分配见表 4 – 4 – 6。

表 4 – 4 – 6　恒压供水系统 I/O 端口分配

输入			输出		
定义点	输入量	功能	定义点	输出量	功能
手动控制不使用 PLC 输入端点	SA	手动/自动开关	Q0.1	KM1	1 号泵工频运行
	SB1	1 号泵手动启动	Q0.2	KM2	1 号泵变频运行
	SB2	1 号泵手动停止	Q0.3	KM3	2 号泵工频运行
	SB3	2 号泵手动启动	Q0.4	KM4	2 号泵变频运行
	SB4	2 号泵手动停止	Q0.0	KA	中间继电器
I0.0	SB5	启动按钮	Q0.5	YV	进水电磁阀
I0.1	SB6	停止按钮	AQW0	MM440	变频器
I0.2	J	水位触点			
AIW0	压力传感器	水网压力输入			

2. 外部接线

与表 4 – 4 – 6 相对应，恒压供水系统外部接线图如图 4 – 4 – 6 所示。

主电路部分，M1 和 M2 为 1 号和 2 号水泵，接触器 KM1 和 KM3 控制两台水泵的工频运行，接触器 KM2 和 KM4 控制两台水泵的变频运行。

控制电路中，转换开关 SA 为手动/自动开关，−45°时为 PID 手动控制，+45°时为 PID 自动控制，PID 手动控制时可用按钮 SB1 ~ SB4 控制两台水泵的工频状态启停。KA 为中间继电器，MM440 变频器的控制端子 9 为自身直流 24 V 电源的正极；端子 5 为数字量输入端口

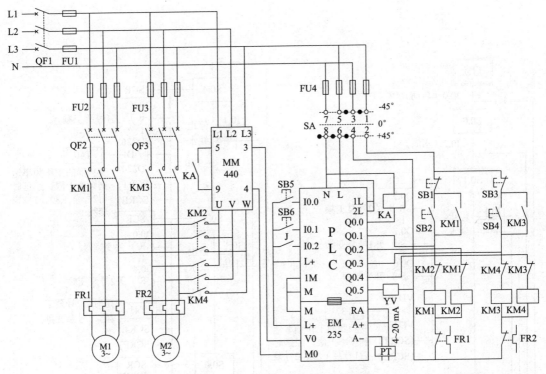

图 4-4-6　恒压供水系统外部接线图

DIN1，此处通过参数 P0701 定义为 ON/OFF1，即该端子为高电平时，变频器开始正转；端子 3 和 4 是模拟量输入的正负极，由 PLC 经 EM235 的 V0、M0 端口输出 0～10 V 的直流电压信号进行变频器频率的调节。变频器的参数设置为：P0700 = 2；P0701 = 1；P1000 = 2。变频器的详细说明请参见本书 5.2 节。

3. 程序设计

恒压供水系统程序分为 3 部分：主程序、子程序和中断程序。增益、采样时间、积分时间等的初始化放在子程序中，主程序完成逻辑运算，利用定时器中断实现 PID 算法的定时采样及输出控制。设定值为满量程的 80%，控制规律采用 PI 控制，增益和时间常数根据经验初步确定为增益 K_c = 0.25；采样时间 T_s = 0.2 s；积分时间 T_I = 30 min。这些常数需在系统运行过程中进一步调整以达到最优效果。

根据控制要求，恒压供水系统共有 4 种工作状态：

（1）1 号泵变频，2 号泵停机；

（2）变频器的工作频率上升到频率上限，1 号泵工频，2 号泵变频；

（3）变频器的工作频率下降到频率下限，1 号泵停机，2 号泵变频；

（4）变频器的工作频率上升到频率上限，1 号泵变频，2 号泵工频。

上述四种工作状态循环执行。恒压供水系统的顺序功能图如图 4-4-7 所示。其中 S0.1、S0.3、S0.4 和 S0.6 步分别为上述 4 种工作状态；S0.0 为等待初始步，梯形图在执行该步之前应完成子程序的初始化；S0.2 和 S0.5 为变频到工频的转换；VD226 中为 PID 算法的输出值；VD220 和 VD224 中分别装有变频器下限和上限频率。

根据图 4-4-7，画出的恒压供水系统梯形图如图 4-4-8 所示。

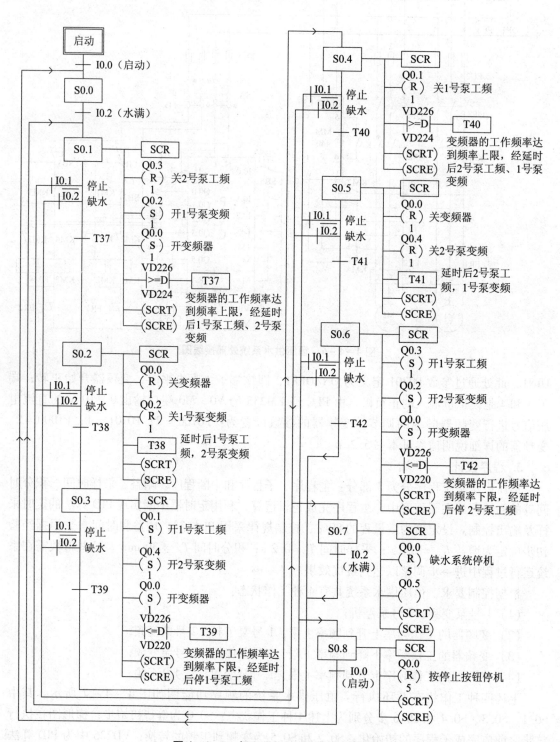

图 4 – 4 – 7　恒压供水系统的顺序功能图

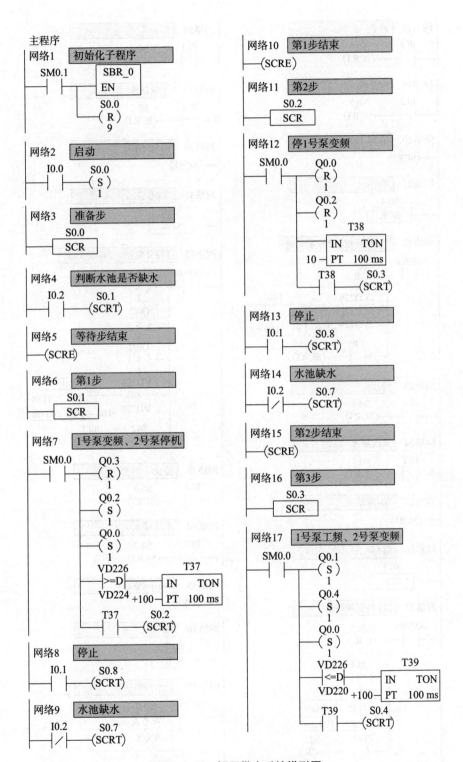

图 4 - 4 - 8　恒压供水系统梯形图

·198·

电气控制与 S7 –200 PLC 应用技术

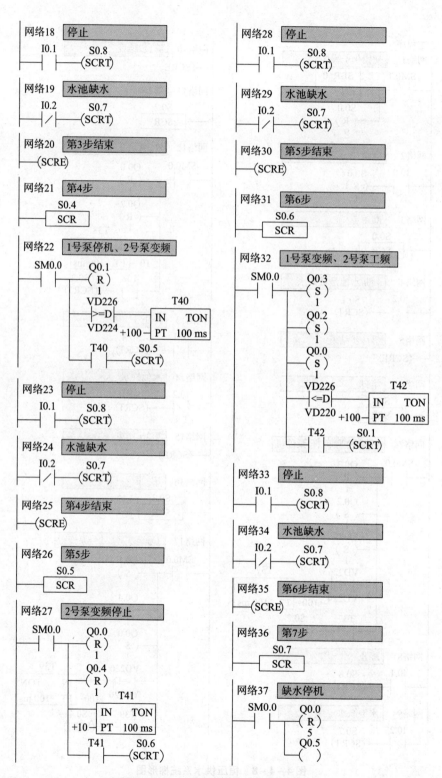

图 4 – 4 – 8　恒压供水系统梯形图（续）

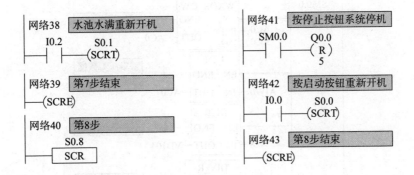

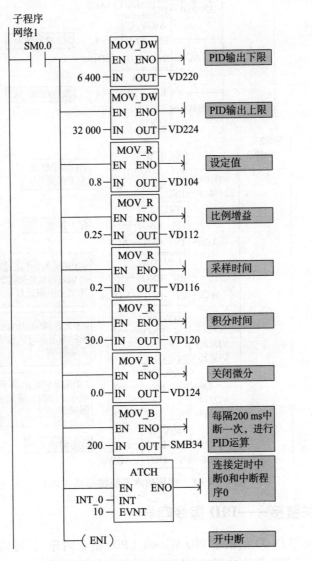

图 4 - 4 - 8　恒压供水系统梯形图（续）

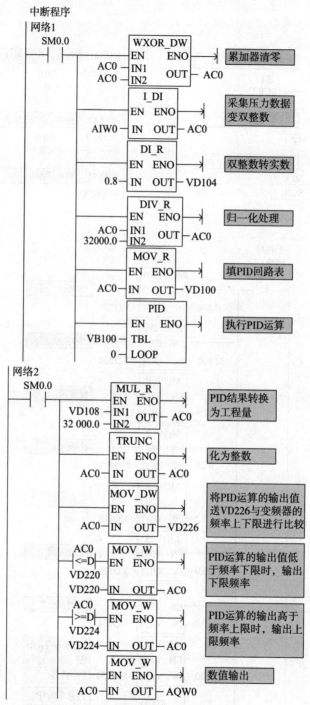

图 4 - 4 - 8　恒压供水系统梯形图（续）

4.4.4　相关链接——PID 指令向导

STEP 7 - Micro/WIN 32 提供了 PID Wizard（PID 指令向导），可以帮助用户方便地生成一个闭环控制过程的 PID 算法。用户利用在向导的指导下填写相应的参数，就可以方便快捷地完成 PID 算法的自动编程。用户只要在应用程序中调用 PID 指令向导生成的子程序，就可以完成 PID 控制任务。

　　PID 指令向导既支持模拟量输出的 PID 算法，也支持开关量输出；既支持连续自动调节，也支持手动参与控制，并能实现手动到自动的无扰切换。除此之外，它还支持 PID 反作用调节。

　　使用 PID 指令向导的步骤如下。

　　（1）打开 STEP 7 – Micro/WIN 32 编程软件，选择主菜单的"工具/指令向导"，在"指令向导"对话框中选择"PID"，并单击"下一步"按钮，如图 4 – 4 – 9 所示。

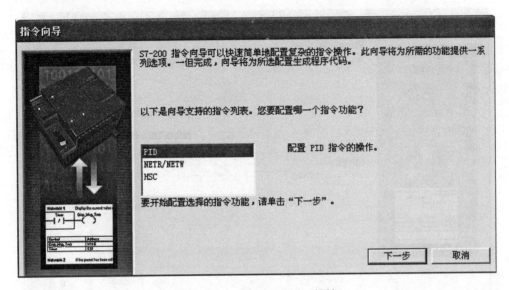

图 4 – 4 – 9　"指令向导"对话框

　　（2）在弹出的在"PID 指令向导"对话框（一）中指定 PID 指令的编号，然后单击"下一步"按钮，如图 4 – 4 – 10 所示。

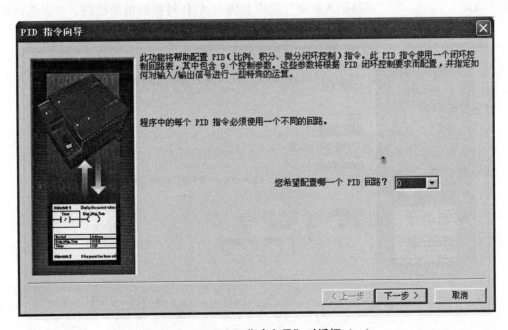

图 4 – 4 – 10　"PID 指令向导"对话框（一）

（3）如图 4 - 4 - 11 所示，在弹出的"PID 指令向导"对话框（二）中设定 PID 控制的基本参数，主要有：以百分值指定给定值（设定值）的下限（"给定值范围的低限"文本框），以百分值指定给定值的上限（"给定值范围的高限"文本框），比例增益（"比例增益"文本框）、采样时间（样本时间，"采样时间"文本框）、积分时间（整数时间，"积分时间"文本框）、微分时间（导出时间，"微分时间"文本框）。设定好后，单击对话框中的"下一步"按钮。

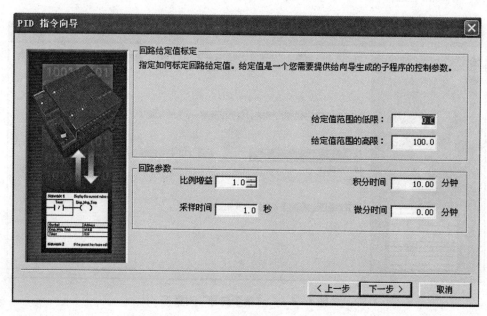

图 4 - 4 - 11　"PID 指令向导"对话框（二）

（4）如图 4 - 4 - 12 所示，在弹出的"PID 指令向导"对话框（三）中进行输入、输出参数的设定。其中，在"回路输入选项"选项组输入 A/D 转换数据的极性，可以选择单极

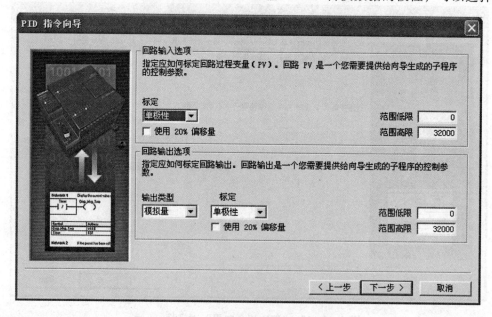

图 4 - 4 - 12　"PID 指令向导"对话框（三）

性或双极性，可以选择使用或不使用20%偏移量；在"回路输出选项"选项组选择输出信号的类型：可以选择模拟量输出或数字量输出，输出信号的极性（单极性或双极性），选择是否使用20%偏移量，选择D/A转换数据的下限（可以在"范围低限"文本框输入D/A转换数据的最小值）和上限（可以在"范围高限"文本框输入D/A转换数据的最大值）。进行输入、输出参数设定之后，在对话框中单击"下一步"按钮。

（5）如图4-4-13所示，在弹出的"PID指令向导"对话框（四）中进行警报参数的设定。其中，可选择是否使用输出下限报警（"使能低限报警（PV）"复选按钮），若使用时则应在下方的文本框中指定下限报警值；选择是否使用输出上限报警（"使能高限报警（PV）"复选按钮），若使用时则应在下方的文本框中指定上限报警值；选择是否使用模拟量输入模块错误报警（"使能模拟量输入模块报错"复选按钮），若使用时则应在下方的下拉列表框中指定模块位置。进行了警报参考数设定之后，单击"下一步"按钮。

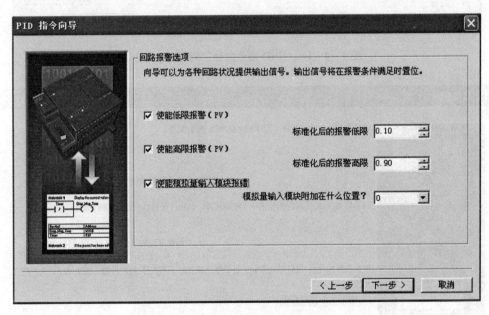

图4-4-13 "PID指令向导"对话框（四）

（6）如图4-4-14所示，在弹出的"PID指令向导"对话框（五）中设定PID的控制参数。在其中的文本框内，指定PID控制需要的变量存储器的起始地址，PID回路表需要80个字节，另外数据计算需要40个字节，共需要120个字节。进行了PID控制参数的设定之后单击"下一步"按钮。

（7）设定PID控制子程序和中断程序的名称。在选择了PID手动控制（"增加PID手动控制"复选按钮）时，给定值将不再经过PID控制运算而直接进行输出，为了保证PID手动控制到PID自动控制的平稳过渡，在PLC程序中需要对PID参数进行如下处理：使过程变量当前值与给定值相等；使上一次过程变量当前值与当前过程变量当前值相等；使上一次积分值等于当前输出值。如图4-4-15所示，在"PID指令向导"对话框（六）中设定了子程序（"此初始化子程序应如何命名？"文本框）和中断程序（"此中断程序应如何命名？"文本框）的名称之后单击"下一步"按钮。

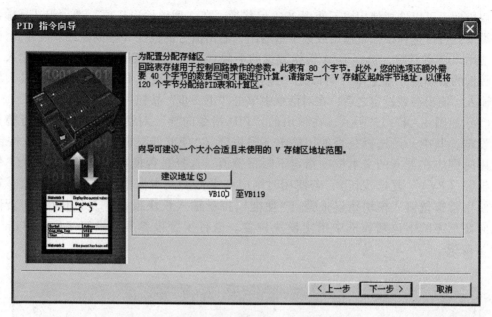

图 4－4－14　"PID 指令向导"对话框（五）

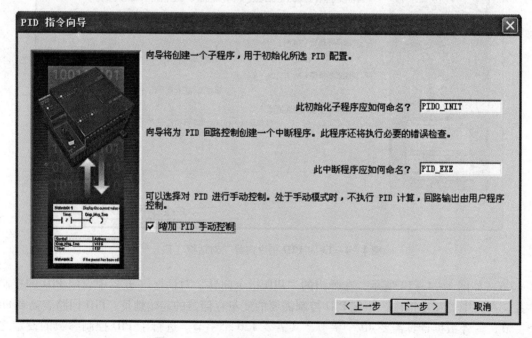

图 4－4－15　"PID 指令向导"对话框（六）

（8）如图 4－4－16 所示，在"PID 指令向导"对话框（七）中单击"完成"按钮结束 PID 指令向导的使用。

（9）PID 指令向导生成的子程序和中断程序是加密的程序，子程序中全部使用的是局部变量，其中的输入和输出变量需要在调用程序中按照数据类型的要求对其进行赋值。在 PLC 程序中可以通过调用 PID 算法子程序（PID0－INIT），实现 PID 控制。单击浏览条中"数据块"图标，则显示出 PID 指令向导设定的变量存储器参数表，如图 4－4－17 所示。

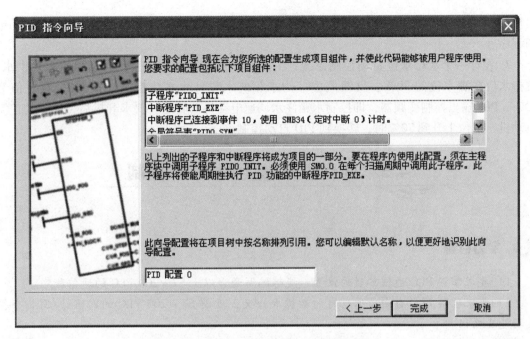

图 4 - 4 - 16　"PID 指令向导"对话框（七）

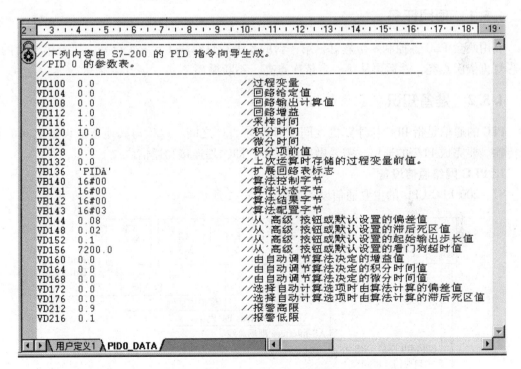

图 4 - 4 - 17　PID 指令向导设定的变量存储器参数表

思考与练习

1. 模拟量输出模块的数字量输入值为 0 ~ 32 000，输出电流为 DC 0 ~ 20 mA。在 I0.0 的上升沿，将 VD28 中 PID 控制器的输出实数值 Z（0.00 ~ 1.00）转换为整数，送给模拟量输

出模块，要求模块输出 4 ~ 20 mA 的电流。求送给模拟量输出 AQW0 的整数 N，并编写梯形图程序。

2. 设计一个水箱水位自动控制系统：一恒压供水水箱，通过变频器驱动的水泵供水，维持水位在满水位的 70%。反馈值 PV_n 为水箱的水位（由水位检测计提供），设定值为 70%，PID 输出控制变频器，即控制水箱注水调速电动机的转速。要求开机后，先手动控制电动机，水位上升到 70% 时，转换到 PID 自动控制。

4.5　两台彩灯接力的 PLC 控制

🔄 学习目标

1）要求掌握 PLC 通信参数的设置，能够编写两台以上 S7 - 200 PLC 的通信程序。

2）要求理解 PLC 自由口通信时的数据表含义，理解 S7 - 200 PLC 的网络读/写指令格式功能及编程。

3）要求熟悉 S7 - 200 PLC 的通信模式和支持的通信协议。

4.5.1　项目任务

利用两台 PLC 各控制 8 个彩灯，第一台的 8 个彩灯每隔 1 s 依次点亮，接着第二台的 8 个彩灯再依次点亮，然后再从第一台依次点亮，不断循环。

4.5.2　准备知识

PLC 的通信是指 PLC 与计算机之间、PLC 与 PLC 之间、PLC 与其他智能设备之间的数据传输。要完成 PLC 的通信，需要做好两件事，即物理连接和通信协议。

1. PLC 网络通信设备

S7 - 200 PLC CPU 的主要通信设备如图 4 - 5 - 1 所示。

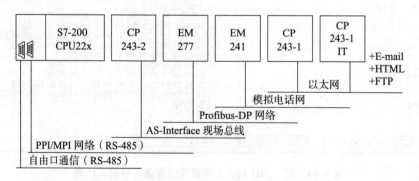

图 4 - 5 - 1　S7 - 200 PLC CPU 的主要通信设备

1）CPU 主机上的集成通信口

S7 - 200 PLC CPU 主机上的集成通信口是符合欧洲标准 EN50170 中 Profibus 标准的 RS - 485 兼容 9 针 D 型连接器。S7 - 200 PLC 集成通信口引脚与 Profibus 名称的对应关系如表 4 - 5 - 1 所示。

表 4 – 5 – 1　S7 – 200 PLC 集成通信口引脚与 Profibus 名称的对应关系

CPU 插座（9 针母头）	引脚号	Profibus 名称	引脚定义
	1	屏蔽	机壳接地/屏蔽
	2	24V 返回	逻辑地（24V 公共端）
	3	RS – 485 信号 B	RS – 485 信号 B 或 TxD/RxD +
	4	发送请求	RTS（TTL）
	5	5V 返回	逻辑地（5 V 公共端）
	6	+5V	+5V，通过 100 Ω 电阻
	7	+24V	+24V
	8	RS – 485 信号 A	RS – 485 信号 A 或 TxD/RxD –
	9	不用	10 位协议选择（输入）
	金属壳	屏蔽	机壳接地/与电缆屏蔽层连通

2）网络连接器

网络连接器可以把多个设备连接到网络中，其有两种类型：一种仅提供连接到主机的接口，另一种增加了一个编程接口。每一种网络连接器都有终端匹配和网络偏置选择开关。在整个网络中，电缆的始端和末端一定要有终端匹配和网络偏置才能减少网络在通信过程的传输错误。因此，处在始端和终端节点的网络连接器的终端匹配和网络偏置选择开关应拨在 ON 位置，而其他节点的网络连接器的终端匹配和网络偏置选择开关应拨在 OFF 位置。如图 4 – 5 – 2 所示。

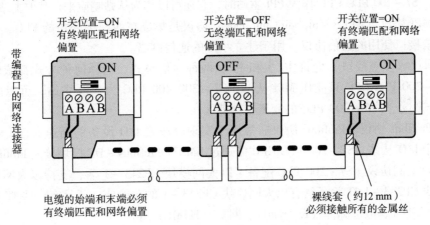

图 4 – 5 – 2　网络连接器

3）通信电缆

通信电缆主要有 Profibus 网络电缆和 PC/PPI 电缆。Profibus 网络电缆是使用屏蔽双绞线的电缆，网络段的电缆长度、电缆类型和波特率要求有很大关系，网络段的电缆越长，传输速率越低。PC/PPI 电缆的一端是 RS – 485 端口，用来连接 PLC 主机，另一端是 RS – 232 端口，用来连接计算机、编程器、调制解调器等配有 RS – 232 端口的设备，电缆中部的开关盒有 4 个或 5 个 DIP 开关，用来设置波特率、传送字符数格式和设备模式。

4）网络中继器

当通信网络的长度大于 1 200 m 时，为了使通信准确，需要加入网络中继器对信号滤波、放大和整形。加一个网络中继器以后可以把网络的节点数目增加 32 个，传输距离增加 1 200 m。每个网络中继器都提供了终端匹配和网络偏置选择开关。整个网络中最多可以使用 9 个网络中继器。

5）其他设备

除了以上设备外，常用的设备还有通信处理器 CP5611、CP5612、CP5511、CP5512 的多机接口卡（MPI 卡）和 EM277 通信模块、CP243 通信模块、CP241 通信模块等。

2. 通信协议

1）通信协议的分类

西门子公司工业通信网络的通信协议包括通用协议和公司专用协议，S7 - 200 PLC 支持的通信协议包括 PPI 协议、MPI 协议、Profibus - DP 协议、AS - Interface 协议、USS 协议、Modbus RTU 协议、以太网协议、自由口协议等。

（1）PPI 协议。PPI（Point to Point Interface）协议是西门子公司专为 S7 - 200 PLC 开发的一个通信协议，内置于 S7 - 200 PLC CPU 中。PPI 协议物理上基于 RS - 485 接口，通过屏蔽双绞线就可以实现通信。

PPI 协议（点对点接口）是一种主 - 从协议，即主站设备发送请求到从站，从站设备响应。PPI 协议用于 S7 - 200 PLC CPU 与编程计算机之间、S7 - 200 PLC CPU 之间，以及 S7 - 200 PLC CPU 与 HMI（人机界面）之间的通信。

如果在用户程序中允许选用 PPI 主站模式，一些 S7 - 200 PLC CPU 在运行模式下可以作为主站。一旦选用 PPI 主站模式，就可以利用网络读（NETR）和网络写（NETW）指令读/写其他 CPU。当 S7 - 200 PLC CPU 作为 PPI 主站时，它还可以作为从站响应来自其他主站的请求。

（2）MPI 协议。MPI（Multipoint interface）协议是集成在西门子公司的 PLC、操作员界面上的通信接口使用的通信协议，用于建立小型的通信网络。

MPI 协议（多点接口）允许主/主和主/从两种通信模式。选择何种方式都依赖于设备类型。S7 - 200 PLC CPU 只能作 MPI 从站，S7 - 300/400 PLC 为 MPI 主站，可以用 XGET/XPUT 指令来读/写 S7 - 200 PLC 的变量存储器区。

（3）Profibus 协议。Profibus 协议通常用于实现分布式 I/O 设备的高速通信。有一个主站和若干个 I/O 从站。S7 - 200 PLC CPU 需通过 EM277 Profibus - DP 模块接入 Profibus 网络。

（4）以太网协议。S7 - 200 PLC 配备了以太网模块 CP243 - 1 后，支持以太网协议。而以太网模块 CP243 - 1 IT 除了具有以太网模块 CP243 - 1 的功能外，还具有一些 IT 功能，如文件传送（FTP）、电子邮件（E - mail）、网页（HTML）等。

（5）自由口协议。自由口协议是 S7 - 200 PLC CPU 很重要的协议，在自由口协议的自由口通信模式下，S7 - 200 PLC CPU 可以以任何通信协议公开地与其他设备进行通信，即用户可以自己定义通信协议。自由口通信模式使用接受中断、发送中断、字符中断、发送指令和接收指令，以实现 S7 - 200 PLC CPU 通信口与其他设备的通信。当处于自由口通信模式时，通信协议完全由梯形图程序控制。

在自由口通信模式下，主机只有在 RUN 模式时，用户才可以用相关的通信指令编写用户控制通信口的程序。当主机处于 STOP 方式时，自由口通信模式被禁止，通信口自动切换到正常的 PPI 协议操作。

　　2）通信协议的网络设备

　　通信协议定义了两类网络设备：主站和从站。从站不能主动发起通信数据交换，只能响应主站的访问，提供或接收数据。从站不能访问其他从站。多数情况下，S7-200 PLC CPU 在通信网络中作为从站。主站可以发起数据通信，读写其他站点的数据。S7-200 PLC CPU 在读写其他 S7-200 PLC CPU 数据时（PPI 协议）就作为主站（PPI 主站也能接收其他主站的数据访问），S7-200 PLC 通过附加扩展的通信模块也可以充当主站。

　　安装编程软件 Step 7-Micro/WIN 32 的计算机一定是主站；所有的 HMI（人机操作界面）也是主站；与 S7-200 PLC 通信的 S7-300/400 往往也作为主站。

3. 自由口通信模式

　　1）自由口通信模式相关的特殊寄存器

　　自由口通信模式所使用的波特率、奇偶校验及有效数据位等参数由特殊寄存器 SMB30（端口 0）和 SMB130（端口 1）的各位来设定，而在信息接收时还要使用特殊寄存器 SMB86~SMB94（端口 0）和 SMB186~SMB194（端口 1）来完成数据接收的监控和控制。特殊寄存器各位的定义参见本书附录 B。以下简要介绍几种特殊寄存器和特殊标志位。

　　（1）特殊寄存器 SMB30 和 SMB130。特殊寄存器 SMB30 和 SMB130 用于控制通信参数，它们的对应数据位功能相同，各位的含义如下：

P	P	D	B	B	B	M	M

　　①PP 位：奇偶校验选择，00 和 10 表示无奇偶校验；01 表示偶校验；11 表示奇校验。

　　②D 位：有效数据位，0 表示每个字符 8 位有效数据；1 表示每个字符 7 位有效数据。

　　③BBB 位：自由口波特率，000 表示 38 400 bps；001 表示 19 200 bps；010 表示 9 600 bps；011 表示 4 800 bps；100 表示 2 400 bps；101 表示 1 200 bps；110 表示 115 200 bps；111 表示 57 600 bps。

　　④MM 位：协议选择，00 表示 PPI 从站模式；01 表示自由口协议；10 表示 PPI 主站模式；11 表示保留（默认为 PPI 从站模式）。

　　（2）特殊寄存器 SMB86 和 SMB186。接收信息时会使用到特殊寄存器 SMB86~SMB94（端口 0）和 SMB186~SMB194（端口 1），其各字节的功能见本书附录 B。PLC 在进行数据接收时，使用 SMB87 或 SMB187 来控制接收信息，使用 SMB86 或 SMB186 来监控接收信息。

　　特殊寄存器 SMB86 和 SMB186 的数据位含义如下：

N	R	E	0	0	T	C	P

　　①N=1：用户通过禁止命令结束接收信息操作；

　　②R=1：因输入参数错误或缺少起始结束条件引起的接收信息结束；

　　③E=1：接收到字符；

　　④T=1：超时，接收信息结束；

　　⑤C=1：字符数超长，接收信息结束；

　　⑥P=1：奇偶校验错误，接收信息结束。

　　（3）特殊寄存器 SMB87 和 SMB187 用于定义和识别信息的判据，其各数据位含义如下：

EN	SC	EC	IL	C/M	TMR	BK	0

①EN 表示接收允许，0 = 禁止，1 = 允许；

②SC 表示是否使用特殊寄存器 SMB88 或 SMB188 的值检测起始信息，0 = 忽略，1 = 使用；

③EC 表示是否使用特殊寄存器 SMB89 或 SMB189 的值检测结束信息，0 = 忽略，1 = 使用；

④IL 表示是否使用特殊寄存器 SMB90 或 SMB190 的值检测空闲信息，0 = 忽略，1 = 使用；

⑤C/M 表示定时器定时性质，0 = 内部字符定时器，1 = 信息定时器；

⑥TMR 表示是否使用特殊寄存器 SMB92 或 SMB192 的值终止接收，0 = 忽略，1 = 使用；

⑦BK 表示是否使用中断条件检测起始信息，0 = 忽略，1 = 使用。

通过对特殊寄存器 SMB87 和 SMB187 各个位的设置，可以实现多种形式的自由口接收通信。

（4）寄存器中的特殊标志位。寄存器中的特殊标志位 SM4.5 和 SM4.6 分别表示端口 0 和端口 1 处于发送空闲状态。具体中断事件如下：

①字符接收中断事件：8（端口 0）和 25（端口 1）；

②发送完成中断事件：9（端口 0）和 26（端口 1）；

③接收完成中断事件：23（端口 0）和 24（端口 1）。

2）自由口发送/接收指令

自由口发送/接收指令的格式及功能见表 4 - 5 - 2 所示。

表 4 - 5 - 2　自由口发送/接收指令的格式及功能

LAB	STL	功能
XMT — EN ENO — — TBL — PORT	XMT TBL, PORT	数据发送指令：使能端有效时，激活数据缓冲区 TABLE 中的数据，通过 PORT 将数据缓冲区中的数据发送出去
RCV — EN ENO — — TBL — PORT	RCV TBL, PORT	数据接收指令：使能端有效时，激活初始化或结束接收信息服务，通过 PORT 接收远程设备上传来的数据，并放到数据缓冲区 TABLE

数据缓冲区 TABLE 的第一个数据指明了要发送/接收的字节数，自第二个数据开始才是要发送/接收的内容。

数据发送（XMT）指令可以发送一个或多个字符，最多有 255 个字符缓冲区。数据接收（RCV）指令可以接收一个或多个字符缓冲区，最多有 255 个字符缓冲区，在接收任务完成后产生中断事件 23（端口 0）或 24（端口 1），如果有一个中断程序连接到接收完成事件上，则可以完成相应的操作。SMB2 为自由口接收字符缓冲区。在自由口通信模式下，从 0 口或端口 1 接收到的每个字符都放在这里，以便于梯形图程序存取。SMB3 用于自由口通信模式，当接收到的字符检测到奇偶校验出错时，将 SM3.0 置"1"；若没有出错，SM3.0 为"0"。SM3.1～SM3.7 保留。SMB2 和 SMB3 由 0 口和端口 1 共用。当 0口接收到字符并使得与中断事件 8 相连的中断程序执行时，SMB2 包含 0 口接收到的字符，而 SMB3 包含该字符的校验状态。当端口 1 接收到字符并使得与中断事件 25 相连的中断程序执行时，SMB2 包含端口 1 接收到的字符，而 SMB3 包含该字符的校验状态。

3）自由口通信模式示例

使用本地 CPU224 的输入信号 I0.1 上升沿控制接收远程 CPU224 的 20 个字符，接收完成后，再将接收到的信息送回远程 PLC。发送完成后使用本地 CPU224 的 Q1.0 进行提示。要求：通信模式为通信协议中的自由口通信模式，自由口波特率为 9 600 bps，无奇偶校验，8 位有效数据位；不设超时时间，接收和发送使用同一个数据缓冲区，其首地址为 VB100。

要完成该系统，需要两台 CPU224、两个网络连接器（一个带编程口）、两根通信电缆（一根为 PPI 电缆）。根据通信协议应设置 SMB30 = 9，其梯形图应包含主程序和两个中断程序，主程序完成系统的初始化和接收信息，中断程序 0 在主程序接收完成后启动发送命令，中断程序 1 完成发送结束后的状态提示。自由口通信模式示例的梯形图如图 4 – 5 – 3 所示。

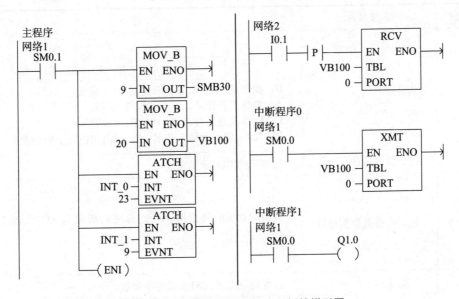

图 4 – 5 – 3　自由口通信模式示例的梯形图

4. PPI 网络通信模式

PPI 网络通信模式可以采用 PPI、MPI、Profibus 等通用协议，在 S7 – 100 PLC 的 PPI 网络通信模式中，S7 – 200 PLC 一般被默认为从站，只有当采用 PPI 协议时，才有些 S7 – 200 PLC 允许工作于 PPI 主站模式。将特殊寄存器 SMB30 和 SMB130 中的内容设置为 16#2，可以将 S7 – 200 CPU 设置为 PPI 主站模式。

1）网络读/写指令

在 PPI 主站模式下可以使用网络读/写指令，其指令格式及功能如表 4 – 5 – 3 所示。

网络读/写（NETR/NETW）指令可以从远程站点最多读/写 16 个字节的信息，同时可以最多激活 8 条网络读/写指令。

表 4 – 5 – 3　网络读/写指令格式及功能

LAB	STL	功能
NETR — EN — TBL — PORT	NETR　TBL，PORT	网络读指令：使能端有效时，通过 PORT 指定的通信口，根据数据表 TBL 中的定义读取远程设备的数据
NETW — EN — TBL — PORT	NETW　TBL，PORT	网络写指令：使能端有效时，通过 PORT 指定的通信口，根据数据表 TBL 中的定义将数据写入远程设备中去

2）网络通信数据表

执行网络读/写指令时，主站与从站之间传送数据的数据表 TBL 的格式如表 4 – 5 – 4 所示。网络读/写指令的错误码如表 4 – 5 – 5 所示。

表 4 – 5 – 4　数据表 TBL 的格式

偏移地址	字节名称	说明
0	状态字节	7　　　　　　　　　0 D | A | E | 0 | E1 | E2 | E3 | E4 D：操作是否完成，0 = 未完成，1 = 完成 A：操作是否排队，0 = 无效，1 = 有效 E：操作返回是否有错，0 = 无，1 = 有 E1 ~ E4：错误编码。若 E = 1，则由这四位返回错误码
1	远程设备地址	被访问的 PLC 从站地址
2 3 4 5	远程设备的数据指针	被访问数据的间接指针（指针可以指向 I、Q、M 和 V 数据区）
6	数据长度	远程站点上被访问数据的字节数
7	数据字节 0	收/发数据存储区
…	…	
22	数据字节 15	

表 4 – 5 – 5　网络读/写指令的错误码

E1E2E3E4	错误码	说明
0000	0	无错误
0001	1	超时错误：远程站无响应
0010	2	接收错误：校验错误或检查时出错

续表

E1E2E3E4	错误码	说明
0011	3	离线错误：站号重复或失败硬件引起冲突
0100	4	队列溢出错误：超过 8 个网络读/写指令被激活
0101	5	违反协议：未在特殊寄存器 SMB30 中设置 PPI 协议而执行网络读/写指令
0110	6	非法参数：网络读/写数据表中含有非法的或无效的值
0111	7	无资源：远程站点忙
1000	8	第 7 层错误：应用协议冲突
1001	9	信息错误：数据地址错误或数据长度不正确
1010 ~ 1111	A ~ F	未使用

以上内容重点介绍了 PLC 的自由口通信和 PPI 网络通信模式。随着计算机技术的不断发展，目前 PLC 所支持的通信协议和通信模式还有很多，如 Profibus – DP 协议、以太网协议、IT 网络、OPC 协议，以及变频器之间的 USS 协议等，这里将不再一一赘述，详细内容请参考其他相关书籍。

4.5.3　任务实施

8 个彩灯分别占用两台 PLC 的 QB0 口。第一台 PLC（PLC1）和第二台 PLC（PLC2）使用通信电缆和网络连接器进行连接，PCL1 通过带编程口的网络连接器和 PC/PPI 电缆连接到 PC 机（上位机）。PC 机与两台 PLC 组成一个使用 PPI 协议的单主站通信网络。PLC1 地址设为 2，PLC2 地址设为 3，通过 PC 机（地址设为 0）编程软件中的"系统块"进行地址设置并下载到 CPU 中。两台彩灯接力的 PLC 控制系统的网络结构如图 4 – 5 – 4 所示。

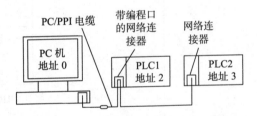

图 4 – 5 – 4　两台彩灯接力的 PLC 控制系统的网络结构

1. 定义网络读/写数据表

在 RUN 模式下，PLC1 在程序中使用 PPI 主站模式，可以利用网络读/写指令来不断读/写 PLC2 中的数据。PLC1 中的网络读/写数据表定义如表 4 – 5 – 6 所示。

表 4 – 5 – 6　网络读/写数据表定义

网络读数据表定义		网络写数据表定义	
VB100	网络状态字节	VB110	网络状态字节
VB101	3，远程 PLC2 的地址	VB111	3，远程 PLC2 的地址
VB102	&QB0，读取 PLC2 中数据的地址指针	VB112	&MB0，写入 PLC2 中数据的地址指针
VB106	1，读取 PLC2 的数据长度	VB116	1，写入 PLC2 的数据长度
VB107	读取的 PLC2 中数据存放在 PLC1 中的存储区	VB117	写入至 PLC2 中的数据在 PLC1 中的存储区

2. PLC1 程序设计

PLC1 在 PPI 协议下作为主站，其控制通信参数的特殊寄存器 SMB30 设置为 2，网络读/写指令的程序应在 PLC1 中实现，PLC2 只是响应 PLC1 的操作。根据网络读/写数据表，绘制出 PLC1 的梯形图如图 4 – 5 – 5 所示。

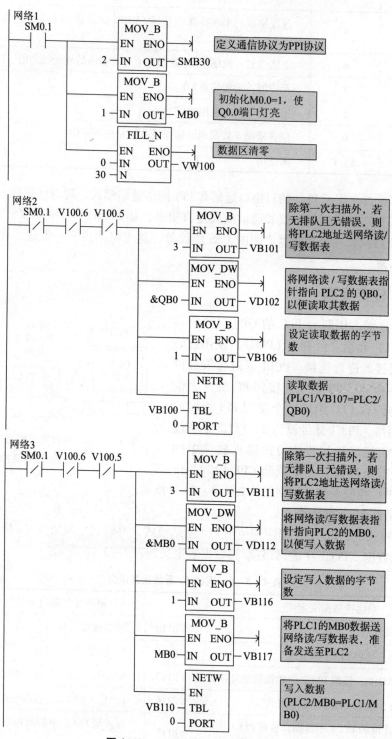

图 4 – 5 – 5　PLC1 的梯形图（续）

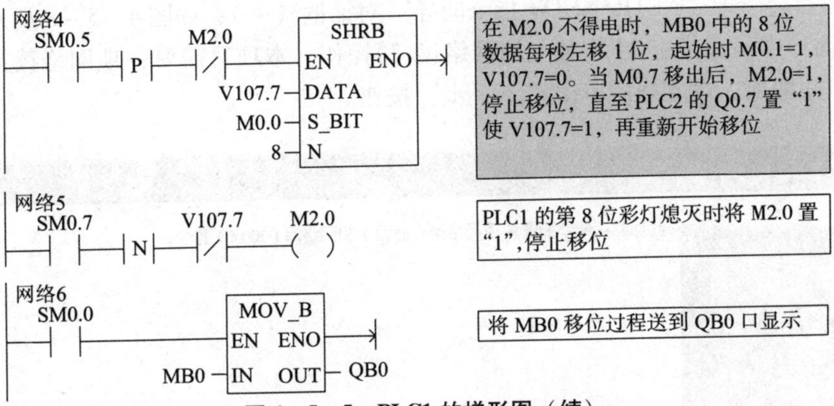

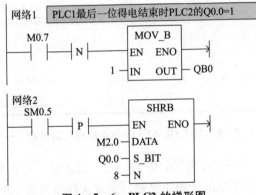

网络4
SM0.5
P
M2.0
SHRB
EN
ENO
V107.7
DATA
M0.0
S_BIT
8
N
在 M2.0 不得电时，MB0 中的 8 位数据每秒左移 1 位，起始时 M0.1=1，V107.7=0。当 M0.7 移出后，M2.0=1，停止移位，直至 PLC2 的 Q0.7 置 "1" 使 V107.7=1，再重新开始移位
网络5
SM0.7
N
V107.7
M2.0
PLC1 的第 8 位彩灯熄灭时将 M2.0 置 "1"，停止移位
网络6
SM0.0
MOV_B
EN
ENO
MB0
IN
OUT
QB0
将 MB0 移位过程送到 QB0 口显示

图 4-5-5　PLC1 的梯形图（续）

3. PLC2 程序设计

PLC2 用来响应 PLC1 的读/写操作，并输出对应信号，其梯形图如图 4-5-6 所示。

网络1
PLC1最后一位得电结束时PLC2的Q0.0=1
M0.7
N
MOV_B
EN
ENO
1
IN
OUT
QB0
网络2
SM0.5
P
SHRB
EN
ENO
M2.0
DATA
Q0.0
S_BIT
8
N

图 4-5-6　PLC2 的梯形图

4.5.4　相关链接——网络读/写指令向导

除了上述方法可编制主站的网络读/写指令的程序外，更简便的方法是借助网络读/写指令向导。网络读/写指令向导的步骤如下。

（1）在 STEP 7 - Micro/WIN 32 编程软件的主菜单中选择“工具/指令向导”，就会弹出如图 4-5-7 的“指令向导”对话框，在其中选择“NETR/NETW”，单击“下一步”按钮。

指令向导
S7-200 指令向导可以快速简单地配置复杂的指令操作。此向导将为所需的功能提供一系列选项。一但完成，向导将为所选配置生成程序代码。
以下是向导支持的指令列表。您要配置哪一个指令功能？
PID
NETR/NETW
HSC
配置多项网络读写指令的操作。
要开始配置选择的指令功能，请单击“下一步”。
下一步
取消

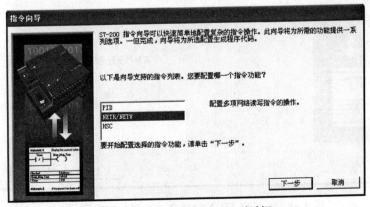

图 4-5-7　“指令向导”对话框

（2）随后会出现"NETR/NETW 指令向导"对话框（一），如图 4 – 5 – 8 所示。在网络读/写指令向导中最多指定 24 项独立的网络读/写操作。本项目需要一项网络读操作和一项网络写操作共两项，设置好后单击"下一步"按钮。

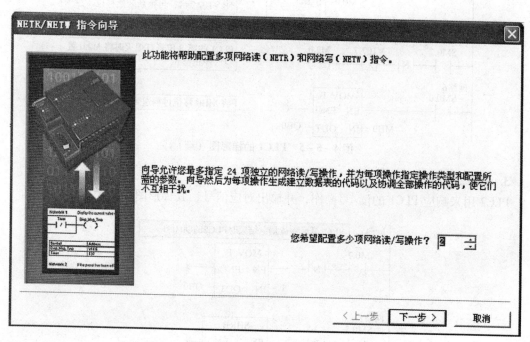

图 4 – 5 – 8　"NETR/NETW 指令向导"对话框（一）

（3）在图 4 – 5 – 9 的"NETR/NETW 指令向导"对话框（二）中指定进行读/写操作的通信端口、指定配置完成后生成的子程序名称，完成这些设置后，单击"下一步"按钮。

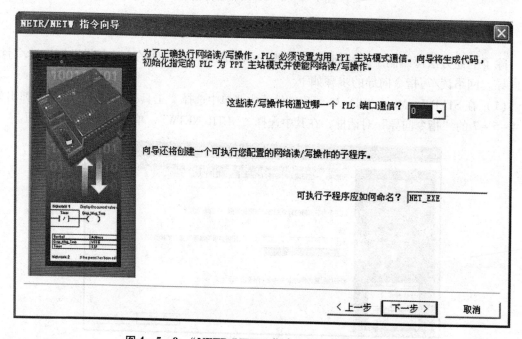

图 4 – 5 – 9　"NETR/NETW 指令向导"对话框（二）

（4）在如图 4 - 5 - 10 的"NETR/NETW 指令向导"对话框（三）中选择 NETR 操作，按规划填写读/写数据地址。完成这些设置后，单击"下一项操作"按钮，选择 NETW 操作，按事先各站规划逐项填写数据。各项配置完成后，单击"下一步"按钮。

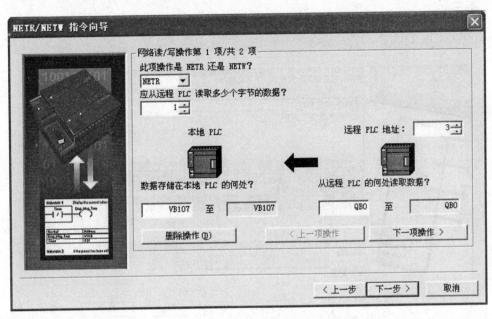

图 4 - 5 - 10　"NETR/NETW 指令向导"对话框（三）

（5）在图 4 - 5 - 11 的"NETR/NETW 指令向导"对话框（四）中，将要求指定一个变量存储器的起始地址，以便将此配置放入变量存储器区。这时若在其中的文本框内填入一个 VB 值，单击"建议地址"按钮，程序将自动在文本框中显示一个大小合适且未使用的变量存储器区地址范围。设置好后，单击"下一步"按钮。

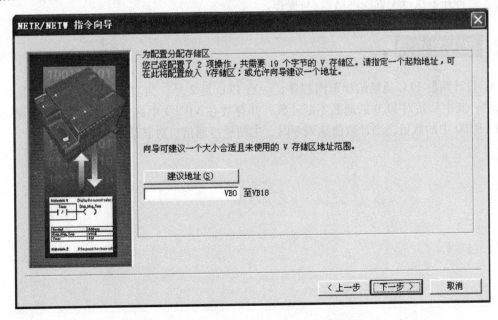

图 4 - 5 - 11　"NETR/NETW 指令向导"对话框（四）

（6）"NETR/NETW 指令向导"对话框（五），如图 4 – 5 – 12 所示。修改或确认图 4 – 5 – 12 中各项内容后，单击"完成"按钮，借助网络读/写向导配置网络读/写操作的工作就此结束。这时，网络读/写指令向导配置界面将消失，程序编辑器窗口将增加子程序"NET_EXE"标签。

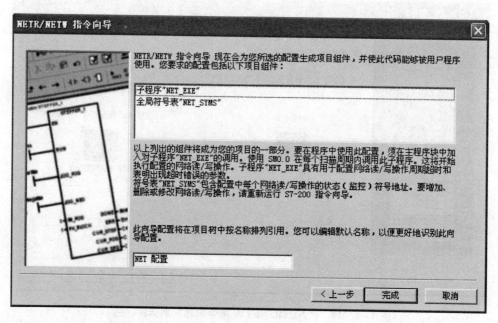

图 4 – 5 – 12　"NETR/NETW 指令向导"对话框（五）

（7）单击子程序"NET_EXE"标签，将显示子程序"NET_EXE"，这是一个加密的带参数的子程序。使用时须在主程序中调用子程序"NET_EXE"，并根据该子程序局部变量表中定义的数据类型对其输入/输出变量进行赋值。使用 SM0.0 在每个扫描周期内调用此子程序，之后将开始执行配置的网络读/写操作。

 思考与练习

1. 设计两台 PLC 通信的梯形图程序，一台 PLC 是 2 号，为主站；另一台 PLC 是 3 号，为从站；其中从站对 I0.0 的通断不断计数，并存放在 VB300 中，主站通过通信口不断读取从站 VB300 中的数值，当计数值达到 8 时，主站通过通信口对其清零。

第5章

PLC 控制系统的设计案例

PLC 控制系统的设计比一般的实例设计难度要大一些，其是在掌握了 PLC 的基本理论之后，进行的一些复杂系统的设计。PLC 控制系统的设计包括以下三个方面。

1）基本原则

PLC 控制系统设计应遵循以下基本原则：

（1）最大限度的满足被控对象的控制要求；

（2）在满足控制要求的前提下，尽可能使系统简单、经济、实用、维修方便；

（3）保证系统安全、可靠；

（4）设计时应考虑系统的改进，在选择 PLC 容量时，应适当留有余量。

2）基本内容

PLC 控制系统设计的基本内容包括：

（1）选择 I/O 设备及控制对象；

（2）选择 PLC 型号和控制模块；

（3）进行 I/O 点分配，绘制 PLC 控制系统外部接线图；

（4）设计控制程序；

（5）根据需要设计电气控制柜（台）；

（6）编制技术文件，包括说明书、电气图、电气元件明细表等。

3）一般步骤

PLC 控制系统设计的一般步骤如下：

（1）根据生产工艺分析设计控制要求；

（2）根据控制要求确定 PLC 型号、功能模块、I/O 设备等；

（3）进行 PLC 的 I/O 总分配，设计 PLC 控制系统外部接线图；

（4）绘制 PLC 程序流程图，对于简单系统可省略此步；

（5）编写 PLC 控制程序并调试；

（6）设计电气控制柜（台）及现场施工（此步可与步骤（5）同时进行）；

（7）联机调试；

（8）编制技术文件；

（9）交付使用。

本章内容将以两个 PLC 控制系统设计为例，介绍 PLC 控制系统设计的一般过程。

5.1　卧式车床的 PLC 控制系统

学习目标

1）了解卧式车床的 PLC 改造设计思想。

2）熟悉 PLC 改造的实施过程。

3）掌握 PLC "老改新" 编程方法。

5.1.1　项目任务

数控机床是数字控制机床（Computer Numerical Control Machine Tools）的简称，是一种装有程序控制系统的自动化机床。随着电子信息技术的发展，世界机床业已进入了以数字化制造技术为核心的机电一体化时代，其中数控机床就是代表产品之一。发展和使用先进的数控机床，已成为我国制造技术发展的总趋势。购买新的数控机床是提高数控化率的主要途径，但新的数控机床价格较高，因此在旧机床仍能正常使用的基础上，通过改造旧机床、配备数控系统把普通机床改装成数控机床，是提高数控化率的一条有效途径。

在第 2 章的 2.9 节中，我们已经学习了 CA6140 型卧式车床的电气原理图。下面将采用 PLC 技术对 CA6140 型卧式车床的电气控制电路进行改造。

5.1.2　准备知识

进行电气设备的 PLC 系统改造时，应遵循主电路保持不变，只对控制电路和辅助电路进行改造的原则，这样可以保持系统原有的外部特性，方便操作人员习惯性的操作。

"老改新" 编程方法的基本思路是：梯形图移植法，即将继电 – 接触器电气原理图直接 "翻译" 成梯形图，用 PLC 控制系统外部接线图和梯形图代替继电 – 接触器控制系统。

（1）具体转换步骤如下：

①将原辅助电路的输入元件逐一改接到 PLC 的相应输入端子，原辅助电路的线圈逐一改接到 PLC 的相应输出端子，并保留线圈之间的硬件互锁关系不变；

②将原辅助电路中的触点、线圈逐一转换成 PLC 梯形图中相应编程元件的触点和线圈，并保持连接顺序不变；

③检查 PLC 梯形图程序是否满足控制要求，若有不满足之处，应作局部修改。

（2）使用 "老改新" 编程方法应注意以下问题：

①转换成梯形图时应遵循梯形图语法规定，如线圈必须放在最右边等；

②继电 – 接触器控制系统为减少元件使用个数，通常会进行电路的组合，因此在转换为梯形图时可适当进行电路分离，使梯形图易于理解；

③应尽量减少 PLC 的 I/O 点，以降低硬件费用；

④时间继电器的瞬动触点在梯形图中可以使用定时器指令并联存储位线圈来实现；

⑤为防止三相电源短路，应在 PLC 外部设置硬件互锁电路；

⑥注意 PLC 输出的类型应与外部硬件相匹配，一般双向晶闸管输出只能驱动额定电压 AC 220 V 的负载，若外部接触器的线圈为 380 V，则应进行更换或设置外部中间继电器。

5.1.3　任务实施

根据"老改新"编程方法的思想，进行 PLC 改造时应保证 CA6140 型卧式车床的原有操作方式不变，加工工艺不变，并尽量使用 CA6140 型卧式车床原有的按钮、接触器等硬件。

1. I/O 地址分配

根据 CA6140 型卧式车床的控制要求，确定其 PLC 改造 I/O 端口的分配情况如表 5 - 1 - 1 所示。

表 5 - 1 - 1　CA6140 型卧式车床 PLC 改造 I/O 端口的分配情况

输入			输出		
元件名称	符号	I/O 点	元件名称	符号	I/O 点
主轴电动机 M1 启动按钮	SB2	I0.0	接触器	KM	Q0.0
主轴电动机 M1 停止按钮	SB1	I0.1	继电器（泵）	KA1	Q0.1
快速电动机 M3 点动按钮	SB3	I0.2	继电器（快速电动机）	KA2	Q0.2
冷却泵电动机 M2 开关	SB4	I0.3			
主轴电动机热继电器	FR1	I0.4			
冷却泵电动机热继电器	FR2	I0.5			

2. 外部接线

根据 I/O 点数，可选择 S7 - 200 PLC CPU226。改造后的 CA6140 型卧式车床的 PLC 控制系统外部接线图如图 5 - 1 - 1 所示。

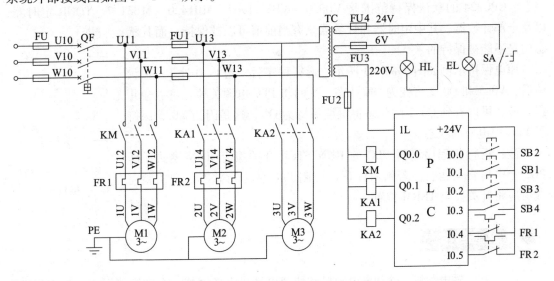

图 5 - 1 - 1　改造后的 CA6140 型卧式车床的 PLC 控制系统外部接线图

3. 程序设计

采用"老改新"编程方法进行梯形图的编写，具体过程如下：

（1）在原继电 – 接触器控制系统电气原理图中将各触点和输出线圈的符号对照表 5 – 1 – 1 改写成对应的 PLC I/O 端口符号；

（2）按照修改好的电气原理图画出梯形图，各触点的状态应维持原电气原理图中的状态，如 SB1 为常闭触点，则在梯形图中 I0.1 也应保持为常闭触点；

（3）对不符合梯形图编程规则的部分进行修改，如将 I0.0 与 Q0.0 的并联部分提前到靠近母线侧等；

（4）将 PLC 输入端口中常闭触点所对应的梯形图中的触点改为相反状态，如 I0.4 和 I0.5 在梯形图中应改为常开状态。

改造后的 CA6140 型卧式车床 PLC 控制系统梯形图如图 5 – 1 – 2 所示。

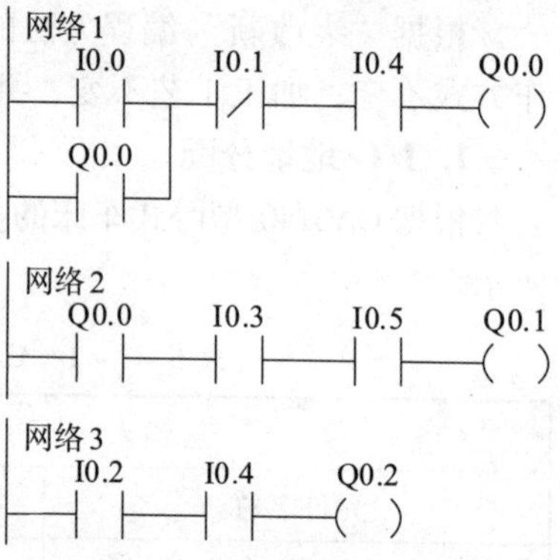

4. 安装与调试

安装与调试过程中应注意如下几点：

（1）按照图 5 – 1 – 1 所示的内容正确安装，注意元件布置要合理，安装要牢固，走线要美观合理；

（2）将熔断器、接触器、继电器、电源开关、变压器、PLC 装在一块印制电路板上，将主令电器按钮装在另一块印制电路板上；

（3）在 PLC 上正确录入程序，按控制要求进行模拟调试，直至达到要求；

（4）重点观察主轴电动机与冷却泵电动机之间的"顺序联锁"功能；

（5）注意人身设备安全。

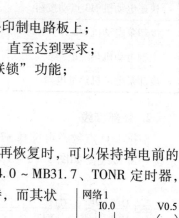

图 5 – 1 – 2　改造后的 CA6140 型卧式车床 PLC 控制系统梯形图

5.1.4　相关链接——掉电保持

具有掉电保持功能的内部存储器（内存），在电源失电后再恢复时，可以保持掉电前的状态。CPU224 的默认保持范围是 VB0.0 ~ VB5 119.7、MB14.0 ~ MB31.7、TONR 定时器，以及全部计数器。其中定时器和计数器只有当前值可以被保持，而其状态位是不能被保持的。

掉电保持示例如图 5 – 1 – 3 所示。运行程序后，当 I0.0 处于 ON 状态后，V0.5 和 Q0.2 将变为 ON 状态，这时将 PLC 电源关掉，过一会儿再打开，可以看到 Q0.2 的状态将继续保持为 ON，这是因为 V0.5 保持了 PLC 掉电前的状态。

注：运行此程序需将 PLC 的 RUN/STOP 开关拨至 RUN 模式，即 PLC 上电后自动运行。若须由计算机控制 PLC 的运行状态，则实验完成后应将开关拨至 TERM 位置。

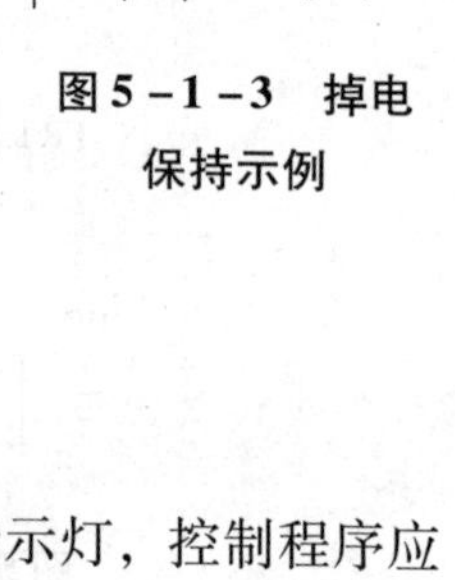

图 5 – 1 – 3　掉电保持示例

思考与练习

1. 若在主轴电动机、冷却泵电动机和快速电动机上各增加一个状态指示灯，控制程序应如何编写？

5.2　带远程监控的变频调速系统

学习目标

1) 要求掌握变频器的应用及组态王（King View）软件的应用。
2) 要求了解 EM235 的使用。
3) 要求熟悉变频器的基本工作原理。

5.2.1　项目任务

第 2 章中已经介绍过有关电动机调速的基本知识，使用变频器进行调速的方法具有效率高、调速范围大、精度高等特点，在工农业生产中得到了广泛应用。本节将介绍使用 PLC 对变频器进行控制，同时介绍使用组态王软件进行在线远程监控的变频调速系统的基本构成。

变频调速系统的基本要求如下：

（1）采用西门子 MM440 变频器，使用外部控制模拟量输入方式；

（2）用 PLC 控制 MM440 变频器，使用 EM235 输出模拟信号；

（3）MM440 变频器的工作方式用手动设置；

（4）利用组态王软件进行在线远程监控；

（5）要求 MM440 变频器 60 s 内的输出频率按照图 5 - 2 - 1 进行变化。

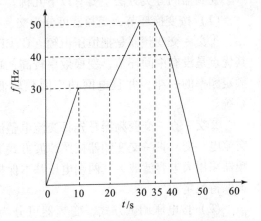

图 5 - 2 - 1　MM440 变频器 60 s 内的
输出频率

5.2.2　准备知识

1. 变频器介绍

变频器是把电压、频率固定的交流电变成电压、频率可调的交流电的一种电气设备。下面以西门子 MM440（Micro Master 440 型）变频器为例来介绍变频器的基本构成及其使用方法。

1) 变频调速基本原理

交流异步电动机的转速表达式为：

$$n = 60f(1 - s)/p$$

其中，n 为异步电动机的转速（r/min）；f 为定子电源频率（Hz）；s 为电动机转差率；p 为电动机极对数。

由上式可知，转速与频率成反比，因此，只要改变频率 f 就可以改变电动机的转速。变频器就是通过改变电动机的电源频率实现速度调节的。

2) 变频器的结构

变频器主要由以下几部分构成。

（1）控制通道。控制通道由以下几部分组成：

①面板——用于近距离基本控制与显示；

②外接控制端子——用于远距离、多功能控制；

③通信接口——用于多电动机、系统控制。

（2）主控电路。主控电路是变频器的控制中心，用于处理各种外部控制信号、内部检测信号，以及用户对变频器参数的设定信号等，可以实现变频器各种控制功能和保护功能。

（3）控制电源。控制电源主要为主控电路、外控电路等部分提供的稳定电源。

（4）采样和检测电路。采样和检测电路的作用是提供控制数据和保护采样，且在进行矢量控制时给主控电路提供足够的数据。

（5）驱动电路。驱动电路主要用于产生逆变器开关管的驱动信号，受主控电路控制。

（6）主电路。主电路包括整流器和逆变器两个主要功率变换部分，电网电压由输入端接入变频器，经整流器整流成直流电压，然后由逆变器逆变成电压、频率可调的交流电压，由输出端输出到交流电动机。

3）变频器的分类

变频器的分类方法主要有以下几种。

（1）按变换环节，变频器可分为交 - 交变频器和交 - 直 - 交变频器。

①交 - 交变频器是把恒压恒频（CVCF）交流电直接变换为变压变频（VVVF）交流电。其优点是没有中间环节，变换效率较高；缺点是连续可调频率范围较窄，输出功率一般不足额定频率的一半，并且电网功率因数较低。这种变频器主要用于低速大功率的电力拖动系统。

②交 - 直 - 交变频器是先将交流电整流成直流电，再经过滤波，然后逆变成频率可调的交流电。交 - 直 - 交变频器按照滤波方式又可分为电压型变频器和电流型变频器。电压型变频器采用大电容滤波，其两端电压基本保持恒定；电流型变频器采用大电感滤波，其电流基本保持恒定。

（2）按电压调试方式，变频器可分为脉幅（脉冲幅度）调制（PAM）变频器和脉宽（脉冲宽度）调制变频器。

PAM 变频器是通过调节脉冲的幅值来改变输出电压，PWM 变频器则是通过改变脉冲占空比来改变输出电压。目前使用较普遍的是正弦脉宽调制（SPWM）变频器，即脉宽按正弦规律变换的脉宽调制变频器。

（3）按控制方式，变频器可分为 U/f 控制变频器、VC 控制变频器、DTC 控制变频器和其他控制方式变频器（此处不作介绍）。

① U/f 控制变频器是通过保持变频器输出电压 U 和输出频率 f 的比值恒定，使电动机的主磁通不变，在基频以下实现恒转矩调速，基频以上实现恒功率调速。U/f 控制变频器为开环控制方式，多用于精度要求不高的场合。

②VC 控制变频器即矢量控制变频器，是一种拥有高性能异步电动机控制方式的变频器。其基本工作原理是以三相交流绕组和两相直流绕组产生同样的旋转磁场动势为准则，将异步电动机的定子电流矢量分解为产生磁场的电流分量（励磁电流）和产生转矩的电流分量（转矩电流）分别加以控制。本章要介绍的西门子 MM440 变频器就是 VC 控制变频器。

③DTC 控制变频器是另一种拥有高性能异步电动机控制方式的变频器，其基本思想是在准确观测定子磁链空间位置和大小并保持其幅值基本恒定，以及准确计算负载转矩的条件下，通过控制电动机的瞬时输入电压来控制电动机定子磁链的瞬时旋转速度，改变它对转子

的瞬时转差率，从而控制电动机输出。

（4）按用途变频器可分为通用型变频器和专用型变频器。

①通用型变频器是应用最为广泛的一种变频器，主要有节能型变频器和高性能通用变频器两类。节能型变频器一般为 U/f 控制变频器，其体积较小，价格较低，但控制方式单一，主要用于风机、水泵等调速性能要求不高的场合；高性能通用变频器具有较丰富的功能，可进行 PID 控制、PG 闭环速度控制等，主要用于电梯、数控机床等调速性能要求较高的场合。

②专用型变频器是针对某种特定的应用场合而设计的变频器，具有一定的针对性，如电梯、起重机等使用的变频器。

4）MM440 变频器的操作面板

MM440 变频器的标准配置操作面板为状态显示板（SDP）。对于大多数用户而言，利用 SDP 和出厂默认值即可投入运行。如想访问变频器参数，可使用基本操作面板（BOP）和高级操作面板（AOP）。MM440 变频器操作面板如图 5-2-2 所示。

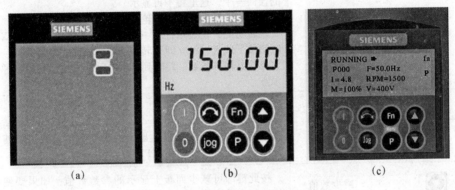

图 5-2-2 MM440 变频器操作面板

（a）SDP；（b）BOP；（c）AOP

通常使用 BOP 来显示和设定变频器参数，BOP 上的功能按键如表 5-2-1 所示。

表 5-2-1 BOP 上的功能按键

显示/按钮	功能	功能的说明
P(1) r0000 Hz	状态显示	显示变频器当前的设定值
Ⓘ	启动变频器	按此键启动变频器；默认值运行时此键是被封锁的；为了使此键的操作有效，应设定 P0700 = 1
Ⓞ	停止变频器	OFF1：按此键，变频器将按选定的斜坡下降速率减速停车；默认值运行时此键被封锁；为了允许此键操作，应设定 P0700 = 1 OFF2：按此键两次（或长按一次）电动机将在惯性作用下自由停车；此功能总是"使能"的
⊙	改变电动机的转动方向	按此键可以改变电动机的转动方向。电动机的反向用负号（-）表示，或用闪烁的小数点表示；默认值运行时此键是被封锁的，为了使此键的操作有效，应设定 P0700 = 1

续表

显示/按钮	功能	功能的说明
(jog)	电动机点动	在变频器无输出的情况下按此键，将使电动机启动，并按预设定的点动频率运行；释放此键时，变频器停车；如果变频器/电动机正在运行，按此键将不起作用
(Fn)	功能	此键用于浏览辅助信息 变频器运行过程中，在显示任何一个参数时按下此键并保持不动 2 s，将显示以下参数值（在变频器运行中，从任何一个参数开始）： （1）直流回路电压（用 d 表示，单位：V）； （2）输出电流（单位：A）； （3）输出频率（单位：Hz）； （4）输出电压（用 O 表示，单位：V）； （5）由 P0005 选定的数值（如果 P0005 选择显示上述参数中的任何一个，这里将不再显示） 连续多次按下此键，将轮流显示以上参数 跳转功能：在显示任何一个参数（rXXXX 或 PXXXX）时短时间按下此键，将立即跳转到 r0000，如果需要的话，可以接着修改其他的参数。跳转到 r0000 后，按此键将返回原来的显示点
(P)	访问参数	按此键即可访问参数
(▲)	增加数值	按此键即可增加面板上显示的参数数值：如果要使用 BOP 修改频率设定值，应设定 P1000 = 1
(▼)	减少数值	按此键即可减少面板上显示的参数数值：如果要使用 BOP 修改频率设定值，应设定 P1000 = 1
(Fn) + (P)	AOP 菜单	同时按下 Fn 键和 P 键调出 AOP 菜单提示（仅用于 AOP）

5）MM440 变频器的参数调试

西门子 MM440 变频器的参数有两种类型，一种以 P 开头，为用户可修改参数；一种以 r 开头，为只读参数。

MM440 变频器在默认设置时，禁止使用 BOP 进行电动机的控制。如想使用 BOP 控制，需将参数 P0700 设为 1，P1000 设为 1。BOP 可以修改任何一个参数，以修改参数滤波功能 P0004 和参数 P0719 为例，其修改过程如表 5 – 2 – 2 所示。

表 5 – 2 – 2　BOP 修改参数滤波功能 P0004 和参数 P0719 的修改过程

	操作步骤	BOP 显示
	修改参数滤波功能 P0004	—
1	按 (P) 键，访问参数	r 0000
2	按 (▲) 键，直到显示 P0004	P0004
3	按 (P) 键，进入参数设置	0

续表

	操作步骤	BOP 显示
4	按▲或▼键，直到所需数值	7
5	按 P 键，确认并存储数值	P0004
	更改参数 P0719	—
6	按▲键，直到显示 P0719	P0719
7	按 P 键，进入参数设置	in000
8	按 P 键，显示当前设置值	0
9	按▲或▼键，直到所需数值	12
10	按 P 键，确认并存储数值	P0719
11	按▲键，直到显示 r0000	r0000
12	按 P 键，返回运行显示	由用户确定

　　修改参数时，BOP 有时显示"Busy"，说明变频器正在处理优先级更高的任务。

　　一台新的 MM440 变频器需要经过参数复位、快速调试、功能调试 3 个步骤才能正常使用，具体介绍如下：

　　（1）参数复位：一般在参数混乱时进行此操作，将参数恢复到工厂默认值状态。MM440 变频器参数复位过程如图 5 - 2 - 3 所示；

　　（2）快速调试：一般在参数复位或更换电动机后需进行此操作，将参数设定到用户所需状态。MM440 变频器快速调试过程见图 5 - 2 - 4 所示。

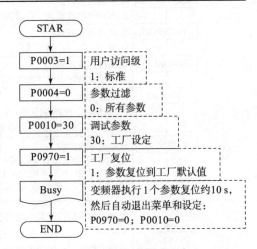

图 5 - 2 - 3　MM440 变频器参数复位过程

　　（3）功能调试：在现场对具体生产工艺进行设置时需要进行此操作，该部分调试工作较复杂，此处不作过多介绍。

　　6）MM440 变频器的端口功能

　　变频器在应用过程中，应根据需要将输入电源电压 L1、L2、L3 转换为用户所需频率电压，经由 U、V、W 端子输出至负载设备。MM440 变频器共有 30 个控制端子来控制输出电压的特性或相关操作，MM440 变频器控制端子的定义如表 5 - 2 - 3 所示。

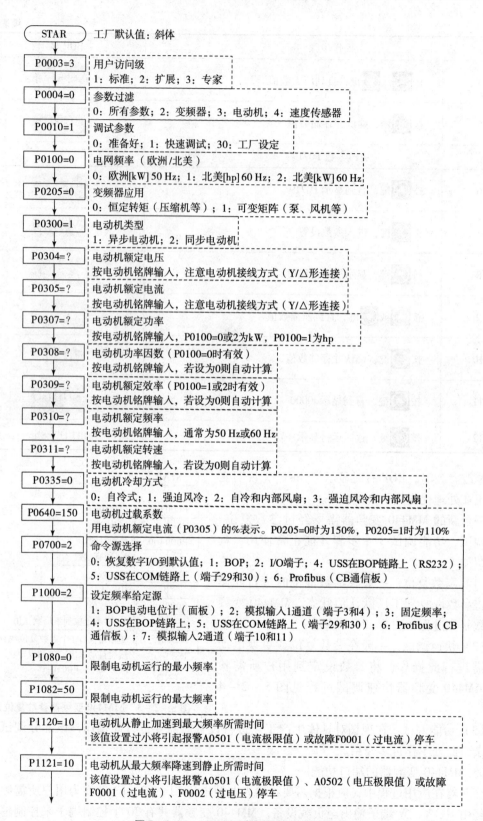

图 5 - 2 - 4　MM440 变频器快速调试过程

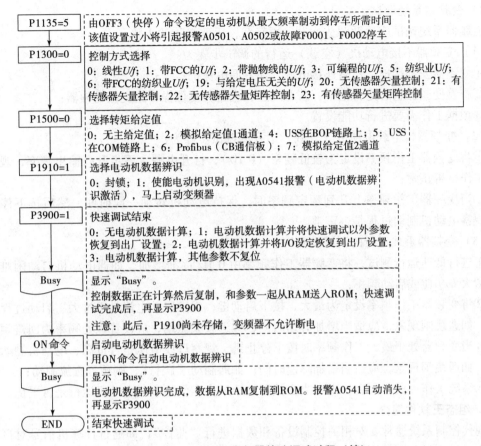

图 5 - 2 - 4　MM440 变频器快速调试过程（续）

表 5 - 2 - 3　MM440 变频器控制端子的定义

端子	名称	功能	端子	名称	功能
1	—	输出 + 10 V	16	DIN5	数字输入 5
2	—	输出 0 V	17	DIN6	数字输入 6
3	ADC1 +	模拟输入 1（ + ）	18	DOUT1/NC	数字输入 1/常闭触点
4	ADC1 -	模拟输入 1（ - ）	19	DOUT1/NO	数字输入 1/常开触点
5	DIN1	数字输入 1	20	DOUT1/COM	数字输入 1/转换触点
6	DIN2	数字输入 2	21	DOUT2/NO	数字输入 2/常开触点
7	DIN3	数字输入 3	22	DOUT2/COM	数字输入 2/转换触点
8	DIN4	数字输入 4	23	DOUT3/NC	数字输入 3/常闭触点
9	—	隔离输出 + 24 V（MAX 100 mA）	24	DOUT3/NO	数字输入 3/常开触点
10	ADC2 +	模拟输入 2（ + ）	25	DOUT3/COM	数字输入 3/转换触点
11	ADC2 -	模拟输入 2（ - ）	26	DAC2 +	模拟输出 2（ + ）
12	DAC1 +	模拟输出 1（ + ）	27	DAC2 -	模拟输出 2（ - ）
13	DAC1 -	模拟输出 1（ - ）	28	—	隔离输出 0 V（MAX 100 mA）
14	PTCA	连接 PTC/KTY84	29	P +	RS - 485 端口
15	PTCB	连接 PTC/KTY84	30	P -	RS - 485 端口

7）变频器系统调试

变频器系统调试应遵循"先空载，再轻载，后重载"的步骤。

（1）变频器不接电动机（空载）运行的调试步骤为：

①变频器安全接地，然后连接电源，注意漏电保护；

②查看变频器状态是否正常，若有问题，应进行复位操作或更换变频器；

③根据工作需要进行功能设置。

（2）变频器带空载电动机（轻载）运行的调试步骤为：

①将变频器工作频率设定为较低频率（0 Hz），打开电源，逐步升高输出频率，观察电动机工作是否正常；

②当变频器工作频率上升到额定频率时，保持电动机转动一段时间，然后按下停止按钮，观察电动机制动过程是否正常。

（3）变频器重载运行的调试步骤为：

①进行低速运行测试，将变频器工作频率由 0 Hz 逐渐增加，如遇电动机启动困难，应适当增大 U/f 比或启动频率；

②将变频器工作频率设定为最大，按下启动键，观察启动电流是否过大、启动过程是否平稳；如遇跳闸现象，应适当增加升速时间；如遇较大振动，应设置该处频率为回避频率；

③当变频器处于最大工作频率时按下停止键，观察母线电压是否过高、电动机制动是否及时；如遇跳闸现象，应适当增加降速时间；如遇制动"爬行"，则预置直流制动；

④系统工作一段时间后，观察当变频器处于最大工作频率时电动机运行是否平稳。

2. 组态王软件简介

现代控制系统通常要对相关控制设备和数据进行"监控"，即通过计算机信号对自动化设备或过程进行监视、控制和管理，组态软件是完成这一过程的主要组成部分，是面向工业自动化的通用数据采集和监控软件，也称为人机界面或 HMI/MMI（Human Machine Interface/Man Machine Interface）。

常用的组态软件包括 InTouch、WinCC、iFLX、ASPEN－tech、Movicon、Citech、TraceMode 等，国内开发的组态软件有组态王、三维力控、易控、昆仑通态 MCGS、世纪星、紫金桥 Realinfo 等。

组态王软件是由北京亚控科技发展有限公司开发的一种组态软件，可与 PLC、智能模块、智能仪表、板卡、变频器等多种外部设备进行通信。对于不同的硬件设施，用户只需要按照向导的提示完成 I/O 设备的配置工作即可正常使用。

通常情况下，使用组态王软件建立一个监控画面大致可分为以下几个步骤：

（1）创建新工程：为工程创建一个目录用来存放与工程相关的文件；

（2）定义硬件设备并添加工程变量：添加工程中需要的硬件设备和工程中使用的变量，包括内存变量和 I/O 变量；

（3）制作图形画面并定义动画连接：按照实际工程的要求绘制监控画面并使静态画面随着过程控制对象产生动态效果；

（4）编写命令语言：通过脚本程序的编写以完成较复杂的操作上位控制；

（5）进行运行系统的配置：对运行系统、报警、历史数据记录、网络、用户等进行设置，是系统完成后用于现场运行前的必备工作；

（6）保存并运行：完成以上步骤后，一个可以拿到现场运行的监控画面就制作完成了。

以上六个步骤并非完全独立的，而是常常交错进行的。通常制作一个监控画面需要重点考虑三个方面：图形界面制作、数据变量与数据库的建立、图形动画的连接。

5.2.3　任务实施

1. 变频器参数设置

根据控制要求，变频器参数设置见表 5 – 2 – 4 所示。

表 5 – 2 – 4　变频器参数设置

序号	参数	值	说明
1	P0003	2	参数访问过滤级别：扩展级
2	P0010	0	变频器设置为运行状态
3	P0100	0	电网频率 50 Hz
4	P0304	220	电动机额定电压 220 V
5	P0307	0.18	电动机额定功率 0.18 kW
6	P0310	50	电动机额定频率 50 Hz
7	P0311	2 800	电动机额定转速 2 800 r/min
8	P0700	2	变频器命令源为 I/O 端子（外部控制）
9	P0701	1	数字量输入端口 1 的功能设置为接通正转
10	P1000	2	选择频率设定值为模拟量输入 1 通道（端子 3 和 4）
11	P1080	0	最小频率 0 Hz
12	P1082	50	最大频率 50 Hz
13	P3900	1	快速调试结束

2. I/O 分配及外部接线

变频调速系统中 PLC 的输入端口有启动、停止两个按钮，输出端口有控制变频器正转的控制端 Q0.0、EM235 上控制 MM440 变频器频率的端口 M0、V0。系统 I/O 端口分配见表 5 – 2 – 5。

表 5 – 2 – 5　系统 I/O 端口分配

输入			输出	
输入端口	输入元件	功能	输出端口	控制对象
I0.0	SB1	启动按钮	Q0.0	变频器启动信号
I0.1	SB2	停止按钮	EM235 V0	变频器模拟量输入的正极
			EM235 M0	变频器模拟量输入的负极

变频调速系统外部接线图如图 5 – 2 – 5 所示。MM440 变频器采用单相输入三相输出的方式。图 5 – 2 – 5 中电动机与 MM440 变频器直接相连，未画出保护电路，读者可根据本书前文所述的内容自行设计。

AC 220 V
1L Q0.0
L1 N
RA A+ A-
S7-200 PLC CPU 226
EM235
I0.0 I0.1
+24 V 1M M
M L+ M0 V0
DC 24 V
SB1
SB2
AC 220 V
M
3~
L N U V W
MM440变频器
9 5 … 3 4

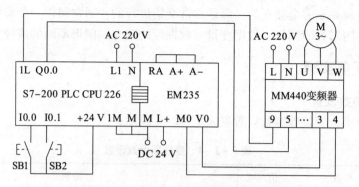

图 5-2-5　变频调速系统外部接线图

MM440 变频器的端子 3 和 4 是模拟量输入的正负极，由 PLC 经 EM235 的 V0、M0 端口输出 0～10 V 的直流电压信号进行 MM440 变频器频率的控制；MM440 变频器的端子 9 是自身 DC 24 V 电源的正极，此处作为数字量输入信号的公共端；MM440 变频器的端子 5 是数字量输入 1 端口 DIN1，此处通过参数 P0701 定义为 ON/OFF1，即该端子为高电平时，MM440 变频器开始正转。EM235 的 4 组输入端口（图 5-2-5 中只画出了 1 组）未使用，需将其进行短接。

3. 程序设计

变频调速系统梯形图如图 5-2-6 所示。

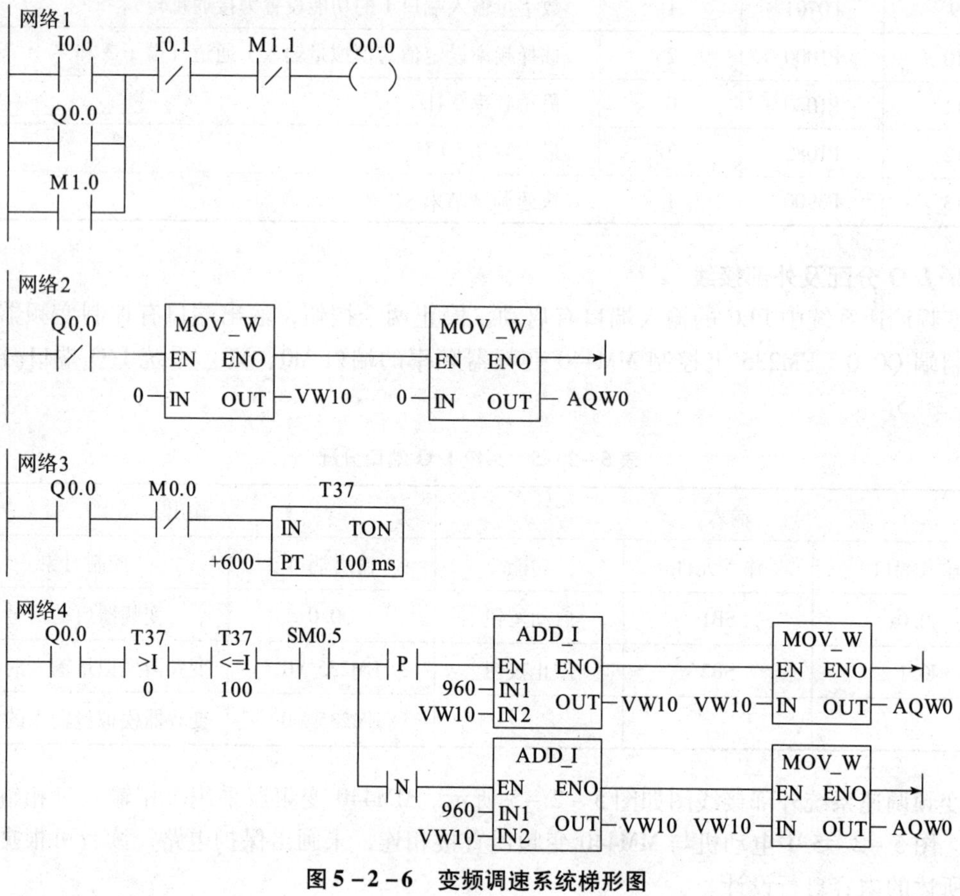

网络1
I0.0
I0.1
M1.1
Q0.0
Q0.0
M1.0
网络2
Q0.0
MOV_W
EN ENO
0 IN OUT VW10
MOV_W
EN ENO
0 IN OUT AQW0
网络3
Q0.0
M0.0
T37
IN TON
+600 PT 100 ms
网络4
Q0.0
T37
>I
0
T37
<=I
100
SM0.5
P
N
ADD_I
EN ENO
960 IN1
VW10 IN2
OUT VW10
MOV_W
EN ENO
VW10 IN OUT AQW0
ADD_I
EN ENO
960 IN1
VW10 IN2
OUT VW10
MOV_W
EN ENO
VW10 IN OUT AQW0

图 5-2-6　变频调速系统梯形图

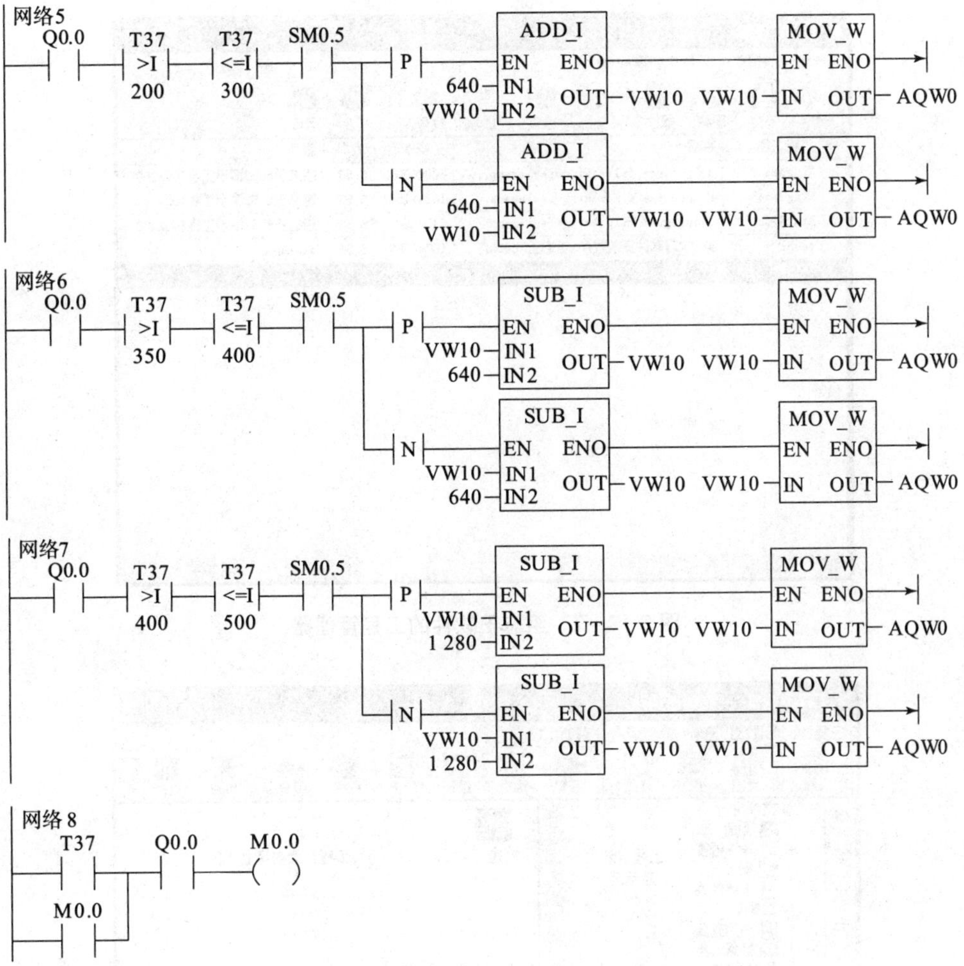

图 5 - 2 - 6　变频调速系统梯形图（续）

由于组态王软件不能对 PLC 的输入映像寄存器进行写操作，因而此处使用辅助继电器 M1.0 和 M1.1 作为组态王监控画面控制变频器启动和停止的按钮。

为使变频器按照图 5 - 2 - 1 所示的变频器输出曲线进行输出，可使用特殊继电器 SM0.5（秒/脉冲）来近似输出各上升和下降段的斜率。例如在 0～10 s 内，变频器的工作频率由 0 Hz 上升到 30 Hz（最高 50 Hz），此时 EM235 的输出应由 0 V 上升到 6 V（最高 10 V），对应的 PLC 模拟量输出应由 0 上升到 19 200（最高 32 000），因此在 SM0.5 的一个周期（1 s）内，PLC 模拟量输出应上升 1 920，即 SM0.5 的每个上升沿或下降沿的 PLC 模拟量输出数据增加 960。其他各段数据依次类推。

梯形图中使用定时器 T37 和辅助继电器 M0.0 来完成任务要求的一个变化周期（60 s）。

4. 组态王软件的监控画面制作

1）新建工程

打开组态王软件，单击工程管理器上的"新建"按钮，在弹出的"新建工程向导"对话框中，依次输入工程保存路径，输入工程名称和工程描述，在"工程名称"一栏将工程命名为"变频器调速"，单击"完成"按钮，出现如图 5 - 2 - 7 所示的画面。图中选中的位置就是当前工程，双击该工程进入组态王软件的工程浏览器，如图 5 - 2 - 8 所示。

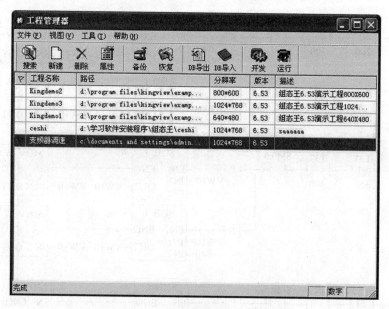

图 5 – 2 – 7　组态王软件的工程管理器

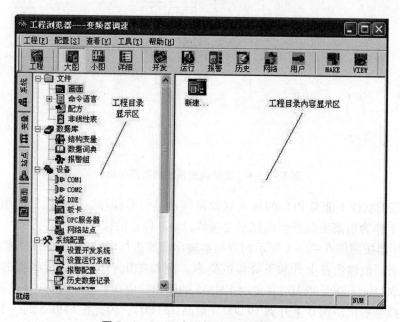

图 5 – 2 – 8　组态王软件的工程浏览器

2）定义硬件及通信模式

在图 5 – 2 – 8 的工程目录显示区中单击并选中"设备"图标，然后在工程目录内容显示区双击"新建…"图标，出现如图 5 – 2 – 9 所示的"设备配置向导"对话框。

在此对话框中选择"PLC"→"西门子"→"S7 – 200 系列"→"PPI"，即选择上位机与 PLC 的通信模式为 PPI 协议。然后单击"下一步"按钮，接着依次进行的操作为：将该系统 PLC 名称定义为"调速控制器"；使用串口 1，选择"COM1"；选择设备地址（单台 PLC 的默认地址为 2，可查看"地址帮助"）。进行了上述操作后，此时工程浏览器的工程目录内容显示区中将出现名称为"调速控制器"的新设备。

图 5 – 2 – 9　"设备配置向导"对话框

3）确定通信参数

在工程浏览器左侧的工程目录显示区中双击"COM1"图标，出现"设置串口"对话框，此处可设置通信波特率、校验方式、数据格式、通信模式等内容，应根据连接 PLC 的实际情况进行设置，此处使用默认值，相关帮助可以查看新建 PLC 设备时的"地址帮助"内容。

4）制作监控画面

在工程浏览器的工程目录显示区单击"画面"图标，在工程目录内容区双击"新建…"图标，出现"开发系统"窗口和"新画面"对话框，在画面名称部分输入新建画面名称"调速系统"，其他可使用默认值，单击"确定"按钮。在"工具"菜单中单击"按钮"选项，然后将光标移动到"开发系统"窗口合适位置绘制两个按钮，并在按钮上单击右键，选择"字符串替换"选项，将按钮上的文字分别修改为"启动按钮"和"停止按钮"。

然后添加一台电动机，在"图库/打开图库"菜单中选择"马达"选项，在右侧图片中选择合适的电动机图形，双击选中后，在"开发系统"窗口的合适位置单击，放置好电动机图形后可进行图形大小和位置的调整。

放置一个长方形，利用颜色填充来显示电动机频率。在"工具"菜单中选择"矩形"选项，然后在"开发系统"窗口的合适位置拖拽出一个大小适中的长方形，初始颜色可通过"工具/调色板"选项来进行更改。长方形绘制完成后在长方形旁边标注相应文字。

制作实时曲线。选择"工具/实时趋势曲线"选项，用光标在"开发系统"窗口的合适位置进行拖放，画出合理的曲线界面，并进行坐标轴的定义。

最后，"开发系统"窗口如图 5 – 2 – 10 所示。

5）定义变量

变频调速系统上位机监控和 PLC 进行数据交换的变量有：电动机状态显示（Q0.0）、电动机启动按钮（M1.0）、电动机停止按钮（M1.1）、变频器输出频率（VW10）共 4 个。

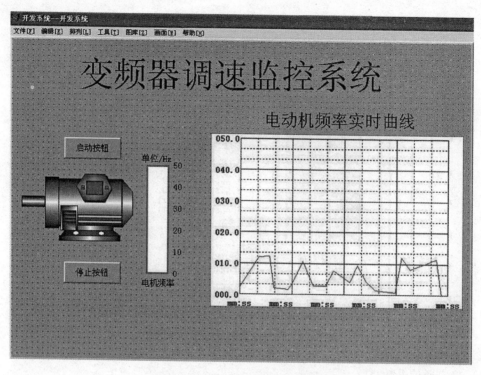

图 5 – 2 – 10　"开发系统" 窗口

首先定义电动机启动按钮。在工程目录显示区单击"数据词典"图标，并双击"新建…"图标，在"定义变量"对话框中按照图 5 – 2 – 11 所示的进行填写。其中，"变量类型"下拉列表框中的内容为"I/O 离散"，因为该变量对应"调速控制器"PLC 程序中的 M1.0，控制输出映像寄存器的通断，为开关类型，故为"离散"；又因为其对应上位机的外部设备 PLC 中的 M1.0，因此为"I/O"类型。电动机启动按钮应可以读取和修改 M1.0 的状态，因

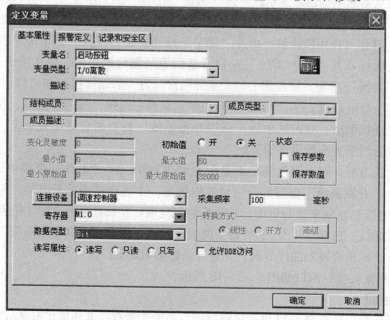

图 5 – 2 – 11　"定义变量"对话框

此在"定义变量"对话框的"读写属性"选项组中选择"读写"单选按钮。采集频率设定为 100 ms。设置完成后,单击"确定"按钮完成该变量的定义。

同样的步骤可以定义电动机停止按钮、电动机状态显示、变频器输出频率三个变量。其中变频器输出频率的变量类型为"I/O整数",对应 V10,数据类型为"SHORT(字)";最小值为 0,最大值为 50,即频率输出显示为 0 ~ 50 Hz;最小原始值为 0,最大原始值为 32 000,即对应 V10 中的数据范围。

6)动画连接

为使监控画面能够实时地监督和控制实际生产过程,应将"开发系统"窗口中画出的画面与现场设备数据相连,使之能跟随现场数据进行变换,从而模拟生产现场。在图 5 - 2 - 10 所示的"开发系统"窗口中,需要对两个按钮、一个电动机、一个长方形和一个实时曲线进行动画连接。

(1)启动按钮的动画连接。双击"启动按钮"图标,会弹出"动画连接"对话框:在"命令语言连接"一栏中单击"按下时"按钮,弹出如图 5 - 2 - 12 所示"命令语言"窗口。按照图 5 - 2 - 12 所示的内容编写命令语言。编写时需注意:命令中使用到的所有变量应从左下角"变量〔. 域〕"按钮中选择,也就是必须是定义过的变量,否则无效。图 5 - 2 - 12 中命令的含义是,当按下该启动按钮时,电动机启动,即对应的 M1.0 将置 1。接着单击"确认"按钮关闭图 5 - 2 - 12 所示的窗口,再单击"弹起时"按钮,编写命令语言"\ \ 本站点\ 启动按钮 =0;";最后在"动画连接"对话框中单击"确定"按钮,完成启动按钮的动画连接。同理可完成停止按钮的动画连接。

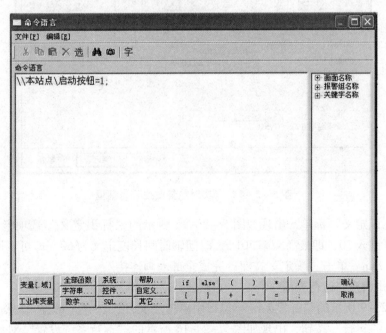

图 5 - 2 - 12 "命令语言"窗口

(2)电动机的动画连接。双击电动机图形,弹出"马达向导"对话框,在"变量名"文本框的右侧单击"?"按钮,选择电动机状态显示。设置好所需颜色显示,单击"确定"按钮。

(3)长方形的动画连接。双击长方形,在"动画连接"对话框中单击"填充"按钮,弹出如图 5 - 2 - 13 所示的"填充连接"对话框。在"表达式"文本框右侧单击"?"按钮，选择变频器输出频率，最小填充高度数值为 0，最大数值为 50，即变频器输出频率的数据范围，占据长方形面积的 0 ~ 100%，即在最大输出频率时将长方形完全填充。最后单击"确定"按钮完成长方形的动画连接。

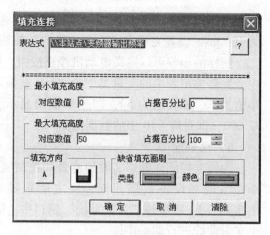

图 5 - 2 - 13　"填充连接"对话框

（4）实时曲线的动画连接。双击实时曲线图形弹出如图 5 - 2 - 14 所示的"实时趋势曲线"对话框。按图 5 - 2 - 14 所示的内容设定"曲线定义"选项卡中各项参数，在"曲线"一栏的"曲线 1"文本框中选择变频器输出频率。

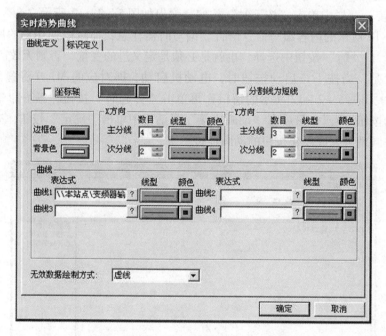

图 5 - 2 - 14　"实时趋势曲线"对话框

单击"标识定义"标签，出现如图 5 - 2 - 15 所示的"标识定义"选项卡。其中，"最大值"文本框键入 50，即最高频率 50Hz，时间轴时间长度定义为 60 s 即可，因为本系统整个过程只需 1 min。单击"确定"按钮，完成全部动画连接。

7）保存并切换到运行界面

在图 5 - 2 - 9 所示的"开发系统"窗口中单击"文件"→"全部存"，然后退回到工程浏览器中单击"运行"按钮，出现如图 5 - 2 - 16 所示的"运行系统设置"对话框，在"主画面配置"选项卡中选择"调速系统"文本选项，单击"确定"按钮，则监控画面运行时显示的主画面为"调速系统"画面。然后单击菜单栏"VIEW"按钮，或在"开发系统"窗口单击"文件"→"切换到 View"，转入系统运行。

在现场 PLC 已完成程序下载和设置好通信参数的情况下，将模式开关调至 RUN 模式，单击监控画面上的"启动"按钮，系统就可以运行了。

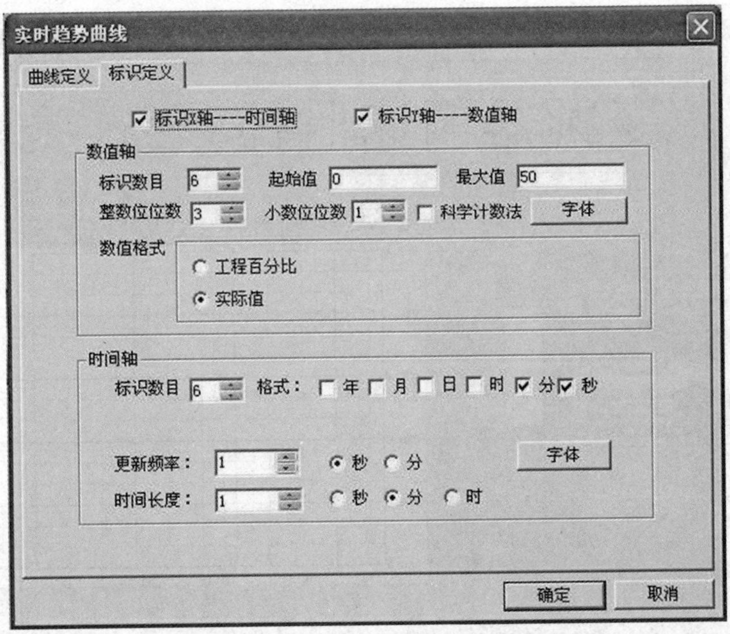

图 5 - 2 - 15 "标识定义"选项卡

图 5 - 2 - 16 "运行系统设置"对话框

　　监控画面中电动机的运行与停止状态由电动机上的铭牌颜色表示，长方形描述了频率变化的过程，实时曲线记录了整个过程的频率变化情况，变频调速系统运行监控画面如图 5 - 2 - 17 所示。完整的变频调速系统频率曲线如图 5 - 2 - 18 所示。用组态王软件绘制出的曲线出现弯曲现象，主要原因是在转换过程中出现了误差，因为组态王软件在进行绘图时，首先需要将采集到的数据进行等百分比变换，然后再转换为对应的数值。这种现象可以避免，具体操作为：在图 5 - 2 - 15 的"标识定义"选项卡中"数值格式"一栏选择"工程

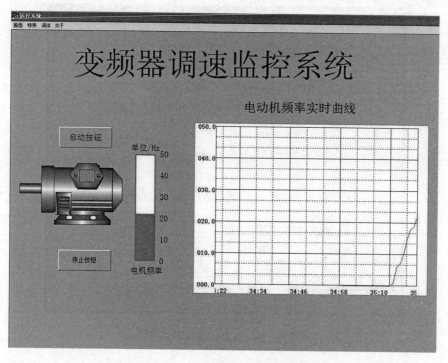

图 5 – 2 – 17　变频调速系统运行监控画面

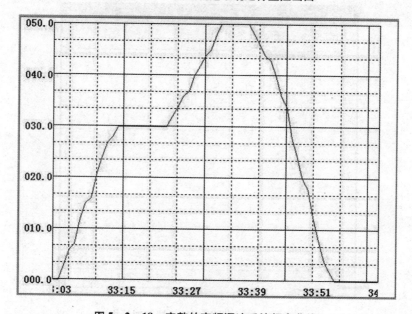

图 5 – 2 – 18　完整的变频调速系统频率曲线

百分比"单选按钮，并将最大值设为 100，此时实时曲线将显示为百分比格式，曲线图像相对数值显示方式更接近于直线。读者可自行实验。

5.2.4　相关链接——组态软件的发展

如前所述，组态软件有很多种，上述内容只是简要介绍了组态王软件的使用过程，如需使用灵活，还需参考其他书籍或组态王软件指导手册。

组态软件的概念最早源自于集散控制系统（DCS），每套 DCS 中都预装了系统软件和应用软件，而其中的应用软件实际上就是组态软件，只不过在 20 世纪 80 年代之前，对组态软件并没有一个明确的定义。世界上第一个把组态软件作为商品进行开发销售的专业软件公司是美国的 Wonderware 公司，该公司在 20 世纪 80 年代后期率先推出第一款商业化组态软件 InTouch，此后组态软件在全球得到了蓬勃发展，并在社会信息化进程中扮演着越来越重要的角色。

组态软件在进入我国之后，尤其在 20 世纪 90 年代中期之前，并没有得到广泛应用。随着自动化技术和工业控制系统应用的深入，在大规模、高性能的复杂控制系统中，人们逐渐意识到采用原有的上位机编程的开发方式是费时费力和得不偿失的，同时，随着管理信息系统（Management Information System，MIS）和计算机集成制造系统（Computer Integrated Manufacturing System，CIMS）的大量应用，于是组态软件在国内逐渐得到了普及。

目前，世界上的组态软件有几十种之多，总装机量有几十万套，并且每年的市场增幅都较大，未来的发展前景十分广阔。表 5 - 2 - 6 列出了国外比较知名的十二种组态软件。

表 5 - 2 - 6　国外比较知名的组态软件

公司名称	产品名称	国别	公司名称	产品名称	国别
Intellution	FIX、iFIX	美国	Rock - Well	RSView32	美国
Wonderware	Intouch	美国	信肯通	Think&Do	美国
Nema Soft	Paragon、ParagonTNT	美国	National Instruments	LabView	美国
TA Engineering	AIMAX	美国	Iconics	Genesis	美国
通用电气 GE	Cimplicity	美国	PC Soft	WizCon	以色列
西门子	WinCC	德国	Citech	Citech	澳大利亚

目前，市场上的所有组态软件都可以完成类似的功能，比如，几乎所有运行于 32 位 Windows 操作系统的组态软件都采用类似资源浏览器的窗口结构，并且可对工业控制系统中的各种资源（设备、标签量、画面等）进行配置和编辑随着 64 位 Windows 操作系统的广泛应用，组态软件公司也推出了支持 64 位 Windows 操作系统的新版软件，比如 ICONICS 公司的 GENESIS64、西门子的 WinCC7.4 等；都提供多种数据驱动程序；都使用脚本语言提供二次开发的功能，等等。但是，从技术上说，各种组态软件提供实现这些功能的方法却各不相同。随着计算机技术、网络技术的飞速发展，组态软件必将得到快速的发展。未来组态软件的发展方向主要有以下几个方面。

（1）分布式、网络化的趋势。比如，组态软件直接支持 Internet 远程访问功能已成为一个基本要求。

（2）随着以工业 PC 为核心的自动控制集成系统技术的日趋完善，以及工程技术人员使用组态软件水平的不断提高，用户对组态软件的要求已不像过去那样主要侧重于画面，而是要考虑一些实质性的应用功能，如软件 PLC、先进过程控制策略等。

（3）小型化。这一趋势主要是满足嵌入式计算机在控制系统中的应用，但小型化意味其功能的弱化，这对组态软件的开发提出了更高的要求。

（4）组态软件与管理信息系统或领导信息系统的集成必将更加紧密，并它们很可能以实现数据分析与决策功能的模块形式在组态软件中出现。

现在大多数 Windows 为 64 位，建议补充讨论一下组态软件对 64 位系统的支持情况，如两门子 WinCC 7.4 已支持 Win10 64 位版本。

经过 30 多年的发展，未来的组态软件将会提供更加强大的分布式环境下的组态功能，扩展能力大大增强，全面支持 ActiveX 组件的应用，支持 OPC 等工业标准，控制功能更强，并将成为能通过 Internet 进行访问的开放式系统。

 思考与练习

1. 如何设置 MM440 变频器的最大和最小工作频率？

2. 使用 PLC 和变频器实现电动机的正反转控制，要求正转频率 40 Hz，反转频率 30 Hz，请问应如何接线、参数如何设置、PLC 程序如何编写？

3. 如何通过组态王软件来改变变频器的工作频率？

附 ● 录

附录 A 常用的电气图形符号和文字符号

名称	图形符号	文字符号	名称	图形符号	文字符号
按钮开关（不闭锁）		SB	按钮开关（闭锁）		SB
按钮、旋转开关（闭锁）		SB	按钮、旋转开关（不闭锁）		SB
单极开关		SA	熔断器		FU
继电器线圈		KA	接触器线圈		KM
得电延时线圈		KT	失电延时线圈		KT
继电器常开触点		KA	接触器常开辅助触点		KM
接触器主触点		KM	三级断路器		QF
三极刀开关		QS	延时断开动断触点		KT

续表

名称	图形符号	文字符号	名称	图形符号	文字符号
延时闭合动断触点	或	KT	延时闭合动合触点	或	KT
延时断开动合触点	或	KT	三相交流电动机	M 3~	MC
直流电动机	M	MD	速度继电器转子		KS
速度继电器动合触点	n	KS	速度继电器动断触点	n	KS
常开位置开关触点		SQ	常闭位置开关触点		SQ
热继电器热元件		FR	热继电器动断触点		FR
电磁铁		YA	电磁制动器		YB
电磁离合器		YC	电抗器		L
电阻器		R	信号灯		HL

附录 B　S7 – 200 PLC 特殊存储器 SM 功能

1. SMB0：状态位

SMB0 包含八个状态位，他们在每个扫描周期的结束进行更新。各位的作用见表 B – 1 所示。

表 B – 1　特殊存储器 SMB0

SM 位 （以下位只读）	说明
SM0.0	此位始终接通。可用于连接不能直接连接母线的指令
SM0.1	此位在首次扫描周期接通。可用于调用初始化程序
SM0.2	若保留性数据丢失，此位在一个扫描周期中置 "1"。可用于错误存储器位，或用来调用特殊启动顺序功能
SM0.3	开机进入 RUN 模式时，此位将接通一个扫描周期。可用于在启动操作前给设备提供一个预热时间
SM0.4	此位提供时钟脉冲，周期为 1min，30 s 为 "1"，30s 为 "0"。它提供一个简单易用的延时或 1min 的时钟脉冲

SM 位 （以下位只读）	说明
SM0.5	此位提供时钟脉冲，周期为 1s，0.5s 为 1，0.5s 为 0。它提供一个简单易用的延时或 1s 的时钟脉冲
SM0.6	此位是扫描时钟，本次扫描时置"1"，下次扫描时置"0"。可用于扫描计数器的输入
SM0.7	此位反映了 CPU 工作方式开关的位置（"0"为 TERM（终端）位置，"1"为 RUN（运行）位置）。当开关在 RUN 位置时，使用此位启用自由口通信模式，与编程设备的正常通信可通过切换到 TERM 位置来启用

2. SMB1：状态位

SMB1 中包含了各种潜在的错误提示。这些位的值可在执行时由指令进行置位或复位。各位的作用见表 B－2。

表 B－2　特殊存储器 SMB1

SM 位（以下位只读）	说明
SM1.0	当执行某些指令，其结果为"0"时，将该位置"1"
SM1.1	当执行某些指令，其结果溢出或查出非法数值时，将该位置"1"
SM1.2	当执行数学运算，其结果为负数时，将该位置"1"
SM1.3	当试图除以零时，将该位置"1"
SM1.4	当执行 ATT 指令时，试图超出表范围时，将该位置"1"
SM1.5	当执行 LIFO 或 FIFO 指令时，试图从空表中读数时，将该位置"1"
SM1.6	当试图把一个非 BCD 数转换为二进制数时，将该位置"1"
SM1.7	当 ASCII 码无法转换为有效的十六进制数值时，将该位置"1"

3. SMB2：自由端口接收字符

SMB2 为自由端口接收字符缓冲区。在自由口通信模式下，从 0 口或端口 1 接收到的每个字符都放在这里，以便于梯形图程序存取。

提示：SMB2 和 SMB3 由 0 口和端口 1 共用。当 0 口接收到字符并使得与该事件（中断事件 8）相连的中断程序执行时，SMB2 包含 0 口接收到的字符，而 SMB3 包含该字符的校验状态。当端口 1 接收到字符并使得与该事件（中断事件 25）相连的中断程序执行时，SMB2 包含端口 1 接收到的字符，而 SMB3 包含该字符的校验状态。

4. SMB3：自由端口奇偶校验错误

SMB3 用于自由口通信模式，当接收到的字符检测到奇偶校验出错时，将 SM3.0 置"1"；若没有出错，SM3.0 为"0"。SM3.1~SM3.7 保留。

5. SMB4：队列溢出

SMB4 包含中断队列溢出位、中断是否允许标志位及发送空闲位。队列溢出要么是中断发生的频率高于 CPU，要么是中断已经被全局中断禁止指令所禁止。各位作用见表 B－3所示。

表 B - 3　特殊存储器 SMB4

SM 位（以下位只读）	说明
SM4.0	当通信中断队列溢出时，将该位置"1"
SM4.1	当输入中断队列溢出时，将该位置"1"
SM4.2	当定时中断队列溢出时，将该位置"1"
SM4.3	在运行时刻，发现编程问题时，将该位置"1"
SM4.4	该位指示全局中断允许位，当允许中断时，将该位置"1"
SM4.5	当（0 口）发送空闲时，将该位置"1"
SM4.6	当（端口1）发送空闲时，将该位置"1"
SM4.7	当发生强置时，将该位置"1"

注：只有在中断程序里，才使用状态位 SM4.0、SM4.1 和 SM4.2。当队列为空时，将这三个状态位复位（置"0"），并返回主程序。

6. SMB5：I/O 状态

SMB5 包含 I/O 系统里发现的错误状态位。这些位提供了所发现的 I/O 错误的概况。各位作用见表 B - 4。

表 B - 4　特殊存储器 SMB5

SM 位（以下位只读）	说明
SM5.0	当有 I/O 错误时，将该位置"1"
SM5.1	当 I/O 总线上连接了过多的数字量 I/O 点时，将该位置"1"
SM5.2	当 I/O 总线上连接了过多的模拟量 I/O 点时，将该位置"1"
SM5.3	当 I/O 总线上连接了过多的智能 I/O 模块时，将该位置"1"
SM5.4 ~ SM5.7	保留

7. SMB6：CPU 标识（ID）寄存器

SMB6 是 S7 - 200 PLC 的 CPU 标识寄存器。SM6.4 ~ SM6.7 识别 CPU 的类型，SM6.0 ~ SM6.3 保留，以备将来使用。各位作用见表 B - 5。

表 B - 5　特殊存储器 SMB6

SM 位（以下位只读）	说明
SM6.0 ~ SM6.3	保留
SM6.4 ~ SM6.7	xxxx = 0000 = CPU222 0010 = CPU224 0110 = CPU221 1001 = CPU226/CPU226XM
格式	MSB 7　　　　　LSB 0 | x | x | x | x | r | r | r | r | CPU 标识寄存器

8. SMB7：保留

SMB7 保留作为将来使用。

9. SMB8 ~ SMB21：模块标识和错误寄存器

SMB8 ~ SMB21 是按照字节对形式（相邻两个字节）为扩展模块 0 ~ 6 准备的。见表 B - 6，每对字节的偶数位字节为模块标识寄存器，用来识别模块类型、I/O 类型、I/O 点数；奇数位字节为模块错误寄存器，用来对相应模块所测得的 I/O 错误进行提示。

表 B - 6　特殊存储器 SMB8 ~ SMB21

SM 字节（以下字节只读）	说明
SMB8 SMB9	模块 0 标识寄存器 模块 0 错误寄存器
SMB10 SMB11	模块 1 标识寄存器 模块 1 错误寄存器
SMB12 SMB13	模块 2 标识寄存器 模块 2 错误寄存器
SMB14 SMB15	模块 3 标识寄存器 模块 3 错误寄存器
SMB16 SMB17	模块 4 标识寄存器 模块 4 错误寄存器
SMB18 SMB19	模块 5 标识寄存器 模块 5 错误寄存器
SMB20 SMB21	模块 6 标识寄存器 模块 6 错误寄存器
格式	偶数字节：模块标识寄存器 MSB　　　　　　　　LSB 7　　　　　　　　　　0 m t t a i i q q m：模块存在　0 = 有模块 　　　　　　　1 = 无模块 tt：模块类型 　00　非智能 I/O 模块 　01　智能模块 　10　保留 　11　保留 a：I/O 类型　0 = 数字量 　　　　　　　1 = 模拟量 ii：输入 　00　无输入 　01　2 AI 或 8 DI 　10　4 AI 或 16 DI 　11　8 AI 或 32 DI qq：输出 　00　无输入 　01　2 AQ 或 8 DQ 　10　4 AQ 或 16 DQ 　11　8 AQ 或 32 DQ	奇数字节：模块错误寄存器 MSB　　　　　　　　LSB 7　　　　　　　　　　0 c 0 0 b r p f t c：配置错误　　　　0 = 无错误 b：总线错误或校验错误　1 = 错误 r：超范围错误 p：无用户电源错误 f：熔断器错误 t：端子块松动错误

10. SMW22 ~ SMW26：扫描时间

SMW22、SMW24 和 SMW26 提供以下扫描时间信息：上次扫描时间、最短和最长扫描时间（以 ms 为单位）。各位作用见表 B – 7。

表 B – 7　特殊存储器 SMW22 ~ SMW26

SM 字（以下字节只读）	说明
SMW22	上次扫描时间（以 ms 为单位）
SMW24	从进入 RUN 模式开始记录的最短扫描时间（以 ms 为单位）
SMW26	从进入 RUN 模式开始记录的最长扫描时间（以 ms 为单位）

11. SMB28 和 SMB29：模拟电位器

SMB28 包含代表存储模拟电位器 0 位置的数字值；SMB29 包含代表存储模拟电位器 1 位置的数字值。各位作用见表 B – 8。

表 B – 8　特殊存储器 SMB28 和 SMB29

SM 字节（以下字节只读）	说明
SMB28	存储模拟电位器 0 位置的数字值。在 STOP/RUN 模式下，每次扫描时更新该值
SMB29	存储模拟电位器 1 位置的数字值。在 STOP/RUN 模式下，每次扫描时更新该值

12. SMB30 和 SMB130：自由口控制寄存器

SMB30 控制自由口 0 的通信模式，SMB310 控制自由口 1 的通信模式。可以对 SMB30 和 SMB130 进行读和写。这些字节用来设置自由口通信模式，并提供自由口或系统所支持的协议之间的选择。各位作用见表 B – 9。

表 B – 9　特殊存储器 SMB30 和 SMB130

端口 0	端口 1	说明
SM30.0 和 SM30.1	SM130.0 和 SM130.1	mm：协议选择　　00 = 点到点接口协议（PPI 从站模式） 01 = 自由口协议 10 = PPI 主站模式 11 = 保留（默认是 PPI 从站模式） 注意：当选择 mm = 10（PPI 主站），PLC 将成为网络的一个主站，可以执行 NETR 和 NETW 指令。在 PPI 网络通信模式下忽略 2 ~ 7 位
SM30.2 ~ SM30.4	SM130.2 ~ SM130.4	bbb：自由口波特率 000 = 38 400 bit/s　100 = 2 400 bit/s 001 = 19 200 bit/s　101 = 1 200 bit/s 010 = 9 600 bit/s　110 = 115 200 bit/s 011 = 4 800 bit/s　111 = 57 600 bit/s

端口 0	端口 1	说明
SM30.5	SM130.5	d：每个字符的数据位　0 = 每个字符 8 位 1 = 每个字符 7 位
SM30.6 和 SM30.7	SM130.6 和 SM130.7	pp：奇偶校验选择　00 = 不校验　10 = 不校验 01 = 偶校验　11 = 奇校验
SMB30 的 格式	SMB130 的 格式	自由口通信模式控制字节 MSB　　　　　　　　　　LSB 7　　　　　　　　　　　0 ┌─┬─┬─┬─┬─┬─┬─┬─┐ │p│p│d│b│b│b│m│m│ └─┴─┴─┴─┴─┴─┴─┴─┘

13. SMB31 和 SMW32：永久存储器写控制

在用户程序的控制下，将存储在变量存储器中的数据存入永久存储器。首先应把被存数据的地址存入 SMW32 中，然后把存入命令存入 SMB31 中，一旦发出存储命令，则不可以再改变变量存储器的值，直到 CPU 完成存储操作并将 SM31.7 置"0"。

在每次扫描结束，CPU 检查是否有向永久存储器区中存数据的命令，如果有，则将该数据存入永久存储器中。见表 B – 10，SMB31 定义了存入永久存储器的数据大小，且提供了初始化存储操作的命令；SMW32 提供了被存数据在变量存储器中的起始地址。

表 B – 10　特殊存储器 SMB31 和特殊存储器 SMW32

SM 位/SMW/相关格式	说明
SM31.0 和 SM31.1	ss：被存数据类型　00 = 字节　10 = 字 01 = 字节　11 = 双字
SM31.7	c：存入永久存储器　　0 = 无执行存储器操作的请求 1 = 用户程序申请向永久存储器存储数据 每次存储操作完成后，S7 – 200 PLC 复位该位
SMW32	SMW32 中是所存数据的变量存储器地址，该值是相对于 V0 的偏移量。当执行存储命令时，把该数据存到永久存储器中相应的位置
格式	SMB31：　MSB　　　　　　　　　　LSB 软件命令　7　　　　　　　　　　0 ┌─┬─┬─┬─┬─┬─┬─┬─┐ │c│0│0│0│0│0│s│s│ └─┴─┴─┴─┴─┴─┴─┴─┘ SMW32：　　MSB　　　　　　　　　　　　LSB 变量存储器地址　15　　　　　　　　　　0 ┌────────────────┐ │　　变量存储器地址　　│ └────────────────┘

14. SMB34 和 SMB35：用于定时中断的时间间隔寄存器

SMB34 和 SMB35 分别指定定时中断 0 和 1 的时间间隔，可以从 1 ~ 255 ms 之间指定时间间隔（以 1ms 递增）。时间间隔数值由 CPU 在相应的定时中断事件附加到中断例行程序时捕获。要改变时间间隔，必须把定时中断事件再分配给同一或另一中断程序，也可以通过撤销该事件来终止定时中断事件。各位作用见表 B – 11。

表 B – 11　特殊存储器 SMB34 和 SMB35

SM 字节	说明
SMB34	定义定时中断 0 的时间间隔（从 1~255ms，以 1ms 为增量）
SMB35	定义定时中断 1 的时间间隔（从 1~255ms，以 1ms 为增量）

15. SMB36 ~ SMD62：高速计数器 HSC0、HSC1 和 HSC2

SMB36 ~ SMD62 用于监控和控制高速计数器 HSC0、HSC1 和 HSC2 的运行，各位作用见表 B – 12。

表 B – 12　特殊存储器 SMB36 ~ SMD62

SM 位/双字	说明
SM36.0 ~ SM36.4	保留
SM36.5	HSC0 当前计数方向位：1 = 增计数
SM36.6	HSC0 当前值等于预置值位：1 = 等于
SM36.7	HSC0 当前值大于预置值位：1 = 大于
SM37.0	复位的有效控制位：0 = 高电平复位有效，1 = 低电平复位有效
SM37.1	保留
SM37.2	正交计数器的计数速率选择：0 = 4 倍计数速率，1 = 1 倍计数速率
SM37.3	HSC0 计数方向控制位：1 = 增计数
SM37.4	HSC0 更新计数方向：1 = 更新计数方向
SM37.5	HSC0 更新预置值：1 = 向 HSC0 写新的预置值
SM37.6	HSC0 更新当前值：1 = 向 HSC0 写新的初始值
SM37.7	HSC0 有效位：1 = 有效位
SMD38	HSC0 新的初始值
SMD42	HSC0 新的预置值
SM46.0 ~ SM46.4	保留
SM46.5	HSC1 当前计数方向位：1 = 增计数
SM46.6	HSC1 当前值等于预置值位：1 = 等于
SM46.7	HSC1 当前值大于预置值位：1 = 大于
SM47.0	HSC1 复位的有效控制位：0 = 高电平，1 = 低电平
SM47.1	HSC1 启动的有效控制位：0 = 高电平，1 = 低电平
SM47.2	HSC1 正交计数器的计数速率选择：0 = 4 倍计数速率，1 = 1 倍计数速率
SM47.3	HSC1 计数方向控制位：1 = 增计数
SM47.4	HSC1 更新计数方向：0 = 无更新，1 = 更新计数方向，1 = 更新方向
SM47.5	HSC1 更新预置值：1 = 向 HSC1 写新的预置值
SM47.6	HSC1 更新当前值：1 = 向 HSC1 写新的初始值

SM 位	说明
SM47.7	HSC1 有效位：1 = 有效
SMD48	HSC1 新的初始值
SMD52	HSC1 新的预置值
SM56.0 ~ SM56.4	保留
SM56.5	HSC2 当前计数方向位：1 = 增计数
SM56.6	HSC2 当前值等于预置值位：1 = 等于
SM56.7	HSC2 当前值大于预置值位：1 = 大于
SM57.0	HSC2 复位的有效控制位：0 = 高电平，1 = 低电平
SM57.1	HSC2 启动的有效控制位：0 = 高电平，1 = 低电平
SM57.2	HSC2 正交计数器的计数速率选择：0 = 4 倍计数速率，1 = 1 倍计数速率
SM57.3	HSC2 计数方向控制位：1 = 增计数
SM57.4	HSC2 更新计数方向：0 = 无更新，1 = 更新计数方向
SM57.5	HSC2 更新预置值：1 = 向 HSC1 写新的预置值
SM57.6	HSC2 更新当前值：1 = 向 HSC1 写新的初始值
SM57.7	HSC2 有效位：1 = 有效
SMD58	HSC2 新的初始值
SMD62	HSC2 新的预置值

16. SMB66 ~ SMB85：PTO/PWM 寄存器

SMB66 ~ SMB85 用于监视和控制脉冲串输出（PTO）和脉宽调制（PWM）功能，各位作用见表 B – 13。

表 B – 13　特殊存储器 SMB66 ~ SMB85

SM 位	说明
SM66.0 ~ SM66.3	保留
SM66.4	PTO0 配置文件终止：0 = 无错，1 = 由于增量计算错误而终止
SM66.5	PTO0 配置文件终止：0 = 没有被用户命令终止，1 = 被用户命令终止
SM66.6	PTO0 管道溢出（当使用外部配置文件时由系统清除，否则由用户程序清除）：0 = 无溢出，1 = 有溢出
SM66.7	PTO0 空闲位：0 = PTO 忙，1 = PTO 空闲
SM67.0	PTO0/PWM0 更新周期：1 = 写新的周期值
SM67.1	PWM0 更新脉冲宽度值：1 = 写新的脉冲宽度
SM67.2	PTO0 更新脉冲量：1 = 写新的脉冲量

SM 位	说明
SM67. 3	PTO0/PWM0 基准时间单元：0 = 1μs/格，1 = 1ms/格
SM67. 4	同步更新 PWM0：0 = 异步更新，1 = 同步更新
SM67. 5	PTO0 操作：0 = 单段操作（周期和脉冲数存在特殊存储器中），1 = 多段操作（概要表存储在变量存储器区）
SM67. 6	PTO0/PWM0 模式选择：0 = PTO，1 = PWM
SM67. 7	PTO0/PWM0 有效位：1 = 有效
SMW68	PTO0/PWM0 周期（2 ~ 65 535 个时间基准）
SMW70	PWM0 脉冲宽度值（0 ~ 65 535 个时间基准）
SMD72	PTO0 脉冲计数值（1 ~ 2^{32} – 1）
SM76. 0 ~ SM76. 3	保留
SM76. 4	PTO1 配置文件终止：0 = 无错，1 = 由于增量计算错误而终止
SM76. 5	PTO1 配置文件终止：0 = 没有被用户命令终止，1 = 被用户命令终止
SM76. 6	PTO1 管道溢出（当使用外部配置文件时由系统清除，否则由用户程序清除）：0 = 无溢出，1 = 有溢出
SM76. 7	PTO1 空闲位：0 = PTO 忙，1 = PTO 空闲
SM77. 0	PTO1/PWM1 更新周期：1 = 写新的周期值
SM77. 1	PWM1 更新脉冲宽度值：1 = 写新的脉冲宽度
SM77. 2	PTO1 更新脉冲量：1 = 写新的脉冲量
SM77. 3	PTO1/PWM1 基准时间单元：0 = 1μs/点，1 = 1ms/点
SM77. 4	同步更新 PWM1：0 = 异步更新，1 = 同步更新
SM77. 5	PTO1 操作：0 = 单段操作（周期和脉冲数存在特殊存储器中），1 = 多段操作（概要表存储在变量存储器区）
SM77. 6	PTO1/PWM1 模式选择：0 = PTO，1 = PWM
SM77. 7	PTO1/PWM1 有效位：1 = 有效
SMW78	PTO1/PWM1 周期（2 ~ 65 535 个时间基准）
SMW80	PWM1 脉冲宽度值（0 ~ 65 535 个时间基准）
SMD82	PTO1 脉冲计数值（1 ~ 2^{32} – 1）

17. SMB86 ~ SMB94，SMB186 ~ SMB194：接收信息控制

　　SMB86 ~ SMB94 和 SMB186 ~ SMB194 用于控制和读出 0 口和端口 1 接收信息指令的状态。各位作用见表 B – 14。

表 B – 14　特殊存储器 SMB86 ~ SMB94 和 SMB186 ~ SMB194

端口 0	端口 1	说明
SMB86	SMB186	接收信息状态字节 MSB　　　　　　　　　　　LSB 7　　　　　　　　　　　　0 | n | r | e | 0 | 0 | t | c | p | n：1 = 接收被用户禁用命令终止的信息 r：1 = 接收终止的信息（输入参数错误或无启动或结束条件） e：1 = 收到结束字符 t：1 = 接收信息终止（超时） c：1 = 接收信息终止（超出最大字符数） p：1 = 接收信息终止（奇偶校验错误）
SMB87	SMB187	接收信息控制字节 MSB　　　　　　　　　　　LSB 7　　　　　　　　　　　　0 | en | sc | ec | il | c/m | tmr | bk | 0 | en：0 = 接收信息功能禁用 　　　1 = 允许接收信息功能 　　　每次执行 RCV 指令时检查允许/禁止接收信息位 sc：0 = 忽略 SMB88 或 SMB188 　　　1 = 使用 SMB88 或 SMB188 的值检测起始信息 ec：0 = 忽略 SMB89 或 SMB189 　　　1 = 使用 SMB89 或 SMB189 的值检测结束信息 il：0 = 忽略 SMW90 或 SMW190 　　　1 = 使用 SMW90 或 SMW190 的值检测空闲状态 c/m：0 = 定时器是内部字符定时器 　　　　1 = 定时器是信息定时器 tmr：0 = 忽略 SMW92 或 SMW192 　　　　1 = 当 SMW92 或 SMW192 中的定时时间超出时终止接收 bk：0 = 忽略中断条件 　　　1 = 用中断条件作为信息检测的开始
SMB88	SMB188	信息字符的开始
SMB89	SMB189	信息字符的结束
SMW90	SMW190	以 ms 为单位的空闲行时间周期。在空闲行时间到期后接收的第一个字符是新信息的开始
SMW92	SMW192	字符间/信息间定时器超时值（用 ms 表示）如果超过时间，就停止接收信息
SMB94	SMB194	接收字符的最大数，范围为 1 ~ 255 字节 注意：此范围一定要设置到希望的最大缓冲区大小，即使不使用字符计数信息中断

18. SMW98：扩展 I/O 总线上出错数目的信息

SMW98 提供关于扩展 I/O 总线上出错数目的信息。每次在扩展 I/O 总线上检测到奇偶校验出错时，SMW98 加 1。系统上电或用户写入"0"时清除。

19. SMB131～SMD162：高速计数器 HSC3、HSC4 和 HSC5

SMB131～SMD162 用于监视和控制高速计数器 HSC3、HSC4 和 HSC5 的运行，各位作用见表 B－15。

表 B－15　特殊存储器 SMB131～SMD162

SM 位	说明
SMB131～SMB135	保留
SM136.0～SM136.4	保留
SM136.5	HSC3 当前计数方向位：1＝增计数
SM136.6	HSC3 当前值等于预置值位：1＝等于
SM136.7	HSC3 当前值大于预置值位：1＝大于
SM137.0～SM137.2	保留
SM137.3	HSC3 计数方向控制位：1＝增计数
SM137.4	HSC3 更新计数方向：0＝无更新，1＝更新计数方向
SM137.5	HSC3 更新预置值：1＝向 HSC3 写新的预置值
SM137.6	HSC3 更新当前值：1＝向 HSC3 写新的初始值
SM137.7	HSC3 有效位：1＝有效位
SMD138	HSC3 新的初始值
SMD142	HSC3 新的预置值
SM146.0～SM146.4	保留
SM146.5	HSC4 当前计数方向位：1＝增计数
SM146.6	HSC4 当前值等于预置值位：1＝等于
SM146.7	HSC4 当前值大于预置值位：1＝大于
SM147.0	HSC4 复位的有效控制位：0＝高电平，1＝低电平
SM147.1	保留
SM147.2	正交计数器的计数速率选择：0＝4 倍计数速率，1＝1 倍计数速率
SM147.3	HSC4 计数方向控制位：1＝增计数
SM147.4	HSC4 更新计数方向：0＝无更新，1＝更新计数方向
SM147.5	HSC4 更新预置值：1＝向 HSC4 写新的预置值
SM147.6	HSC4 更新当前值：1＝向 HSC4 写新的初始值
SM147.7	HSC4 有效位：1＝有效
SMD148	HSC4 新的初始值
SMD152	HSC4 新的预置值
SM156.0～SM156.4	保留
SM156.5	HSC5 当前计数方向位：1＝增计数
SM156.6	HSC5 当前值等于预置值位：1＝等于
SM156.7	HSC5 当前值大于预置值位：1＝大于
SM157.0～SM157.2	保留

SM 位	说明
SM157.3	HSC5 计数方向控制位：1 = 增计数
SM157.4	HSC5 更新计数方向：0 = 无更新，1 = 更新计数方向
SM157.5	HSC5 更新预置值：1 = 向 HSC5 写新的预置值
SM157.6	HSC5 更新当前值：1 = 向 HSC5 写新的初始值
SM157.7	HSC5 有效位：1 = 有效
SMD158	HSC5 新的初始值
SMD162	HSC5 新的预置值

20. SMB166 ~ SMB185：PTO0、PTO1 配置文件定义表

SMB166 ~ SMB185 用于显示现用配置文件步骤数和概要表在变量存储器中的地址，各位作用见表 B – 16。

表 B – 16　特殊存储器 SMB166 ~ SMB185

SM 字节	说明
SMB166	PTO0 现用配置文件步骤的当前条目编号
SMB167	保留
SMW168	作为从 V0 偏移量的 PTO0 概要表的变量存储器地址
SMB170 ~ SMB175	保留
SMB176	PTO1 现用配置文件步骤的当前条目编号
SMB177	保留
SMW178	作为从 V0 偏移量的 PTO1 概要表的变量存储器地址
SMB180 ~ SMB185	保留

21. SMB200 ~ SMB549：智能模块状态

SMB200 ~ SMB549 为智能扩展模块（如 EM277 Profibus – DP）提供的信息保留。智能模块 SM 区的分配方式对于 V2.2 及以后的版本有所不同，对于固化程序版本号 1.2 之前的 CPU，智能模块必须安装在紧靠 CPU 的位置，以确保兼容性，见表 B – 17。

表 B – 17　特殊存储器 SMB200 ~ SMB549

插槽0中的智能模块	插槽1中的智能模块	插槽2中的智能模块	插槽3中的智能模块	插槽4中的智能模块	插槽5中的智能模块	插槽6中的智能模块	说明
SMB200 ~ SMB215	SMB250 ~ SMB265	SMB300 ~ SMB315	SMB350 ~ SMB365	SMB400 ~ SMB415	SMB450 ~ SMB465	SMB500 ~ SMB515	模块名（16 个 ASCII 字符）
SMB216 ~ SMB219	SMB266 ~ SMB269	SMB316 ~ SMB319	SMB366 ~ SMB369	SMB416 ~ SMB419	SMB466 ~ SMB469	SMB516 ~ SMB519	S/W 修订号（4 个 ASCII 字符
SMW220	SMW270	SMW320	SMW370	SMW420	SMW470	SMW520	错误代码
SMB222 ~ SMB249	SMB272 ~ SMB299	SMB322 ~ SMB349	SMB372 ~ SMB399	SMB422 ~ SMB449	SMB472 ~ SMB499	SMB522 ~ SMB549	专用于特殊模块类型的信息

附录 C　S7 - 200 PLC 中断事件表

中断号	中断描述	优先级分组	按组排列的优先级
8	通信口 0：接收字符	通信（最高）	0
9	通信口 0：发送完成		0
23	通信口 0：接收信息完成		0
24	通信口 1：接收信息完成		1
25	通信口 1：接收字符		1
26	通信口 1：发送完成		1
19	PTO0 完成中断	I/O（中等）	0
20	PTO1 完成中断		1
0	I0.0 的上升沿		2
2	I0.1 的上升沿		3
4	I0.2 的上升沿		4
6	I0.3 的上升沿		5
1	I0.0 的下降沿		6
3	I0.1 的下降沿		7
5	I0.2 的下降沿		8
7	I0.3 的下降沿		9
12	HSC0 CV = PV（当前值 = 预置值）		10
27	HSC0 方向改变		11
28	HSC0 外部复位		12
13	HSC1 CV = PV（当前值 = 预置值）		13
14	HSC1 方向改变		14
15	HSC1 外部复位		15
16	HSC2 CV = PV（当前值 = 预置值）		16
17	HSC2 方向改变		17
18	HSC2 外部复位		18
32	HSC3 CV = PV（当前值 = 预置值）		19
29	HSC4 CV = PV（当前值 = 预置值）		20
30	HSC4 方向改变		21
31	HSC4 外部复位		22
33	HSC5 CV = PV（当前值 = 预置值）		23

续表

中断号	中断描述	优先级分组	按组排列的优先级
10	定时中断 0		0
11	定时中断 1	时间（最低）	1
21	定时器 T32 CT = PT 中断		2
22	定时器 T96 CT = PT 中断		3

附录 D　S7 – 200 PLC 存储器范围和特性汇总表

描述	范围				
	CPU221	CPU222	CPU224	CPU226	CPU226XM
用户程序区	2 KB	2 KB	4 KB	4 KB	8 KB
用户数据区	1 KB	1 KB	2.5 KB	2.5 KB	5 KB
输入映像寄存器	I0.0 ~ I15.7	I0.0 ~ I15.7	I0.0 ~ I15.7	I0.0 ~ I15.7	I0.0 ~ I15.7
输出映像寄存器	Q0.0 ~ Q15.7	Q0.0 ~ Q15.7	Q0.0 ~ Q15.7	Q0.0 ~ Q15.7	Q0.0 ~ Q15.7
模拟输入（只读）	—	AIW0 ~ AIW30	AIW0 ~ AIW62	AIW0 ~ AIW62	AIW0 ~ AIW62
模拟输出（只读）	—	AQW0 ~ AQW30	AQW0 ~ AQW62	AQW0 ~ AQW62	AQW0 ~ AQW62
变量存储器（V）	VB0 ~ VB2047	VB0 ~ VB2047	VB0 ~ VB5119	VB0 ~ VB5119	VB0 ~ VB10239
局部变量存储器（L）	LB0 ~ LB63	LB0 ~ LB63	LB0 ~ LB63	LB0 ~ LB63	LB0 ~ LB63
位存储器（M）	M0.0 ~ M31.7	M0.0 ~ M31.7	M0.0 ~ M31.7	M0.0 ~ M31.7	M0.0 ~ M31.7
特殊存储器（SM）（只读）	SM0.0 ~ SM179.7 SM0.0 ~ SM29.7	SM0.0 ~ SM299.7 SM0.0 ~ SM29.7	SM0.0 ~ SM549.7 SM0.0 ~ SM29.7	SM0.0 ~ SM549.7 SM0.0 ~ SM29.7	SM0.0 ~ SM549.7 SM0.0 ~ SM29.7
定时器 保持接通延时 1ms 10ms 100ms 接通/关断延时 1ms 10ms 100ms	256（T0 ~ T255） T0，T64 T1 ~ T4， T65 ~ T68 T5 ~ T31， T69 ~ T95 T32，T96 T33 ~ T36， T97 ~ T100 T101，T255	256（T0 ~ T255） T0，T64 T1 ~ T4， T65 ~ T68 T5 ~ T31， T69 ~ T95 T32，T96 T33 ~ T36， T97 ~ T100 T101，T255	256（T0 ~ T255） T0，T64 T1 ~ T4， T65 ~ T68 T5 ~ T31， T69 ~ T95 T32，T96 T33 ~ T36， T97 ~ T100 T101，T255	256（T0 ~ T255） T0，T64 T1 ~ T4， T65 ~ T68 T5 ~ T31， T69 ~ T95 T32，T96 T33 ~ T36， T97 ~ T100 T101，T255	256（T0 ~ T255） T0，T64 T1 ~ T4， T65 ~ T68 T5 ~ T31， T69 ~ T95 T32，T96 T33 ~ T36， T97 ~ T100 T101，T255

续表

描述	范围				
	CPU221	CPU222	CPU224	CPU226	CPU226XM
高速计数器	HC0，HC3 HC4，HC5	HC0，HC3 HC4，HC5	HC0 ~ HC5	HC0 ~ HC5	HC0 ~ HC5
顺序控制继电器（S）	S0. 0 ~ S31. 7	S0. 0 ~ S31. 7	S0. 0 ~ S31. 7	S0. 0 ~ S31. 7	S0. 0 ~ S31. 7
累加器	AC0 ~ AC3	AC0 ~ AC3	AC0 ~ AC3	AC0 ~ AC3	AC0 ~ AC3
跳转/标号	0 ~ 255	0 ~ 255	0 ~ 255	0 ~ 255	0 ~ 255
调用子程序	0 ~ 63	0 ~ 63	0 ~ 63	0 ~ 63	0 ~ 63
中断程序	0 ~ 127	0 ~ 127	0 ~ 127	0 ~ 127	0 ~ 127
PID 回路	0 ~ 7	0 ~ 7	0 ~ 7	0 ~ 7	0 ~ 7
通信口	0	0	0	0/1	0/1

附录 E　系统常见的故障

1. 电源故障

PLC 控制系统主机电源、扩展机的电源和模块中的电源时，任何电源显示灯灭都要进入电源故障检查流程，如果各部分功能正常，则只能是 LED 显示有故障，否则应该先检查外部电源，如果外部电源无故障，再检查系统内部电源有无故障存在。电源故障的检查与处理见表 E – 1。

表 E – 1　电源故障的检查与处理

故障现象	故障原因	解决办法
电源指示灯灭	指示灯坏或熔丝熔断	更换
	无供电电压	加入电源电压，检查电源接线和插座，使之正常
	供电电压超限	调整电源电压，使其在规定范围内
	电源损坏	更换

2. 主机 CPU 故障

PLC 控制系统最常见的故障是停止运行、不能启动、工作无法进行，但是电源指示灯亮。这时，需要进行主机 CPU 故障检查。主机 CPU 故障的检查与处理见表 E – 2。

表 E – 2　主机 CPU 故障的检查与处理

故障现象	故障原因	解决办法
不能启动	供电电压过高	降压
	供电电压过低	升压
	内存自检查系统出错	清理内存，运行前进行初始化
	CPU、内存板故障	更换

续表

故障现象	故障原因	解决办法
工作不稳定，频繁死机	供电电压高于上限或低于下限	调整到规定的范围内
	主机模块接触不良	整理接线，插接牢靠
	CPU 及内存板内元件松动	清理配线，将元件插牢
	CPU 或内存模块故障	更换
程序不能下载	内存没有初始化	清理内存，重新下载
	CPU 及其内存故障	更换

3. 通信故障

通信是 PLC 网络工作的基础。PLC 网络的主站和各从站的通信处理器、通信模块都有通信故障灯。当通信故障灯点亮时，需要进行通信故障检查。通信故障的检查与处理见表 E-3。

表 E-3　通信故障的检查与处理

故障现象	故障原因	解决办法
与 PC/PG 不能通信	通信电缆插接松动	用紧固螺栓固定好，接触紧密后再联机
	通信电缆或接口、插座故障	更换
	内存自检系统出错	拔掉 PLC 中掉电记忆后备电池几分钟，内存清零后再联机
	通信端口参数设置不正确	检查波特率开关，核对参数，出错时重新设定
	主机、编程器通信端口故障	更换
某一个模块不能通信	插接不好	重新插接好
	模块有故障	更换
	通信系统组态不对	按规定中心组态
从站不通信	分支通信电缆故障	拧紧或更换插接件
	通信处理器插接松动	插牢
	通信处理器通信地址设错	重新设置
	通信处理器模块故障	更换
主站不通信	通信电缆故障	更换
	调制解调器故障	先进行试验性失电再启动，无效则更换
	通信处理器故障	清理其接线后再启动，无效则更换
通信正常，通信故障信号灯亮	其中某个模块插接不良	将其插紧，接触应良好

4. I/O 故障

I/O 模块直接与外部设备相连，是最容易出现故障的部位，虽然 I/O 模块故障容易判断，更换快，但是必须查明原因，而且往往都是由外部原因造成的，如果不及时查明故障原因，及时消除故障，对 PLC 控制系统危害很大。输入故障和输出故障检查与处理见表 E – 4 和表 E – 5。

表 E – 4　输入故障的检查与处理

故障现象	故障原因	解决办法
输入模块单点损坏	过电压或过电流损坏	消除过电压或过电流的原因
输入全部不接通	无外部输入电源	接上外部电源
	外部输入电压过低	将其调整到额定电压范围内
	端子连接器螺钉松动	拧紧螺钉
	连接器不良	将端子拧紧或更换
输入全部失电	输入回路不良	更换输入模块
某一输入地址编号位不接通	输入回路、输入器件不良或端子板连接器接触不良	处理或更换
	某输入线断线或接线端子螺钉松动	查找并予以排除
	输入信号接通时间短，未达到脉冲的上升沿	调整输入器件
	I/O 引线接反或输出 OUT 指令用了输入信号	修改程序，更正接线
某一输入地址编号位不关断	输入回路不良	更换模块
	I/O 引线接反或输出 OUT 指令用了输入信号	修改程序，更正接线
输入发生不规则通、断	外接电源电压过低	调整到额定范围内
	外部噪声干扰严重，引起误动作	采取必要的抗干扰措施
	端子螺钉松动	紧固
	端子连接器接触不良	拧紧使其接触良好或更换
输入点地址编号位异常连接	输入模块公共端螺钉松动	拧紧螺钉
	端子连接器接触不良	拧紧端子板使其接触良好或更换
	CPU 不良	更换 CPU
输入动作，但信号灯不亮	信号灯损坏	更换

表 E – 5　输出故障的检查与处理

故障现象	故障原因	解决办法
输出模块单点损坏	过电压或过电流损坏	消除过电压或过电流的原因
输出全部不接通	无负载电源	接通电源
	负载电压过低	加额定电源电压
	端子连接器螺钉松动	拧紧螺钉
	连接器不良	将端子拧紧或更换
	熔断器熔断	更换
	I/O 总线插座接触不良	更换
	输出回路不良	更换输出模块

续表

故障现象	故障原因	解决办法
输出模块单点损坏	过电压或过电流损坏	消除过电压或过电流的原因
输出全部失电	输出回路不良	更换输出模块
某一输出地址编号位不接通	输出接通时间短	更换
	程序中继电器号重复	修改程序
	输出器件不良	更换
	输出配线断线	检查输出本线，排除故障
	端子螺钉松动	拧紧螺钉
	端子连接器接触不良	将端子板锁紧或更换
	输出继电器不良	更换
	输出回路不良	更换
某一输出地址编号位不关断	输出回路不良	更换模块
	输出继电器不良	更换程序
	程序中输出指令的继电器号重复	修改程序
	漏电流或残余电压使其不能判断	更换负载或加负载电阻
输出发生不规则通、断	外部电源电压过低	调整到额定范围内
	外部噪声干扰严重，引起误动作	采取必要的抗干扰措施
	端子螺钉松动	紧固
	端子连接器接触不良	拧紧使其接触良好或更换
输出点地址编号位异常连接	输出模块公共端螺钉松动	拧紧螺钉
	端子连接器接触不良	拧紧端子板使其接触良好或更换
	CPU 不良	更换 CPU
	熔断器损坏	更换
输出动作，但信号灯不亮	信号灯损坏	更换

附录 F　错误代码

1. 致命错误代码和信息

致命错误会导致 CPU 停止执行用户程序。依据错误的严重性，一个致命错误会导致 CPU 无法执行某个或所有功能；处理致命错误的目标是，使 CPU 进入安全状态，可以对当前存在的错误状况进行询问并响应。

当一个致命错误发生时，CPU 执行以下任务：

（1）进入 STOP（停止）方式；

（2）点亮 SF/DIAG（红）LED 指示灯和停止 LED 指示灯；

（3）断开输出。

这种状态将会持续到致命错误清除之后，在主菜单中使用菜单命令"PLC"→"Information"可查看致命错误代码。表 F-1 列出了从 S7-200 PLC 上读出的致命错误代码及其描述。

表 F-1　从 S7-200 PLC 上读出的致命错误代码及其描述

致命错误代码	描述
0000	无致命错误
0001	用户程序校验和错误
0002	编译后的梯形图程序校验和错误
0003	扫描看门狗超时错误
0004	永久存储器失效
0005	永久存储器上用户程序校验和错误
0006	永久存储器上配置参数（SDB0）校验和错误
0007	永久存储器上强制数据校验和错误
0008	永久存储器上默认输出表值校验和错误
0009	永久存储器上用户数据 DB1 校验和错误
000A	存储器卡失灵
000B	存储器卡上用户程序校验和错误
000C	存储卡配置参数（SDB0）校验和错误
000D	存储器卡强制数据校验和错误
000E	存储器卡默认输出表值校验和错误
000F	存储器卡用户数据 DB1 校验和错误
0010	内部软件错误
0011	比较节点间接寻址错误
0012	比较节点非法值错误
0013	程序不能被 S7-200 PLC 理解
0014	比较节点范围错误

注：比较节点错误（致命错误代码 0011、0012 和 0014）是唯一一种既能产生致命错误又能产生非致命错误的错误，产生非致命错误是因为存储器错误的程序地址。

2. 运行程序错误

在程序的正常运行中，可能会产生非致命错误（如寻址错误），即运行程序错误，在这种情况下，CPU 会产生一个运行程序错误代码，表 F-2 列出了运行程序错误代码及其描述。

表 F-2　运行程序错误代码及其描述

运行程序错误代码	描述
0000	无错误
0001	执行 HDEF 指令之前，HSC 指令未允许

续表

运行程序错误代码	描述
0002	输入中断分配冲突，已分配给输入中断
0003	到 HSC 指令的输入中断分配冲突，已分配给输入中断
0004	试图执行在中断子程序中不允许的指令
0005	第一个 HSC/PLS 指令未执行完之前，又企图执行同编号的第二个 HSC/PLS 指令（中断程序中的 HSC 指令同主程序中的 HSC/PLS 指令冲突）
0006	间接寻址错误
0007	TODW（写实时时钟）指令或 TODR（读实时时钟）指令数据错误
0008	用户子程序嵌套层数超过规定
0009	在程序执行 XMT 指令或 RCV 指令时，通信口 0 又执行另一条 XMT/RCV 指令
000A	在同一 HSC 指令执行时，又企图用 HDEF 指令再定义该 HSC 指令
000B	在通信口 1 上同时执行 XMT/RCV 指令
000C	时钟存储卡不存在
000D	重新定义已经使用的脉冲输出
000E	PTO 个数设为 0
000F	比较节点指令中的非法数字值
0010	在当前 PTO 操作模式中，命令未允许
0011	非法 PTO 命令代码
0012	非法 PTO 配置表
0013	非法 PID 参数表
0091	范围错误（带地址信息）：检查操作数范围
0092	某条指令的计数域错误（带计数信息）：确认最大计数范围
0094	范围错误（带地址信息）：写无效存储器
009A	用户中断程序试图转换成自由口通信模式
009B	非法指针（字符串操作中起始位置值指定为 0）
009F	无存储卡或存储卡无响应

3. 编译规则错误

下载程序时，CPU 将编译该程序。如果 CPU 发现程序违反编译规则（如非法指令），CPU 会停止下载，并生成一个编译规则错误代码。表 F-3 列出了违反编译规则所生成的编译规则错误代码及其描述。

表 F-3　编译规则错误代码及其描述

编译规则错误代码	描述
0080	程序太大无法编译：必须缩短程序
0081	堆栈溢出：把一个程序段分成多个
0082	非法指令：检查指令助记符

编译规则错误代码	描述
0083	无 MEND 指令或主程序中有不允许的指令：加条 MEND 指令或删去不正确的指令
0084	保留
0085	无 FOR 指令：加条 FOR 指令或删除 NEXT 指令
0086	无 NEXT 指令：加条 NEXT 指令或删除 FOR 指令
0087	无标号（LBL、INT、SBR）：加上合适的标号
0088	无 RET 指令或子程序中有不允许的指令：加条 RET 指令或删去不正确的指令
0089	无 RETI 指令或中断程序有不允许的指令：加条 RETI 指令或删去不正确指令
008A	保留
008B	从/向一个 SCR 段的非法跳转
008C	标号重复（LBL、INT、SBR）：重新命名标号
008D	非法标号（LBL、INT、SBR）：确保标号数在允许范围内
0090	非法参数：确认指令所允许的参数
0091	范围错误（带地址信息）：检查操作数范围
0092	指令计数域错误（带计数信息）：确认最大计数范围
0093	FOR/NEXT 指令嵌套层数超出范围
0095	无 LSCR 指令（装载 SCR 指令）
0096	无 SCRE 指令（SCR 结束）或 SCRE 指令前面有不允许的指令
0097	用户程序包含非法数字编码的和数字编码的 EV/ED 指令
0098	在运行模式进行非法编辑（编辑非数字编码的 EV/ED 指令）
0099	隐含程序段太多（HIDE 指令）
009B	非法指针（字符串操作中起始位置值指定为 0）
009C	超出最大指令长度
009D	SDB0 中检测到非法参数
009E	PCALL 字符串太多
009F ~ 00FF	保留

参 考 文 献

[1] 陈瑞阳. 工业自动化技术[M]. 北京：机械工业出版社，2011.

[2] 梁洪峰. 干粉灭火器自动灌装线的研制[D]. 天津：天津大学，2007.

[3] 西门子（中国）有限公司自动化驱动集团. 深入浅出：西门子 S7 - 200 PLC[M]. 3 版. 北京：北京航空航天大学出版社，2007.

[4] 李海波，徐瑾瑜. PLC 应用技术项目化教程（S7 - 200）[M]. 北京：机械工业出版社，2012.

[5] 赵翠俭，田粒卜，袁莉，等. 电气控制与 PLC 应用技术[M]. 青岛：中国海洋大学出版社，2015.

[6] 哈立德·卡梅尔，埃曼·卡梅尔. PLC 工业控制[M]. 朱永强，译. 北京：机械工业出版社，2015.

[7] 韩雪涛，吴瑛，韩广兴. 微视频全图讲解 PLC 及变频技术[M]. 北京：电子工业出版社，2018.

[8] 胡仁喜，孟培. AutoCAD 全套电器图纸绘制自学手册[M]. 北京：人民邮电出版社，2013.

[9] 孟晓芳，李策，王珏，等. 西门子系列变频器及其工程应用[M]. 北京：机械工业出版社，2008.